茶经

[唐]陆羽 [清]陆廷灿◎著

彭书淮◎编译

江苏凤凰科学技术出版社·南京

图书在版编目（CIP）数据

茶经 / (唐) 陆羽, (清) 陆廷灿著; 彭书淮编译

. — 南京：江苏凤凰科学技术出版社，2018.9（2022.5 重印）

ISBN 978-7-5537-8120-4

Ⅰ . ①茶… Ⅱ . ①陆… ②陆… ③彭… Ⅲ . ①茶文化

– 中国 – 古代 Ⅳ . ① TS971.21

中国版本图书馆 CIP 数据核字 (2017) 第 075671 号

茶经

著　　　者	【唐】陆羽　【清】陆廷灿
编　　译	彭书淮
责 任 编 辑	祝　萍
责 任 监 制	方　晨

出 版 发 行	江苏凤凰科学技术出版社
出版社地址	南京市湖南路 1 号 A 楼，邮编：210009
出版社网址	http://www.pspress.cn
印　　刷	文畅阁印刷有限公司

开　　本	718 mm×1 000 mm　1/16
印　　张	15.5
插　　页	2
字　　数	278 000
版　　次	2018 年 9 月第 1 版
印　　次	2022 年 5 月第 3 次印刷

标 准 书 号	ISBN 978-7-5537-8120-4
定　　价	39.80 元

前言

在浩如烟海的中国古代文化典籍中，不仅有专门论述茶叶的书，而且在史籍、茶史、笔记、杂考和字书类古书中，也都记有大量关于茶事、茶史、茶法及茶叶生产技术的内容。陆羽的《茶经》，是一部关于茶叶的历史、源流、现状、生产技术以及饮茶技艺、茶道原理的综合性论著。它既是茶的自然科学著作，又是茶文化的专著。

陆羽（733~804），唐复州竟陵（今湖北天门）人。一名疾，字鸿渐，自称桑苎翁，又号东冈子。自幼好学，性淡泊，闭门著书，不愿为官。陆羽一生鄙夷权贵，不重财富，热爱自然，坚持正义。《全唐诗》中载有陆羽的一首诗，正体现了他的品格："不羡黄金磊，不羡白玉杯。不羡朝入省，不羡暮登台。千羡万羡西江水，曾向竟陵城下来。""安史之乱"后，陆羽尽心于茶的研究，撰成《茶经》一书，对促进我国茶业的发展起了积极的推动作用。后人为了纪念陆羽在茶业上的功绩，尊他为"茶圣"，祀为"茶神"。

《茶经》是世界上第一部茶叶专著，其中包括茶的本源、制茶器具、茶的采制、煮茶方法、历代茶事、茶叶产地等十章。内容丰富翔实，系统而全面地介绍了我国古代茶业的发展演变，极具史料价值。《茶经》一问世，即为历代人所钟爱，盛赞它为茶业的开创之功。宋代陈师道为《茶经》作序道："夫茶之著书，自羽始。其用于世，亦自羽始。羽诚有功于茶者也！"陆羽逝世后，后人尊其为"茶神"，肇始于晚唐。唐朝北方的回纥国曾以千头良马换取《茶经》。从那以后，《茶经》传到国外，目前已被译成日、英、俄等国文字，传布于世界各地。

陆羽的《茶经》，是对整个中唐以前唐代茶文化发展的总结。《茶经》问世，对中国的茶叶学、茶文化学，乃至整个中国饮食文化都产生了巨大影响。

陆廷灿，字秩昭，自号幔亭，清代江苏嘉定人。陆廷灿生于一个乐善好施的书香门第，其父陆培远，"性慷慨，好施不倦。岁饥，出粟麦，散给贫民"。康熙年间水旱灾荒，设粥厂赈之，家乡人对其歌功颂德。受家庭的熏陶，廷灿年轻时，就有"隐居以求其志，行义以达其道""穷则独善其身，达则兼济天下"的胸怀，好古博雅。廷灿曾官崇安知县、候补主事。"尝于槎溪之上，卜筑读书，名花异卉，琳琅满目，而尤喜艺菊，遍觅奇种，罗植阶砌，真可谓继渊明高躅而不逐时趋者矣。""夫初隐槎圃也，事亲弦诵，山林经济，偶寓于菊。及其司铎松滋也，诗拟郑虔，教倅安定，如菊之清幽华丽。"时人评曰："衣冠举止，望而知非俗吏也！"陆廷灿一生撰有《续茶经》三卷、《艺菊志》八卷、《南村随笔》六卷，并重新修订了《嘉定四先生集》《陶庵集》。

《续茶经》，草创于年崇安任上，编定于归田之后。《四库全书著录》有寿椿堂刊本。全书分正文三卷、附录一卷，约七万字。书前有雍正乙卯黄叔琳序及廷灿作凡例。陆羽《茶经》另列卷首。其目录完全与《茶经》相同，即分为茶之源、茶之具、茶之造等十个门类。但自唐至清，历时数百年，产茶之地、制茶之法以及烹煮器具等都发生了巨大的变化，而此书对唐之后的茶事资料收罗丰富，并进行了考辨，虽名为"续"，实是一部完全独立的著述。《四库全书总目》称此书"一一订定补辑，颇切实用，而征引繁富"，当为公允之论。陆廷灿也因编定了此书，而被世人称为"茶仙"。

总之，不论是《茶经》也好，《续茶经》也罢，它们都是中华茶文化的典范之作，都凝结了作者对茶道的心血和热爱之情。编者将《茶经》《续茶经》合编在一起，除了因为两者都是茶艺专著而且书名有传承关系之外，更因为它们都包含了更深层的文化内蕴，将唐代之前和清代之前国人对于茶的理解和茶道的演变囊括其中，是对茶文化的概括和总结。因此是值得大家一读的国学经典！

目录

茶经

茶者，南方之嘉木也。一尺、二尺乃至数十尺；其巴山峡川，有两人合抱者，伐而掇之。其树如瓜芦，叶如栀子，花如白蔷薇，实如栟榈，蒂如丁香，根如胡桃。

【唐】陆羽

一 茶之源

※ 原文

　　茶者，南方之嘉木也。一尺、二尺乃至数十尺。其巴山峡川，有两人合抱者，伐而掇之[1]。其树如瓜芦，叶如栀子，花如白蔷薇，实如栟榈[2]，蒂如丁香，根如胡桃。〔瓜芦木出广州，似茶，至苦涩。栟榈，蒲葵之属，其子似茶。胡桃与茶，根皆下孕，兆至瓦砾[3]，苗木上抽。〕

　　其字，或从草，或从木，或草木并。〔从草，当作"茶"，其字出《开元文字音义》[4]；从木，当作"木茶"，其字出《本草》。草木并，作"茶"，其字出《尔雅》。〕

　　其名，一曰茶，二曰槚[5]，三曰蔎[6]，四曰茗，五曰荈[7]。〔周公云："槚，苦茶。"杨执戟[8]云："蜀西南人谓茶曰蔎。"郭弘农[9]云："早取为茶，晚取为茗，或一曰荈耳。"〕

　　其地，上者生烂石，中者生栎壤〔栎字当从石为砾〕，下者生黄土。凡艺而不实[10]，植而罕茂。法如种瓜，三岁可采。野者上，园者次。阳崖阴林，紫者上，绿者次；笋者上，芽者次；叶卷上，叶舒次[11]。阴山坡谷者，不堪采掇，性凝滞，结瘕疾[12]。

　　茶之为用，味至寒，为饮，最宜精行俭德之人。若热渴、凝闷、脑疼、目涩、四肢烦、百节不舒，聊四五啜，与醍醐、甘露[13]抗衡也。

　　采不时，造不精，杂以卉莽[14]，饮之成疾。茶为累也，亦犹人参。上者生上党 15，中者生百济、新罗 16，下者生高丽 17。有生泽州、易州、幽州、檀州者 18，为药无效，况非此者！设服荠苨 19，使六疾不瘳 20。知人参为累，则茶累尽矣。

※ 注释

1 伐而掇之：伐，砍下枝条。掇，采摘。

2 栟榈：棕榈树。栟，读音 bīng。

3 根皆下孕，兆至瓦砾：下孕，在地下滋生发育。兆至瓦砾，指核桃与茶树生长时根将土地撑裂，方始出土成长。

4 《开元文字音义》：字书名。唐开元二十三年（公元 735 年）编辑的字书，早佚。

5 槚：读音 jiǎ。茶，茶树。

6 葆：读音 shè。本为香草名。

7 荈：读音 chuǎn。茶名之一。

8 杨执戟：即扬雄，西汉人，著有《方言》等书。

9 郭弘农：即郭璞，东晋人。注释过《方言》《尔雅》等字书。

10 艺而不实：指种植技术。

11 叶卷上，叶舒次：叶片呈卷状的茶叶质量好，舒展平直的茶叶质量差。

12 性凝滞，结瘕疾：凝滞，凝结不散。瘕，腹中肿块。《正字通》："腹中积块，坚者曰症。有物形曰瘕。"

13 醍醐、甘露：皆为古人心中最美妙的供品。醍醐，酥酪上凝聚的油，味甘美。甘露，即露水，古人称为"天之津液"。

14 卉莽：野草。

15 上党：唐时郡名，治所在今山西长治市长子、潞城一带。

16 百济、新罗：唐时位于朝鲜半岛上的两个小国，百济在半岛西南部，新罗在半岛东南部。

17 高丽：唐时周边小国之一，即今朝鲜。

18 泽州、易州、幽州、檀州：皆为唐时州名。治所分别在今山西晋城、河北易县、北京市区北、北京市密云县一带。

19 荠苨：一种形似人参的野果。苨，读音 nǐ。

20 六疾不瘳：六疾，指人遇阴、阳、风、雨、晦、明六气而生的多种疾病。瘳，痊愈。

※ 译文

茶树是我国南方种植的一种优良植物。树有一尺、两尺甚至几十尺高。在巴山和峡川一带，最粗的茶树需两人合抱，只有先砍下枝条后才能采摘茶叶。茶树的形状如同瓜芦木，树叶如同栀子，花如同白蔷薇，种子类似于棕榈树的种子，花蒂像丁香，根类似于胡桃树的根。〔瓜芦木生长在广东，和茶树相似，但味道苦涩。棕榈，属于蒲葵类，它的籽类似于茶籽。核桃和茶树，根都在地下滋养发育，把土壤撑裂，钻出地面生长。〕

茶，当作字，从部首上看，或从属于"草"部，或从属于"木"部，或者"草""木"并从。〔从草，写作"茶"，这个字出于《开元文字音义》一书。从木，写作"搽"，出于《唐新修本草》。草、木并从，写作"荼"，出于《尔雅》。〕

茶的名称，一称茶，二称叫槚，三称蔎，四称茗，五称荈。〔周公所著的《尔雅·释木篇》中说："槚，就是苦茶。"扬雄的《方言》中说："蜀地西南部的人把茶叫作蔎。"郭璞的《尔雅注》中说："早采的叫茶，晚采的叫茗或者叫荈。"〕

茶树生长的土地，以长在岩石风化的土壤里最好，其次是长在沙石砾壤里〔"栎"应当从石写作"砾"〕，品质最差的生长于黄土之中。一般种植技术不适当的，种植了也很少长得茂盛。种茶的方法像种瓜一样，三年就可以采摘茶叶。生长在山林野外的茶叶品质比较好，园林栽培的品质比较差。生长在向阳山坡而且有树木遮阴的茶树，芽叶呈现出紫色的品质比较好，呈绿色的则比较差；芽叶细长如同春笋似的品质较好，芽叶短小的品质较差；芽叶成卷状的品质较好，芽叶舒展平直的品质较差。背阴山谷里生长的茶树，就不能采摘茶叶，因为它有太重的寒性，喝了会凝聚滞留在腹内，使人患腹中长肿块的疾病。

茶的功用，由于它性味寒，作为饮品，最适合品行优良、有节俭美德的人饮用。如果有人感觉干热口渴、心胸郁闷、头疼脑痛、眼睛干涩、四肢无力、全身关节不舒服，只要喝上四五口茶，就好像醍醐灌顶、喝了甘露一样清爽甜美。

但假如采的时节不对，制造又不精细，而且还掺杂了野草，喝了就会生病。茶和人参一样，产地不同，质量差异很大甚至会对人体不利。品质最好的人参出产于上党，品质中等的出产于百济、新罗，品质差的出产于高丽。而泽州、易州、幽州、檀州出产的人参，就没有什么药效，更何况还不如它们的人参呢！假如误把荠苨当人参服用，那么各种疾病将难以痊愈。知道了人参有时也会对人体有害处这个道理后，那么茶叶使人体受害的道理也就完全清楚了。

二 茶之具

※ 原文

籝[1]：一曰篮，一曰笼，一曰筥[2]。以竹织之，受五升，或一斗、二斗、三斗者，茶人负以采茶也。［籝，音盈，《汉书》所谓"黄金满籝，不如一经[3]。"颜师古[4]云："籝，竹器也，容四升耳。"］

灶：无用突者[5]。

釜：用唇口者。

甑[6]：或木或瓦，匪腰而泥。篮以箅之，篾以系之[7]。始其蒸也，入乎箅；既其熟也，出乎箅。釜涸，注于甑中，［甑，不带而泥之。］又以榖木枝三亚者制之，［亚字当作桠，木桠枝也。］散所蒸芽笋并叶，畏流其膏。

杵臼：一曰碓，惟恒用者为佳。

规：一曰模，一曰棬。以铁制之，或圆、或方、或花。

承：一曰台，一曰砧。以石为之。不然，以槐、桑木半埋地中，遣无所摇动。

襜[8]：一曰衣。以油绢或雨衫、单服败者为之。以襜置承上，又以规置襜上，以造茶也。茶成，举而易之。

芘莉[9]：一曰籝子，一曰蒡筤[10]，以二小竹，长三尺，躯二尺五寸，柄五寸。以篾织方眼，如圃人土箩，阔二尺以列茶也。

棨[11]：一曰锥刀。柄以坚木为之。用穿茶也。

扑：一曰鞭。以竹为之。穿茶以解茶也。

焙：凿地深二尺，阔二尺五寸，长一丈。上作短墙，高二尺，泥之。

贯：削竹为之，长二尺五寸。以贯茶焙之。

棚：一曰栈。以木构于焙上，编木两层，高一尺，以焙茶也。茶之半干，升下棚；全干，升上棚。

穿：江东、淮南剖竹为之；巴山峡川，纫榖皮为之。江东以一斤为上穿，半斤为中穿，四五两为小穿。峡中以一百二十斤为上穿，八十斤为中穿，四五十斤为小穿。穿，旧作钗钏之"钏"字，或作贯"串"。今则不然，如"磨、扇、弹、钻、缝"五字，文以平声书之，义以去声呼之，其字以"穿"名之。

育：以木制之，以竹编之，以纸糊之。中有隔，上有覆，下有床，旁有门，掩一扇。中置一器，贮塘煨火，令煴煴然[12]。江南梅雨时，焚之以火。[育者，以其藏养为名。]

※ 注释

1 籝：读音 yíng。竹制的箱子、笼子、篮子等用来盛放物品的器具。

2 筥：读音 jǔ。圆形的盛物竹器。

3 黄金满籝，不如一经：语出《汉书·韦贤传》。说的是留给儿孙满箱黄金，不如留给他们一本经书。

4 颜师古：名籀。唐初经学家，曾注《汉书》。

5 无用突者：突，烟囱。成语有"曲突徙薪"。

6 甑：读音 zèng。古代用来蒸食物的炊器。即今蒸笼。

7 篮以算之，篾以系之：算，读音 bì。蒸笼中的竹屉。篾，读音 miè。长条细薄竹片，在此处是指从甑中取出算的提耳。

8 襜：读音 chān。系在衣服前面的围裙。

9 芘莉：芘，读音 bì。芘莉，竹制的盘子类器具。

10 莠筤：读音 páng láng。笼子、盘子一类的盛物器具。

11 棨：读音 qǐ。穿茶饼时用的锥刀。

12 令煴煴然：煴，读音 yūn。没有火焰的火。煴煴然，火光微弱的样子

※ 译文

籝：有人称为篮子，有人称为笼子，有人称为筥。用竹篾编织而成，通常可以盛放五升茶叶，还有盛放一斗、二斗、三斗的，是采茶人背在背上盛放茶叶的。[籝，音盈，《汉书》所说的："黄金满籝，不如一经"的"籝"。颜师古说："籝，是竹编器具，可盛四升。"]

灶：不使用烟囱的。

锅：要使用锅的边缘向外翻如同口唇形状的。

甑：有木制或陶制的。不要使用细腰形状的，缘口和锅接缝的地方要用泥封严。甑内放入竹篮作竹箅，两边的提耳用竹片系牢。开始蒸茶时，把鲜茶叶放到箅里；等到蒸熟了，再从箅里倒出。锅中的水倘若干了，可从甑口加些水。[因为甑与锅用泥边封着。] 再把有三个枝桠的木棍削制成搅拌器，[亚字应是"桠"，就是树木的枝桠。] 把蒸好的茶芽、茶笋、茶叶抖匀松散放置，以免茶汁流失。

杵臼：又叫作碓，以长期使用的为好。

规：又叫作模，或者叫作棬。用铁制造而成，有圆形、方形、花形三种。

承：又叫作台，或者叫作砧。用石头制造而成。不用石制的也可以用槐木、桑木深埋一半在地下制成，使它不能摇晃。

襜：又叫作衣。用油布或穿坏的雨衫、单衣制成。把襜布铺在砧上，再把模放到襜布上，用来制成茶饼。茶饼制成后，取出茶饼和襜布，再作时另外换一块。

芘莉：又称为籝子，或叫蒡莨。用两只小竹片，各长三尺，制成身长二尺五寸的工具，手柄长五寸的工具。竹身上用竹篾织成方眼格子，就像农民用的箩，宽度为二尺，是用来摆放茶的。

棨：又叫作锥刀。把柄用坚硬的木棒制作而成，是用来给茶饼穿孔眼的。

扑：又叫作鞭。用竹子制作而成。是用来把茶饼穿成串并送到焙炉上去的用具。

焙：在地面上挖一个深二尺、宽二尺五寸、长一丈的坑，坑四周筑低墙，高二尺，用泥抹平。

贯：用竹子削制而成。长二尺五寸，是串上茶饼以供焙烤之用。

棚：又称为栈。用木料制作而成放在焙窑上的架子，分为两层，高一尺，用来焙制茶饼的。茶饼焙到半干时，由下层挪到上层；全部焙干后，依次从上层取下。

穿：江东、淮南一带的人用竹篾制作，巴山峡川一带的人用谷皮搓制。江东一带，把重量一斤的茶饼称为大穿，半斤重的茶饼称为中穿，四五两重的茶饼称为小穿。三峡一带，把一百二十斤的茶饼串称为大穿，八十斤的茶饼串称为中穿，四五十斤的茶饼串称为小穿。"穿"字，过去曾经写成钗钏的"钏"字，或者写成贯串的"串"字。如今不这样写，就像"磨、扇、弹、钻、缝"五个字，书面上的字形读平声，如果按着字义则又读去声。所以就用"穿"字来称呼这种扎成串的茶饼。

育：用木头制成的架子，四周用竹篾编成竹壁，竹壁用纸裱糊，里面有隔间，上面有盖，下面有床，两旁有门，其中一扇门关闭。在中间放置一个器皿，盛有火灰使有火无焰。到江南梅雨季节时，加火除湿以烘干茶饼。[之所以叫作育，就是因为它可以良好地保存茶饼。]

三 茶之造

※ 原文

凡采茶，在二月、三月、四月之间。茶之笋者，生烂石沃土，长四五寸，若薇、蕨始抽，凌露采焉[1]。茶之芽者，发于藂薄之上[2]，有三枝、四枝、五枝者，选其中枝颖拔者采焉。其日，有雨不采，晴有云不采，晴，采之、蒸之、捣之、拍之、焙之、穿之、封之，茶之干矣。

茶有千万状，卤莽而言，如胡人靴者，蹙缩然；［京锥文也[3]。］犎牛臆者，廉襜然[4]；［犎，音朋，野牛也。］浮云出山者，轮囷然[5]；轻飙拂水者，涵澹然。有如陶家之子，罗膏土以水澄泚之；［谓澄泥也。］又如新治地者，遇暴雨流潦之所经；此皆茶之精腴。有如竹箨[6]者，枝干坚实，艰于蒸捣，故其形籭簁然[7]［上离下师］。有如霜荷者，茎叶凋沮，易其状貌，故厥状委悴然。此皆茶之瘠老者也。

自采至于封，七经目。自胡靴至于霜荷，八等。或以光黑平正言佳者，斯鉴之下也。以皱黄坳垤[8]言佳者，鉴之次也。若皆言佳及皆言不佳者，鉴之上也。何者？出膏者光，含膏者皱，宿制者则黑，日成者则黄；蒸压则平正，纵之则坳垤；此茶与草木叶一也。茶之否臧[9]，存于口诀。

※ 注释

1 若薇、蕨始抽，凌露采焉：薇、蕨，都是野菜。凌，带着。

2 蘘薄：指有灌木、杂草丛生的地方。《汉书注》："灌木曰丛。"扬雄《甘草赋注》："草丛生曰薄。"

3 京锥文也：京，高大。锥，刀锥。文，同"纹"。全句意为：大钻子刻钻而成的花纹。

4 臆者，廉襜然：臆，指牛胸肩部位的肉。廉，边侧。襜，帷幕。全句意为：牛胸肩部位的肉，像侧边的帷幕。

5 轮囷：轮，车轮。囷，圆顶的仓。意为：像车轮、圆仓那样卷曲盘曲。

6 竹箨：竹笋的外壳。箨，读音 tuò。

7 籭筬：两字意思相通，读音亦同：shāi。皆为竹器。《集韵》说就是竹筛。

8 坳垤：土地低下处叫作坳，小土堆叫作垤。形容茶饼表面的凸凹不平。

9 否臧：否，读音 pǐ，贬，非议。臧，褒奖。

※ 译文

采摘茶叶，都是在每年农历二月、三月、四月间。茶芽肥壮得像竹笋的，大都生长在岩石风化的肥沃土壤中，等新芽条长到四五寸的时候，就像薇蕨等野菜新发的嫩长细枝，这时要在清晨带着露水采摘。短而瘦小的茶芽，通常都生长在灌木杂草丛生的茶丛里。抽出的嫩枝有三枝、四枝、五枝，应该选取其中主枝挺拔的采摘。下雨的时候不要采摘，晴天有云也不要采摘。天气晴朗了，就采摘茶叶，把它们在甑上蒸熟，用杵臼捣烂，放到模子里拍压，接着焙干，穿成串，密封包装好，茶饼就可以保持干燥了。

茶饼的形状多种多样。大致说，有的像胡人的靴子褶皱蹙缩；〔像用钻子钻刻而成的花纹。〕有的像野牛胸肩上突起的肉层层叠叠；〔犎，读作朋，野牛的意思。〕有的像浮云出山卷曲盘曲；有的如同清风吹拂的水面微波荡漾；有的如同陶工筛出的陶泥，用水澄清后，细润光滑；〔澄泚，就是用水把泥澄清。〕有的像新开垦的土地，遇到大雨冲刷，形成了条条沟壑。这些都是精美上等的好茶。有的茶如同竹笋的硬壳，枝干坚硬，很难蒸熟捣烂，所以制成的茶饼形状好像破竹筛一样。还有的好像霜打过的荷叶，茎叶凋败，变了样子，所以制成的茶饼显得枯萎干黄。这些都是粗老、劣质的茶叶。

茶叶的制作，从采摘到封存，一共要经过七道流程。从茶饼的形态颜色看，像胡人皮靴到好似霜打的荷叶，茶叶品质共有八个等级。有人把黑泽光亮、形体平整作为好茶的标志，这是下等的鉴别方法；有人把色泽黄褐、形体多皱作为好茶的特征，这是中等的鉴别方法。如果对于茶饼，既能说出它的优点又能说出它的缺点，这才是鉴别品评茶叶的行家。为什么这样说呢？因为茶饼表面有茶汁浸润时颜色就光润；茶汁没有流出而含在茶饼里，表面就干缩起皱，制作时间久了过了夜的茶饼颜色就黑，当天制成的茶饼颜色就黄；蒸得透、压得紧，茶饼就平整；任其自然的，茶饼就起皱凸凹不平。茶叶和其他草木叶子都是这种特性。所以鉴别品评茶叶的好坏，自有它行内的口诀，不能仅仅用"好"或"不好"来评论。

四 茶之器

※ 原文

风炉［灰承］　筥　炭挝　火箕　鍑　交床　夹　纸囊　碾［拂末］　罗　合　则　水方　漉水囊　瓢　竹箕　鹾簋［揭］　碗　熟　盂　畚　札　涤方　滓方　巾　具列　都篮

风炉［灰承］：风炉以铜、铁铸之，如古鼎形。厚三分，缘阔九分，令六分虚中，致其杇墁[1]。凡三足，古文书二十一字。一足云："坎上巽下离于中[2]"；一足云："体均五行去百疾"；一足云："圣唐灭胡明年铸。[3]"其三足之间，设三窗，底一窗以为通风漏烬之所。上用古文书六字：一窗之上书"伊公"二字；一窗之上书"羹陆"二字；一窗之上书"氏茶"二字，所谓"伊公羹，陆氏茶"也[4]。置墆㙉[5]于其内，设三格：其一格有翟焉，翟者，火禽也，画一卦曰离；其一格有彪焉，彪者，风兽也，画一卦曰巽。其一格有鱼焉，鱼者，水虫也，画一卦曰坎。巽主风，离主火，坎主水，风能兴火，火能熟水，故备其三卦焉。其饰，以连葩垂蔓、曲水方文之类。其炉，或锻铁为之，或运泥为之。其灰承作三足，铁柈抬之[6]。

筥：以竹织之，高一尺二寸，径阔七寸。或用藤，作木楦如筥形织之。六出圆眼。其底盖若利箧[7]口，铄之。

炭挝：以铁六棱制之。长一尺，锐上丰，中执细，头系一小镮，以饰挝也，若今之河陇军人木吾[8]也。或作槌，或作斧，随其便也。

火筴：一名箸，若常用者，圆直一尺三寸。顶平截，无葱薹句鏁⁹之属。以铁或熟铜制之。

鍑〔音辅，或作釜，或作鬴〕：以生铁为之。今人有业冶者，所谓急铁，其铁以耕刀之趄¹⁰炼而铸之。内抹土而外抹沙。土滑于内，易其摩涤；沙涩于外，吸其炎焰。方其耳，以令正也。广其缘，以务远也。长其脐，以守中也。脐长，则沸中；沸中，末易扬，则其味淳也。洪州¹¹以瓷为之，莱州¹²以石为之。瓷与石皆雅器也，性非坚实，难可持久。用银为之，至洁，但涉于侈丽。雅则雅矣，洁亦洁矣，若用之恒，而卒归于铁也。

交床：以十字交之，剜中令虚，以支鍑也。

夹：以小青竹为之，长一尺二寸。令一寸有节，节以上剖之，以炙茶也。彼竹之筱¹³，津润于火，假其香洁以益茶味。恐非林谷间莫之致。或用精铁、熟铜之类，取其久也。

纸囊：以剡藤纸¹⁴白厚者夹缝之，以贮所炙茶，使不泄其香也。

碾〔含拂末〕：碾以橘木为之，次以梨、桑、桐、柘为之。内圆而外方。内圆，备于运行也；外方，制其倾危也。内容堕而外无余。木堕，形如车轮，不辐而轴焉。长九寸，阔一寸七分。堕径三寸八分，中厚一寸，边厚半寸。轴中方而执圆。其拂末，以鸟羽制之。

罗合：罗末以合盖贮之，以则置合中。用巨竹剖而屈之，以纱绢衣之。其合，以竹节为之，或屈杉以漆之。高三寸，盖一寸，底二寸，口径四寸。

则：以海贝、蛎蛤之属，或以铜、铁、竹匕¹⁵、策之类。则者，量也，准也，度也。凡煮水一升，用末方寸匕¹⁶，若好薄者减之，嗜浓者增之。故云则也。

水方：以椆木、〔音胄，木名也。〕槐、楸、梓等合之，其里并外缝漆之。受一斗。

漉水囊¹⁷：若常用者。其格以生铜铸之，以备水湿，无有苔秽、腥涩之意；以熟铜，苔秽；铁，腥涩也。林栖谷隐者或用之竹木。木与竹非持久涉远之具，故用之生铜。其囊，织青竹以卷之，裁碧缣以缝之，纫翠钿以缀之，又作绿油囊以贮之。圆径五寸，柄一寸五分。

瓢：一曰牺杓，剖瓠为之，或刊木为之。晋舍人杜毓¹⁸《荈赋》云："酌之以匏。"匏，瓢也，口阔，胫薄，柄短。永嘉中，余姚人虞洪入瀑布山采茗，遇一道士云："吾，丹丘子，祈子他日瓯牺之余，乞相遗也。"牺，木杓也。今常用以梨木为之。

竹筴：或以桃、柳、蒲葵木为之，或以柿心木为之。长一尺，银裹两头。

鹾簋〔含揭〕¹⁹：以瓷为之，圆径四寸，若合形。或瓶、或罍，贮盐花也。其揭，竹制，长四寸一分，阔九分。揭，策也。

熟盂：以贮熟水。或瓷、或砂。受二升。

碗：越州上，鼎州、婺州次²⁰；岳州上，寿州、洪州次。或以邢州处越州上²¹，殊为不然。若邢瓷类银，则越瓷类玉，邢不如越一也；若邢瓷类雪，则越瓷类冰，邢不如越二也；邢瓷白而茶色丹，越瓷青而茶色绿，邢不如越三也。晋杜毓《荈赋》所谓："器择陶拣，出自东瓯。"瓯，越州也，瓯越上，口唇不卷，底卷而浅，受半升以下。越州瓷、岳瓷皆青，青则益茶，茶作红白之色。邢州瓷白，茶色红；寿州瓷黄，茶色紫；洪州瓷褐，茶色黑，悉不宜茶。

畚²²：以白蒲卷而编之，可贮碗十枚，或用筥。其纸帊以剡纸夹缝令方，亦十之也。

札：缉栟榈皮，以茱萸木夹而缚之，或截竹束而管之，若巨笔形。

涤方：以贮洗涤之余。用楸木合之，制如水方，受八升。

滓方：以集诸滓，制如涤方，受五升。

巾：以绝布²³为之。长二尺，作二枚，互用之，以洁诸器。

具列：或作床，或作架。或纯木、纯竹而制之；或木或竹，黄黑可扃²⁴漆者。长三尺，阔二尺，高六寸。具列者，悉敛诸器物，悉以陈列也。

都篮：以悉设诸器而名之，以竹篾，内作三角方眼，外以双篾阔者经之，以单篾纤者缚之，递压双经，作方眼，使玲珑。高一尺五寸，底阔一尺，高二寸，长二尺四寸，阔二尺。

※ 注释

1 圬墁：本意为涂墙用的工具。这里用来指涂泥。

2 坎上巽下离于中：坎、巽、离都是八卦的卦名。

3 "圣唐灭胡明年铸"：盛唐灭胡，指唐平息"安史之乱"，当时正值唐广德元年（763年），这个鼎就铸于公元764年。

4 伊公羹，陆氏茶：伊公，指商汤时的大尹伊挚。相传他善于调配汤味，世称"伊公羹"。陆，即陆羽自己。"陆氏茶"，陆羽的茶具。

5 嵽嵲：读音 dié niè。贮藏。

6 铁柈：柈，通"盘"，盘子。

7 利筐：用小竹篾编成的长方形箱子。

8 木吾：木棒。

9 葱薹句鏁：薹，读音 tái。葱的籽实，长在葱的顶部，呈圆珠形。句，通"勾"，弯曲形。鏁，即"锁"的异体字。

10 耕刀之趄：耕刀，即锄头、犁头。趄，读音 jū。艰难行走之意，成语有"趑趄不前"，此处引申为坏的、旧的。

11 洪州：唐时州名。治所在今江西南昌一带。

12 莱州：唐时州名。治所在今山东掖县一带。

13 彼竹之筱：筱，竹的一种，也称为小箭竹。

14 剡藤纸：产于唐时浙江剡县、用藤为原材料制成的纸，洁白细腻有韧性，为唐时包茶专用纸。

15 竹匕：匕，读 bǐ，匙子。

16 用末方寸匕：用竹匙挑起茶叶末一平方寸。

17 漉水囊：漉，读音 lù，滤过。漉水囊，即滤水的袋子。

18 杜毓：西晋时人，字方叔，曾任中书舍人等职。

19 醝簋：盐罐，醝，读音 cuó，盐。簋，读音 guǐ，古代盛食物的圆口竹器。

20 越州、鼎州、婺州：越州，治所在今浙江省绍兴地区。唐时越窑主要在余姚，所产青瓷，极其名贵。鼎州，治所在今陕西省泾阳三原一带。婺州，治所在今浙江省金华一带。

21 岳州、寿州、洪州、邢州：都是唐时州郡名。治所分别在今湖南岳阳、安徽寿县、江西南昌、河北邢台一带。

22 畚：读音 běn。即簸箕。

23 绝布：绝，读音 shī，粗绸。

24 扃：读音 jiōng。可关可锁的门。

※ 译文

风炉：用铜或铁铸造而成，形如古代的鼎。壁体厚三分，口沿宽九分，比炉壁多出的六分让它虚悬在口沿下，用泥涂抹上。所有风炉都有三只脚，铸造的古体字有二十一个。其中一只脚上刻有："坎上巽下离于中"；一只脚上刻有："体均五行去百疾"；另一只脚上刻有："圣唐灭胡明年铸"。在鼎的三脚之间，设置三个窗户，底下开一个洞用来通风漏灰。三个窗户上共刻有六个古体字：一只窗上刻有"伊公"二字，一只窗上刻有"羹陆"二字，一只窗上刻有"氏茶"二字，连在一起读就是"伊公羹""陆氏茶"。炉口放置一个可堆放东西的支垛，里面设置三层格子：一层格上铸一只野鸡，野鸡也就是火禽，铸上离卦符号"离"；另一层格上铸一只小老虎，虎属于风兽，铸上巽卦的符号"巽"；再有一层格上铸一条鱼，鱼属于水族，铸上坎卦的符号"坎"。巽代表风，离代表火，坎代表水，风能使火旺盛，火能把水煮沸，所以窗上刻有这三个卦的符号。炉壁上还铸上连缀的花朵、垂悬的草蔓、回曲的水波或者方块等图案当作装饰。风炉可以用熟铁铸成，也可以用泥塑造。而灰承，是用来制成三只脚的铁盘，承托着风炉的。

筥：用竹篾编织而成，高一尺二寸，直径七寸。或者用藤编织，先制作一个木楦头，用藤绕着它编织，六角圆眼花纹要明显。它的底盖要像长方形箱子口一样削平整。

炭挝：是用铁打造成的六棱形铁棒。长一尺，一头细，从中间开始逐渐粗大。手拿细头，细头顶端安一小环做装饰，就像现在河陇军人巡逻时用的木棒。也可以打造成锤形，或者打造成斧形，这些全凭个人的爱好。

火䇲：又叫作火筯，像人们平时用的火钳。两叉股是圆直的，长一尺三寸。两股交叉的上半部，做成平顶就行，不必打造成球形或勾锁形。一般用铁或熟铜制造。

鍑［音辅，或作釜，或作鬴］：用生铁制造而成。如今有人经营冶炼业就用"急铁"，也就是坏锄头之类回炉再炼的铁。铸造时，模内涂抹泥土，模外涂抹细沙。土能使锅内面光滑，便于洗刷；沙能使锅外粗糙，吸热很快。两个锅耳制成方形，使锅提起时端正。锅沿要宽，可以用得时间长些；锅腹要深，使煮茶的水不超过中部。这样，锅深了，茶水就在锅的中心沸腾；茶水在中心沸腾，茶末就易于扬起这种方法煮的茶水味道就格外的醇正。洪州人用瓷制造锅，莱州人用石头制造锅。瓷锅和石锅都是雅致的东西，但天性不坚固不结实，很难持久使用。也有人用银制造锅，当然是很干净，但是过于奢侈华丽。而这些用瓷、石、银制造的锅，要说雅致，确实很雅致；要论洁净，也非常洁净，但如果想长久耐用，还是以铁制的为好。

交床：是用十字交叉的木架拼制而成的，中间掏空，用来支放茶锅。

夹子：用小青竹制成。长一尺二寸。青竹的尾端一寸处，要留有竹节。竹节以上对半剥开，用来夹烤茶饼。小青竹的汁液，受到火烤后就会散发香气，增加茶叶的香味。但不去丛林深谷是找不见这种小青竹的，也可用精铁、熟铜打造夹子，会更经久耐用。

纸囊：选取洁白而厚实的剡藤纸缝成夹层，把烤好的茶饼夹在里面贮藏，茶叶的香气就不容易散失。

碾［包含拂末］：用橘木制作最好，其次是用梨、桑、桐、柘等木制作。形状内圆外方。内圆，便于碾轮滚碾；外方，可提防碾的倾倒。碾槽以恰好容下碾轮没有空隙为最佳。碾轮，形状像车轮，但没有辐条只有一个轴穿在中间。碾槽长九寸，宽一寸七分。碾轮直径三寸八分。中心厚一寸，周边厚半寸。轴的中心是方形，两手抓的地方是圆形。用来刷茶末的"拂末"，是用鸟的羽毛制作而成的。

罗、合：由箩筛下来的茶末，用茶盒贮藏，把挑匙也放在盒里。罗，把一块大竹子剖开弯曲成圆形，用纱或绢蒙上绷紧做筛面。茶盒，用竹子的枝节制作而成，也可将杉木弯曲成圆形，外面涂抹上漆。盒高三寸，其中盒盖高一寸，盒身高二寸，口径为四寸。

则：用海贝、牡蛎、蛤蜊之类的小介壳制作，或者用铜、铁、竹制作成匙形。则，就是称度、标准、量取的意思，大概煮一升水，用茶末一平方寸。如喜欢喝淡茶，就少放些茶末，习惯喝浓茶就多加些茶末。挑匙就是标准量器，所以称为"则"。

水方：用椆木、[音胄，树木的名称也。]槐木、楸木、梓木等木片合制而成的桶，它的里外包括缝隙都要严密并用漆漆好。每只桶盛一斗水。

漉水囊：如同人们常用的过滤袋一样。承托滤水袋的框格，要用生铜铸造，以免水浸湿后有铜绿苔臭和腥涩的气味。若用熟铜铸造，会生铜绿苔臭；用铁铸造，有腥涩气味。在树林中和山谷里隐居的人，经常用竹木制作。木和竹时间长了不耐用，不易远行携带，很容易损坏，所以最好还是用生铜铸造。滤水的袋子，用青竹片卷制而成，再裁一块碧绿色的丝绢缝上，可以装饰一些细小的翠玉、螺钿。再制作一个绿色的油绢袋，把滤水袋装起来。滤水袋的口径长五寸，手握处长一寸五分。

瓢：又叫作牺、杓。是把熟的葫芦剖开制作而成的，或者用杂木掏空而成。西晋的中书舍人杜毓在《荈赋》里写道："酌之以匏。"匏就是瓢，口径大，壳薄，把柄处短。西晋永嘉年间，余姚人虞洪到瀑布山采茶，遇到一名道士对他说："我叫丹丘子，希望你以后牺杯里有多余的茶水时，就赠送我一些。"牺，就是木勺。现在人们通常用梨木制作。

竹筴：可以用桃木、柳木或者棕榈木制作，也可以用柿心木制作。长一尺，两端用银包裹。

鹾簋[包含揭]：用瓷制作而成，口径四寸，形状像盒子。也可以做成瓶子状，或者缶状，储存细盐。揭，用竹子制作而成，长四寸一分，宽九分。揭，就是取盐的工具。

熟盂：开水瓶，储存开水用的。可以用瓷制作，也可用砂陶制作。可以盛放二升水。

碗：茶碗，越州出产的为上等品，其次是鼎州、婺州出产的。岳州的茶碗也属于上等品，寿州、洪州的就稍差些。有人认为邢州的茶碗质地位于越州之上，其实绝对不是这样。如果说邢瓷的质地像白银，那越瓷就如同玉石，这是邢瓷比不上越瓷的第一点；如说邢瓷像雪，那越瓷就像冰，这是邢瓷比不上越瓷的第二点；邢州的瓷碗颜色白，用来盛茶水，茶水呈现红色；越州的瓷碗颜色青，用来盛茶水，茶水呈现绿色，这是邢瓷比不上越瓷的第三点。西晋杜毓的《荈赋》说："器择陶拣，出自东瓯。"瓯，就是指越州，说明越瓷属于上等品。这种茶碗口沿不外翻，底向外卷而不高，每碗盛放茶水半升以下。越州瓷和岳州瓷都是青色，青色衬托茶水能增强茶色，茶水呈现绿色。邢州瓷是白色，茶水呈现红色；寿州瓷是黄色，茶水呈现紫色；洪州瓷是褐色，茶水呈现黑色，都不适合做茶碗。

畚：簸箕，用白蒲叶卷拢编织而成，可以装十只茶碗，也可以用筥装。包裹茶碗用的纸套，用双层剡藤纸缝合成方形，也是十个。

札：收集一些棕榈丝片，夹在茱萸木的一端，或者截一段竹子，将棕榈丝片束绑在一端，形状就像一只大毛笔。

涤方：洗涤盆，用来储存洗涤用水的。是用楸木板拼合制成的，制法和"水方"一样，通常可盛放八升水。

滓方：茶渣盆，用来储存喝过的茶滓。制作方法和"涤方"相同。能盛放五升茶滓。

巾：用粗布绸制作而成。每条长二尺，做两条，轮换使用，用它清洁擦拭各种器具。

具列：陈列架，可以制作成床形，也可以制成架形。有的用纯木制作，有的用纯竹制作。也可木竹兼用，漆成黄黑色并有可关锁的门。每个长三尺、宽二尺、高六寸。之所以称作"具列"，是因为可以把各种器具全都存放在里面。

都篮：因可以存放各种器具而得名。用竹篾制作而成，里面编织成三角形方眼，外面有较宽的双层竹篾制成经线，再用较窄的单层竹篾缚绑，单篾依次压住双篾经线，并编成方形孔眼使它看起来精巧细致，玲珑美观。都篮高一尺五寸（其中底部宽一尺，高二寸），长二尺四寸，宽二尺。

五 茶之煮

※ **原文**

凡炙茶，慎勿于风烬间炙，熛焰如钻，使凉炎不均。持以逼火，屡其翻正，候炮出培𪣻状虾蟆背[1]，然后去火五寸。卷而舒，则本其始，又炙之。若火干者，以气熟止；日干者，以柔止。

其始，若茶之至嫩者，蒸罢热捣，叶烂而芽笋存焉。假以力者，持千钧杵亦不之烂，如漆科珠[2]，壮士接之，不能驻其指。及就，则似无穰骨也。炙之，则其节若倪倪如婴儿之臂耳。既而，承热用纸囊贮之，精华之气无所散越，候寒末之。[末之上者，其屑如细米；末之下者，其屑如菱角。]

其火，用炭，次用劲薪。[谓桑、槐、桐、枥之类也。]其炭曾经燔炙，为膻腻所及，及膏木、败器，不用之。[膏木，谓柏、松、桧也。败器，谓朽废器也。]古人有劳薪之味[3]，信哉！

其水，用山水上，江水中，井水下。[《荈赋》所谓："水则岷方之注，挹彼清流[4]。"]其山水，拣乳泉、石池漫流者上；其瀑涌湍漱，勿食之。久食，令人有颈疾。又水多流于山谷者，澄浸不泄，自火天至霜郊[5]以前，或潜龙蓄毒于其间，饮者可决之，以流其恶，使新泉涓涓然，酌之。其江水，取去人远者。井水，取汲多者。

其沸，如鱼目[6]，微有声，为一沸；缘边如涌泉连珠，为二沸；腾波鼓浪，为三沸；已上，水老，不可食也。初沸，则水合量，调之以盐味，谓弃其啜余，[啜，尝也，市税反，又市悦反。〕无乃"餡饐"而钟其一味乎？〔餡，古暂反。饐，吐滥反。无味也。〕第二沸，出水一瓢，以竹筴环激汤心，则量末当中心而下。有顷，势若奔涛溅沫，以所出水止之，而育其华也。

凡酌，至诸碗，令沫饽均。〔《字书》并《本草》："沫、饽，均茗沫也。"饽，薄笏反。〕沫饽，汤之华也。华之薄者曰沫，厚者曰饽，轻细者曰花，如枣花漂漂然于环池之上；又如回潭曲渚青萍之始生；又如晴天爽朗，有浮云鳞然。其沫者，若绿钱浮于水湄[7]；又如菊英堕于樽俎之中[8]。饽者，以滓煮之，及沸，则重华累沫，皤皤然[9]若积雪耳。《荈赋》所谓"焕如积雪，烨若春藪[10]"，有之。

第一煮水沸，弃其沫，之上有水膜如黑云母，饮之则其味不正。其第一者为隽永，〔徐县、全县二反。至美者曰隽永。隽，味也。永，长也。味长曰隽永，《汉书》蒯通著《隽永》二十篇也。〕或留熟盂以贮之。以备育华救沸之用。诸第一与第二、第三碗次之，第四、第五碗外，非渴甚莫之饮。凡煮水一升，酌分五碗，〔碗数少至三，多至五。若人多至十，加两炉。〕乘热连饮之，以重浊凝其下，精英浮其上。如冷，则精英随气而竭，饮啜不消亦然矣。

茶性俭[11]，不宜广，广则其味黯澹。且如一满碗，啜半而味寡，况其广乎！

其色缃也，其馨也，〔香至美曰。上必下土，音使。〕其味甘，槚也；不甘而苦，荈也；啜苦咽甘，茶也。

※ 注释

1 炮出培塿状虾蟆背：炮，烘烤。培塿，小土堆。塿，读音 lóu。蝦蟆背，有很多丘泡，不光滑，形容茶饼的表面起泡好像蛙背一样。

2 如漆科珠：科，用斗称量。句意为用漆斗量珍珠，滑溜难量。

3 劳薪之味：用旧车轮之类的燃料烧烤，食物会有异味。

4 挹彼清流：舀取那清澈的流水。挹，读音 yì，舀取。

5 自火天至霜郊：火天，酷暑时节。霜郊，秋末冬初霜降大地。二十四节气中，"霜降"在农历九月下旬。

6 如鱼目：水刚刚沸时，水面有许多小气泡，像鱼的眼睛，故称鱼目。后人又称"蟹眼"。

7 水湄：有水草的河边。

8 樽俎：樽是盛酒的器具，俎是切东西时垫在底下的器具，这里指各种餐具。

9 皤皤然：皤，读音 pó。皤皤，满头白发的样子。这里形容白色水沫。

10 烨若春藪：烨，读音 yè，光辉明亮。藪，读音 fū，花。

11 茶性俭：俭，俭朴无华。比喻茶叶中可溶于水的物质不多。

※ 译文

凡是炙烤茶饼，必须注意不要在通风的余火上烤。因为这时的火焰飘忽不定，火舌尖细如钻，会使茶饼受热不均匀。应该用竹箓夹住茶饼贴近火焰，不断翻烤正反两面，待茶饼表面烤得起泡如同小土堆和蝦蟆背上的小疙瘩时，移开离火五寸的距离慢慢地烤。等到卷凸起的茶饼逐渐舒展，再按先前的方法炙烤。茶饼如果原来是用火烘干的，那么烤到茶熟冒热气时为好；如果原来是日光晒干的茶饼，那就烤到茶饼完全发软为止。

开始时，对于特别柔嫩的茶叶，蒸熟后必须趁热捣碎，叶子虽烂了但茶梗还是完整的。这时，就是请力气很大的人拿着千斤重的大棒捣也捣不烂，就像用光滑的漆盘量光滑的珠子，大力士也无法让珠子停留在漆盘上一样。捣好后，好像一条茶梗都没有了，炙烤时柔软得就像婴儿的手臂。此时烤好的茶饼，要趁热装进纸袋储存，以防茶的香气散发掉，待冷却后，再碾碎成茶末。〔上等茶叶末，呈颗粒状如细米，品质低的茶叶末，粗糙得像菱角。〕

烤茶饼的火，用木炭最好，其次是用硬柴火。〔指桑、槐、桐、栎之类木材。〕如果原来烧过的木炭，沾染上了腥膻油腻气味，以及本身含脂膏多的木料和腐烂朽坏的木器，都不能使用。〔含脂膏多的，指柏木、松木、桧木一类。废器，指废旧腐朽的木器。〕古人说"用朽坏的木器烧煮食物会产生异味"，确实是这样啊！

煮茶的水，山水为上等，江水为中等，井水最次。〔像《莽赋》所说的："水要像岷江流注的活水，用瓢舀取它的清流。"〕用山水，要找钟乳滴下的和山崖中流出的泉水；山谷中汹腾猛荡的急流不可喝。长时间喝的话，会使人患颈部疾病。还有，泉水流到山洼谷地停滞不动的死水，从农历六七月热天起到九月霜降之前，会有毒龙虫蛇吐出的毒素聚集水中，喝之前要先打开一个口子进行疏导，让沉积的污水流尽，而使新的泉水缓缓流入再舀取。江河中的水，要到离人家远的地方舀取。井水，要从长期有人喝的井中汲取。

茶煮沸时，有像鱼眼睛一样的小水泡上浮并有轻微的响声，叫第一沸；接着，锅边沿的水像珠子在泉池翻动，叫第二沸；随后，锅里的水波翻腾，叫第三沸。这时的水已经煮老了，不适宜使用。在第一沸时，要依据水的多少，放适量的盐调味，把尝过剩下的那点水泼掉。〔啜，就是尝。读音用市税反切拼读，或用市悦反切拼读。〕不可因无味而过分加盐否则不就成了喜欢盐这种味道了吗？〔餡，用古暂反切拼读。，用吐滥反切拼读。两字是说没有味道。〕到第二沸时，舀出一瓢水，用竹筷在锅中心旋转搅动，再放入适量的茶末，茶末就会随着旋涡由中心沉下去。过一会儿，待锅里茶水像惊涛翻涌并有水沫溅出时，立即用先舀出的那瓢水缓缓倒入，让茶水不再沸腾，以保留茶的精华。

分盛到茶碗的茶水，泡沫要均匀。[《字书》和《本草》同样记载，沫和饽，都是茶水的泡沫。饽，用薄笱反切拼读。]沫和饽，是茶水的精华，薄的叫沫，厚的叫饽，细而轻的叫花。花，有时像枣花在园池中轻轻飘荡，又像萦回的水潭和曲折的沙洲旁漂游的新生青萍，又像高爽晴朗的天空上浮动的鱼鳞云。那些沫，如绿色的浮萍漂浮在水草之旁，又像飘落的菊花降在锅碗之中。而饽，是用煮过一次的茶末再煮而形成的，当茶煮沸时，它们堆积叠压在锅边，像一堆堆洁白的雪花。《荈赋》中说："明亮如积雪，光艳若春花"，真的是这样。

第一次煮开的水，要舀掉水面上一层像黑云母一样的水膜，不然喝的时候茶味不纯正。之后煮开的茶水，舀出的第一瓢叫隽永。[隽永，用徐县或全县反切拼读。最甜美的才称为隽永。隽，味美。永，长久。史书上说隽永，《汉书》载有蒯通著《隽永》二十篇。]可以储在熟盂里，当锅里茶水沸腾时，可以倒入以防止沸腾。后来再从锅里舀出第一、第二、第三碗茶水，味道要比隽永差些。第四、第五碗以后，除了很渴时就不要喝了。一般煮一升茶水，可舀五碗，[人少了舀三碗，人多了舀五碗。要是多到十人，那就加煮两炉。]要趁热连续喝。因为茶水中的重浊渣汁会沉淀到下面，气味美的精华会在上面，如果放冷了，精华会随热气散发完。喝得太多同样也不好。

茶的品性俭朴，不适合多加水，水加多了茶味就淡薄无味。就像一碗茶只喝一半就感觉味道平淡了，何况煮茶时加很多水呢！

好茶水的颜色是淡黄的，香味醇厚。[最香叫㳄。㳄，读音备。]味道甘甜的，叫槚；不甜而带点苦味的，叫荈；喝在嘴里略微苦，等到咽下后回味甘甜的，就叫茶。

六 茶之饮

※ 原文

翼而飞，毛而走，呿而言[1]，此三者俱生于天地间，饮啄以活，饮之时义远矣哉！至若救渴，饮之以浆；蠲忧忿[2]，饮之以酒；荡昏寐，饮之以茶。

茶之为饮，发乎神农氏[3]，闻于鲁周公[4]，齐有晏婴[5]，汉有扬雄、司马相如[6]，吴有韦曜[7]，晋有刘琨、张载、远祖纳、谢安、左思之徒[8]，皆饮焉。滂时浸俗，盛于国朝，两都并荆俞间[9]，〔俞，当作渝。巴渝也。〕以为比屋之饮。

饮有粗茶、散茶、末茶、饼茶者。乃斫、乃熬、乃炀、乃舂，贮于瓶缶之中，以汤沃焉，谓之痷茶[10]。或用葱、姜、枣、橘皮、茱萸、薄荷之等，煮之百沸，或扬令滑，或煮去沫，斯沟渠间弃水耳，而习俗不已。

于戏！天育万物，皆有至妙，人之所工，但猎浅易。所庇者屋，屋精极；所著者衣，衣精极；所饱者饮食，食与酒皆精极；凡茶有九难：一曰造，二曰别，三曰器，四曰火，五曰水，六曰炙，七曰末，八曰煮，九曰饮。阴采夜焙，非造也。嚼味嗅香，非别也。膻鼎腥瓯，非器也。膏薪庖炭，非火也。飞湍壅潦[11]，非水也。外熟内生，非炙也。碧粉缥尘，非末也。操艰搅遽[12]，非煮也。夏兴冬废，非饮也。

夫珍鲜馥烈者，其碗数三；次之者，碗数五。若座客数至五，行三碗；至七，行五碗；若六人以下，不约碗数，但阙一人而已，其隽永补所阙人。

※ 注释

1 呿而言：呿，读音 qū，张口。这里指开口会说话的人类。

2 蠲忧忿：蠲，读音 juān，免除。

3 神农氏：传说中的上古三皇之一，教民稼穑，号神农，后世尊为炎帝。因有后人伪作的《神农本草》等书流传，其中提到茶，所以称为"发乎神农氏"。

4 鲁周公：名姬旦，周文王之子，辅佐武王灭商，建西周王朝，"制礼作乐"，后世尊为周公，因封国在鲁，又称鲁周公。后人伪托周公作《尔雅》，讲到茶。

5 晏婴：字平仲，春秋之际大政治家，为齐国名相。相传著有《晏子春秋》，讲到他饮茶事。

6 扬雄、司马相如：扬雄，见前注。司马相如（前 178～前 118），字子卿，蜀郡成都人。西汉著名文学家，著有《子虚赋》《上林赋》等。

7 韦曜：字弘嗣，三国时人（220～280），在东吴历任中书仆射、太傅等要职。

8 晋有刘琨、张载、远祖纳、谢安、左思之徒：刘琨（271～318），字越石，中山魏昌人（今河北无极县）。曾任西晋平北大将军等职。张载，字孟阳，安平人（今河北深县）。文学家，有《张孟阳集》传世。远祖纳，即陆纳（320？～395），字祖言，吴郡吴人（今江苏苏州）。东晋时任吏部尚书等职。陆羽与其同姓，故尊为远祖。谢安（319～385），字安石，陈国阳夏人（今河南太康县），东晋名臣，历任太保、大都督等职。左思（250～305），字太冲，山东临淄人。著名文学家，代表作有《三都赋》《咏史》诗等。

9 两都并荆俞间：两都，长安和洛阳。荆，荆州，治所在今湖北江陵。俞，当作渝。渝州，治所在今四川重庆一带。

10 痷茶：痷，读音 ān，病。

11 飞湍壅潦：飞湍，飞奔的急流。壅潦，停滞的积水。潦，雨后的积水。

12 操艰搅遽：操作艰难、慌乱。遽，读音 jù，惶恐、窘急。

※ 译文

有翅膀飞鸟，长有毛皮的兽类，会说话的人类，这三者都生活在天地之间，凭借饮食维持生命，可见"饮"的意义有多深远、多重要了。至于人类，要解口渴，就喝汤水；要排除忧闷，就喝酒；要清醒头脑，就喝茶。

茶作为饮料，始于神农氏，由周公旦记载被世人所知。春秋之际齐国的晏婴，汉代的扬雄、司马相如，三国时东吴的韦曜，两晋的刘琨、张载，我的远祖陆纳、谢安、左思这些著名人物都喝茶。茶已渗透到整个社会生活中，但流行最兴盛的要数唐朝。从西都长安到东都洛阳，从江陵到重庆，家家户户都喝茶。

茶有粗茶、散茶、末茶、饼茶四大品种。有的人喝茶时，又是斫、又是熬、又是烤、又是捶，储藏在瓶子、瓦罐里，再用开水冲泡，这是非常不正确的喝茶方法。也有的人把葱、姜、枣、橘皮、茱萸、薄荷等加到茶里，煮得沸腾，或者一再扬汤，使茶水像膏汁一样滑腻，或者把茶水上面的沫饽撇掉，这样的茶，就相当于沟渠里的废水，但在民间就有这么喝的习俗。

可叹！天地孕育的万物，都有它的精妙之处，人类研究它们，常常只涉及浅在的外表现象。房屋是人类保护自己的住所，现在它的建造已特别精美；人类穿的衣服，衣冠服饰也已特别精美；人类填饱肚子的是食物和酒，食物和酒也已特别精美。茶，有九个方面是很难做好的：一是采摘制作，二是鉴别品评，三是器具，四是用火，五是选水，六是烤炙，七是碾末，八是烹煮，九是饮用。阴雨天采摘夜里加工，这不是采摘制作茶的优良方法。口嚼干茶辨别味道，用鼻闻茶的香气，这不是鉴别茶的正确方法。有膻味的鼎和沾腥味的碗，这不是烹制茶的器具。含油烟多的柴、厨房用过的木炭，这些都不是烤茶的燃料。飞流湍急的河水或淤滞不流的死水，这些不是煮茶的水。把茶饼烤得外焦里生，是不正确的烤法。碾出的茶末颜色青白，这不是好茶末。煮茶操作不灵活、动作不熟练，这算不上会煮茶。夏天才喝茶、冬天不喝茶，这不是真正的饮茶者。

如果是滋味鲜醇、馨香袭人的珍贵佳茗，一炉只煮三碗茶；品质略差点的，煮五碗。如果座客是五位，就用煮三碗的好茶；是七位，就用煮五碗的稍差点的茶；是六位以下，预先不定碗数，一旦缺一位客人的茶，就将那碗最先舀出的"隽永"的茶代替给他。

七 茶之事

※ **原文**

三皇：炎帝神农氏。

周：鲁周公旦，齐相晏婴。

汉：仙人丹丘子，黄山君，司马文园令相如，扬执戟雄。

吴：归命侯[1]，韦太傅弘嗣。

晋：惠帝[2]，刘司空琨，琨兄子兖州刺史演，张黄门孟阳[3]，傅司隶咸[4]，江洗马统[5]，孙参军楚[6]，左记室太冲，陆吴兴纳，纳兄子会稽内史俶，谢冠军安石，郭弘农璞，桓扬州温[7]，杜舍人毓，武康小山寺释法瑶，沛国夏侯恺[8]，余姚虞洪，北地傅巽，丹阳弘君举，新安任育长[9]，宣城秦精，敦煌单道开[10]，剡县陈务妻，广陵老姥，河内山谦之。

后魏：琅琊王肃[11]。

宋：新安王子鸾，鸾弟豫章王子尚[12]，鲍昭妹令晖[13]，八公山沙门谭济[14]。

齐：世祖武帝[15]。

梁：刘廷尉[16]，陶先生弘景[17]。

皇朝：徐英公勣[18]。

《神农食经》[19]："茶茗久服，令人有力，悦志。"

周公《尔雅》："槚，苦荼。"

《广雅》[20]云："荆巴间采叶作饼，叶老者，饼成以米膏出之。欲煮茗饮，先炙令赤色，捣末，置瓷器中，以汤浇覆之，用葱、姜、橘子芼之。其饮醒酒，令人不眠。"

《晏子春秋》[21]："婴相齐景公时，食脱粟之饭，炙三弋、五卵，茗菜而已。"

司马相如《凡将篇》[22]："乌、喙、桔梗、芫华、款冬、贝母、木、蘗、蒌、芩、草、芍药、桂、漏芦、蜚廉、雚菌、荈诧、白敛、白芷、菖蒲、芒硝、莞、椒、茱萸。"

《方言》："蜀西南人谓茶曰蔎。"

《吴志·韦曜传》："孙皓每飨宴，坐席无不悉以七升为限，虽不尽入口，皆浇灌取尽。曜饮酒不过二升，皓初礼异，密赐茶荈以代酒。"

《晋中兴书》[23]："陆纳为吴兴太守时，卫将军谢安尝欲诣纳，[《晋书》以纳为吏部尚书。]纳兄子俶怪纳无所备，不敢问之，乃私蓄十数人馔。安既至，所设惟茶果而已。俶遂陈盛馔，珍羞毕具。及安去，纳杖俶四十，云：'汝既不能光益叔父，奈何秽吾素业？'"

《晋书》："桓温为扬州牧，性俭，每宴饮，惟下七奠柈茶果而已。"

《搜神记》[24]："夏侯恺因疾死，宗人字苟奴察见鬼神，见恺来收马，并病其妻。著平上帻、单衣，入坐生时西壁大床，就人觅茶饮。"

刘琨《与兄子南兖州[25]刺史演书》云："前得安州[26]干姜一斤，桂一斤，黄芩一斤，皆所需也。吾体中溃[溃，当作愦]闷，常仰真茶，汝可致之。"

傅咸《司隶教》曰："闻南方有蜀妪作茶粥卖，为廉事打破其器具。后又卖饼于市，而禁茶粥以困蜀妪何哉？"

《神异记》[27]："余姚人虞洪，入山采茗，遇一道士，牵三青牛，引洪至瀑布山，曰：'予，丹丘子也。闻子善具饮，常思见惠。山中有大茗，可以相给，祈子他日有瓯牺之余，乞相遗也'。因立奠祀。后常令家人入山，获大茗焉。"

左思《娇女诗》[28]："吾家有娇女，皎皎颇白皙。小字为纨素，口齿自清历。有姊字蕙芳，眉目灿如画。驰骛翔园林，果下皆生摘。贪华风雨中，倏忽数百适。心为茶荈剧，吹嘘对鼎䥶。"

张孟阳《登成都楼诗》[29]云："借问扬子舍，想见长卿庐。程卓累千金，骄侈拟五侯。门有连骑客，翠带腰吴钩。鼎食随时进，百和妙且殊。披林采秋橘，临江钓春鱼。黑子过龙醢，吴馔逾蟹蝑。芳茶冠六清，溢味播九区。人生苟安乐，兹土聊可娱。"

傅巽《七诲》："蒲桃、宛柰，齐柿、燕栗，恒阳黄梨，巫山朱橘，南中茶子，西极石蜜。"

弘君举《食檄》："寒温既毕，应下霜华之茗；三爵而终，应下诸蔗、木瓜、元李、杨梅、五味、橄榄、悬豹、葵羹各一杯"。

孙楚《歌》："茱萸出芳树颠，鲤鱼出洛水泉。白盐出河东，美豉出鲁渊。姜桂茶荈出巴蜀，椒橘木兰出高山。蓼苏出沟渠，精稗出中田。"

华佗《食论》[30]："苦茶久食，益意思。"

壶居士[31]《食忌》："苦茶久食，羽化。与韭同食，令人体重。"

郭璞《尔雅注》云："树小似栀子，冬生叶，可煮羹饮。今呼早取为茶，晚取为茗，或一曰荈，蜀人名之苦茶。"

《世说》[32]："任瞻，字育长，少时有令名，自过江失志。既下饮，问人云：'此为茶？为茗？'觉人有怪色，乃自申明云：'向问饮为热为冷耳。'"

《续搜神记》[33]："晋武帝，宣城人秦精，常入武昌山采茗，遇一毛人，长丈余，引精至山下，示以丛茗而去。俄而复还，乃探怀中橘以遗精。精怖，负茗而归。"

《晋四王起事》[34]："惠帝蒙尘，还洛阳，黄门以瓦盂盛茶上至尊。"

《异苑》[35]："剡县陈务妻，少与二子寡居，好饮茶茗。以宅中有古冢，每饮，辄先祀之。二子患之，曰：'古冢何知？徒以劳！'意欲掘去之，母苦禁而止。其夜，梦一人云：'吾止此冢三百余年，卿二子恒欲见毁，赖相保护，又享吾佳茗，虽潜壤朽骨，岂忘翳桑之报[36]！'及晓，于庭中获钱十万，似久埋者，但贯新耳。母告二子，惭之，从是祷馈愈甚。"

《广陵耆老传》："晋元帝时，有老妪每旦独提一器茗，往市鬻之。市人竞买，自旦至夕，其器不减。所得钱散路旁孤贫乞人。人或异之。州法曹絷之狱中。至夜老妪执所鬻茗器，从狱牖中飞出。"

《艺术传》[37]："敦煌人单道开，不畏寒暑，常服小石子，所服药有松、桂、蜜之气，所饮茶苏而已。"

释道该说《续名僧传》："宋释法瑶，姓杨氏，河东人。元嘉中过江，遇沈台真君武康小山寺，年垂悬车。〔悬车，喻日入之候，指垂老时也。《淮南子》[38]曰："日至悲泉，爰息其马"，亦此意也。〕饭所饮茶。永明中，敕吴兴礼致上京，年七十九。"

宋《江氏家传》[39]："江统，字应元，迁愍怀太子[40]洗马。尝上疏谏云：'今西园卖醯[41]、面、篮子、菜、茶之属，亏败国体。'"

《宋录》："新安王子鸾、豫章王子尚，诣昙济道人于八公山。道人设茶茗，子尚味之，曰：'此甘露也，何言茶茗？'"

王微《杂诗》[42]："寂寂掩高阁，寥寥空广厦。待君竟不归，收领今就槚。"

鲍昭妹令晖著《香茗赋》。

南齐世祖武皇帝《遗诏》[43]："我灵座上慎勿以牲为祭，但设饼果、茶饮、干饭、酒脯而已。"

梁刘孝绰《谢晋安王饷米等启》[44]："传诏李孟孙宣教旨，垂赐米、酒、瓜、笋、菹、脯、酢、茗八种。气苾新城，味芳云松。江潭抽节，迈昌荇之珍。疆场擢翘，越葺精之美。羞非纯束野麋，裹似雪之鲈；鲊异陶瓶河鲤，操如琼之粲。茗同食粲，酢类望柑。免千里宿舂，省三月粮聚。小人怀惠，大懿难忘。"

陶弘景《杂录》："苦茶，轻身换骨，昔旦丘子、黄山君服之。"

《后魏录》："琅琊王肃，仕南朝，好茗饮、莼羹。及还北地，又好羊肉、酪浆。人或问之：'茗何如酪？'肃曰：'茗不堪与酪为奴[45]。'"

《桐君录》[46]："西阳、武昌、庐江、晋陵[47]好茗，皆东人作清茗。茗有饽，饮之宜人。凡可饮之物，皆多取其叶，天门冬、菝葜取根，皆益人。又巴东[48]别有真茗茶，煎饮令人不眠。俗中多煮檀叶并大皂李作茶，并冷。又南方有瓜芦木，亦似茗，至苦涩，取为屑茶饮，亦可通夜不眠。煮盐人但资此饮，而交、广[49]最重，客来先设，乃加以香芼辈。"

《坤元录》[50]："辰州溆浦县西北三百五十里无射山，云蛮俗当吉庆之时，亲族集会，歌舞于山上。山多茶树。"

《括地图》[51]："临遂[52]县东一百四十里有茶溪。"

山谦之《吴兴记》[53]："乌程县[54]西二十里，有温山，出御荈。"

《夷陵图经》[55]："黄牛、荆门、女观、望州[56]等山，茶茗出焉。"

《永嘉图经》："永嘉县[57]东三百里有白茶山。"

《淮阴图经》："山阴县[58]南二十里有茶坡。"

《茶陵图经》："茶陵[59]者，所谓陵谷生茶茗焉。"

《本草·木部》[60]："茗，苦茶。味甘苦，微寒，无毒。主瘘疮，利小便，去痰渴热，令人少睡。秋采之苦，主下气消食。《注》云：'春采之。'"

《本草·菜部》："苦菜，一名茶，一名选，一名游冬，生益州川谷，山陵道旁，凌冬不死。三月三日采，干。《注》云：'疑此即是今茶，一名茶，令人不眠。'"《本草注》："按，《诗》云：谁谓茶苦[61]，又云：堇茶如饴[62]，皆苦菜也。陶谓之苦茶，木类，非菜流。茗，春采谓之苦［途遐反］。"

《枕中方》："疗积年瘘，苦茶、蜈蚣并炙，令香熟，等分，捣筛，煮甘草汤洗，以末敷之。"

《孺子方》："疗小儿无故惊厥，以苦茶、葱须煮服之。"

※ 注释

1 归命侯：即孙皓。东吴亡国之君。公元 280 年，晋灭东吴，孙皓投降，封"归命侯"。

2 惠帝：晋惠帝司马衷，公元 290 ～ 306 年在位。

3 张黄门孟阳：张载，字孟阳，但未任过黄门侍郎。任黄门侍郎的是他的弟弟张协。

4 傅司隶咸：傅咸（239～294），字长虞，北地泥阳人（今陕西铜川），官至司隶校尉，简称司隶。

5 江洗马统：江统（？～310），字应元，陈留县人（今河南杞县东）。曾任太子洗马。

6 孙参军楚：孙楚（？～293），字子荆，太原中都人（今山西平遥县）。曾任扶风王的参军。

7 桓扬州温：桓温（312～373），字符子，龙亢人（今安徽怀远县西）。曾任扬州牧等职。

8 沛国夏侯恺：晋书无传。干宝《搜神记》中提到他。

9 新安任育长：任育长，生卒年不详，新安人（今河南渑池）。名詹，字育长，曾任天门太守等职。

10 敦煌单道开：晋时著名道士，敦煌人。《晋书》有传。

11 琅琊王肃：王肃（436～501），字恭懿，琅琊人（今山东临沂），北魏著名文士，曾任中书令等职。

12 新安王子鸾，鸾弟豫章王子尚：刘子鸾、刘子尚，都是南北朝时宋孝武帝的儿子。一封新安王，一封豫章王。但子尚为兄，子鸾为弟，这里是作者误记。

13 鲍昭妹令晖：鲍昭，即鲍照（414～466），字明远，东海郡人（今江苏镇江），南朝著名诗人。其妹令晖，擅长词赋，钟嵘《诗品》说她："耿诗往往斩新清巧，拟古尤胜。"

14 八公山沙门谭济：八公山，在今安徽寿县北。沙门，佛家指出家修行的人。谭济，应为昙济，即下文说的"昙济道人"。

15 世祖武帝：南北朝时南齐的第二个皇帝，名萧赜，483～493年在位。

16 刘廷尉：刘孝绰（480～539），彭城人（今江苏徐州）。为梁昭明太子赏识，任太子仆兼延尉卿。

17 陶先生弘景：陶弘景（456～536），字通明，秣陵人（今江苏江宁县），有《神农本草经集注》传世。

18 徐英公勣：徐世勣（592～667），字懋功，唐开国功臣，封英国公。

19 《神农食经》：古书名，已佚。

20 《广雅》：字书。三国时张揖撰，是对《尔雅》的补作。

21 《晏子春秋》：又称《晏子》，旧题齐晏婴撰，实为后人采晏子事迹编辑而成。成书约在汉初。此处陆羽引书有误。《晏子春秋》原为："炙三弋五卵苔菜而矣"。不是"茗菜"。

22 《凡将篇》：伪托司马相如作的字书。已佚。此处引文为后人所辑。

23 《晋中兴书》：佚书。有清人辑存一卷。

24 《搜神记》：东晋干宝著，计三十卷，为我国志怪小说之始。

25 南兖州：晋时州名，治所在今江苏镇江市。

26 安州：晋时州名。治所在今湖北安陆县一带。

27 《神异记》：西晋王浮著。原书已佚。

28 左思《娇女诗》：原诗五十六句，陆羽所引仅为有关茶的十二句。

29 张孟阳《登成都楼诗》：张孟阳，见前注。原诗三十二句，陆羽仅录有关茶的十六句。

30 华佗《食论》：华佗（约 141 ～ 208），字元化，是东汉末著名医师。《三国志·魏书》有传。

31 壶居士：道家传说的真人之一，又称"壶公"。

32 《世说》：即《世说新语》，南朝宋临川王刘义庆著，为我国志人小说之始。

33 《续搜神记》：旧题陶潜著，实为后人伪托。

34 《晋四王起事》：南朝卢綝著。原书已佚。

35 《异苑》：东晋末刘敬叔所撰。今存十卷。

36 翳桑之报：翳桑，古地名。春秋时晋赵盾，曾在翳桑救了将要饿死的灵辄，后来晋灵公欲杀赵盾，灵辄扑杀恶犬，救出赵盾。后世称此事为"翳桑之报"。

37 《艺术传》：即唐房玄龄所著《晋书·艺术列传》。

38 《淮南子》：又名《淮南鸿烈》，为汉淮南王刘安及其门客所著。今存二十一篇。

39 《江氏家传》：南朝宋江统著。已佚。

40 愍怀太子：晋惠帝之子，立为太子，元康元年（300 年）被贾后害死，年仅二十一岁。

41 醯：读 xī，醋。

42 王微《杂诗》：王微，南朝诗人。

43 南齐世祖武皇帝《遗诏》：南朝齐武皇帝名萧赜。《遗诏》写于齐永明十一年（493 年）。

44 梁刘孝绰《谢晋安王饷米等启》：刘孝绰，见前注。他本名冉，孝绰是他的字。晋安王名萧纲，昭明太子卒后，继为皇太子。后登位称简文帝。

45 王肃：王肃，本在南朝齐做官，后降北魏。北魏是北方少数民族鲜卑族拓跋部建立的政权，该民族习性喜食牛羊肉、饮牛羊奶加工的酪浆。王肃为讨好新主子，所以当北魏高祖问他时，他贬低说茶还不配给酪浆当奴仆。这话传出后，北魏朝贵遂称茶为"酪奴"，并且在宴会时，"虽设若饮，皆耻不复食"。（见《洛阳伽蓝记》）

46 《桐君录》：全名《桐君采药录》，已佚。

47 西阳、武昌、庐江、晋陵：西阳、武昌、庐江、晋陵均为晋郡名，治所分别在今湖北黄冈、湖北武昌、安徽舒城、江苏常州一带。

48 巴东：晋郡名。治所在今四川万县一带。

49 交、广：交州和广州。交州，在今广西合浦、北海市一带。

50 《坤元录》：古地学书名，已佚。

51 《括地图》：即《括地志》，唐萧德言等人著，已散佚，清人辑存一卷。

52 临遂：晋时县名，今湖南衡东县。

53 《吴兴记》：南朝宋山谦之著，共三卷。

54 乌程县：治所在今浙江湖州市。

55 《夷陵图经》：夷陵，在今湖北宜昌地区，这是陆羽从方志中摘出，自己加的书名。（下同）

56 黄牛、荆门、女观、望州：黄牛山在今宜昌市向北四十公里处。荆门山在今宜昌市东南十五公里处。女观山在今宜都县西北。望州山在今宜昌市西。

57 永嘉县：治所在今浙江温州市。

58 山阴县：今称淮安县。

59 茶陵：即今湖南茶陵县。

60 《本草·木部》：《本草》即《唐新修本草》又称《唐本草》或《唐英本草》，因唐英国公徐勣任该书总监。下文《本草》同。

61 谁谓荼苦：用菜时，荼作二解，一为茶，一为野菜。这里是野菜。

62 堇荼如饴：荼也是野菜。

※ 译文

古代三皇时：炎帝神农氏。

周代：周朝鲁周公旦，齐国宰相晏婴。

汉代：仙人丹丘子、黄山君，文园令司马相如，执戟黄门侍郎扬雄。

三国东吴：归命侯孙皓，太傅韦弘嗣。

晋代：晋惠帝司马衷，司空刘琨，刘琨之侄兖州刺史刘演，黄门侍郎张孟阳，司隶校尉傅咸，太子洗马江统，参军孙楚，记室左太冲，吴兴太守陆纳，陆纳之侄会稽内史陆俶，冠军将军谢安石，弘农太守郭璞，扬州牧桓温，中书舍人杜毓，武康小山寺禅师法瑶，沛国人夏侯恺，余姚人虞洪，北地人傅巽，丹阳人弘君举，乐安太守任育长，宣城人秦精，敦煌道士单道开，剡县陈务的妻子，广陵郡的老姥，河内人山谦之。

北魏：琅琊人王肃。

南朝宋：新安王刘子鸾，鸾之弟豫章王刘子尚，鲍昭的妹妹鲍令晖，八公山道人昙济。

南北朝南齐：世祖武帝萧赜。

南朝梁：廷尉卿刘孝绰，贞白先生陶弘景。

唐代：英国公徐勣。

《神农食经》记载说："长期喝茶，使人身体强壮有力、精神愉快。"

周公《尔雅》说："槚，就是苦茶。"

《广雅》说："湖北江陵以及四川重庆一带的人，采摘茶叶制作茶饼。叶子老了，就用米膏掺和在一起制成饼。若想煮茶喝，先把茶饼烤成赤红色，捣成碎末，放到瓷器里，用开水浇泡再加上盖，再往茶水里加入葱、姜、橘子等。这样喝茶，不但可以醒酒，还会让人兴奋得睡不着觉。"

《晏子春秋》记载："晏婴在给齐景公做相国时，吃的是粗米饭，菜只是两三只烤野禽，几道腌菜和茶水而已。"

司马相如的《凡将篇》记载："乌喙、桔梗、芫华、款冬、贝母、木、蘖、蒌、苓、草、芍药、桂、漏芦、蜚廉、萑菌、荈诧、白敛、白芷、菖蒲、芒硝、莞、椒、茱萸。"

《方言》记载："蜀地西南部的人把茶叫作蒄。"

《吴志·韦曜传》记载："孙皓每次摆酒设宴，对入座的人都命令其喝满七升酒，凡是喝不完的，都强行灌进嘴里。韦曜酒量一向没有超过二升，孙皓刚开始看重他时，暗中赏赐他以茶水代替酒。"

《晋中兴书》记载："陆纳任吴兴太守时，卫将军谢安拜访陆纳。［《晋书》说是陆纳任吏部尚书时的事。］他的侄儿陆俶得知他未做招待客人的准备，又不敢问他，就私下准备了十来个人的酒菜。谢安来了，陆纳只摆上茶和果品招待。陆俶便把丰盛的酒菜端上来，各种珍贵美味的食品样样齐全。等到谢安告辞之后，陆纳把陆俶叫来，打了四十板子，说：'你这样做不但没有使为叔增添光彩，反而还玷污了我一向崇尚俭朴的名声。'"

《晋书》记载："桓温任扬州牧时，品性俭朴，每次宴请客人，只摆上七盘果品，招待茶水而已。"

《搜神记》记载："夏侯恺患病死去，他的族人有个名叫苟奴的，看见了他的鬼魂，见他来收生前骑过的马，并且作崇使他妻子得病。当时，夏侯恺的鬼魂戴着平顶帽、穿着单衣进入屋内，坐在活着时候常坐的靠西墙的大床上，吩咐下人找茶水给他喝。"

刘琨在《与兄子南兖州刺史演书》中说："先前收到你给的安州干姜一斤，肉桂一斤，黄芩一斤，这些都是我正需要的。我身体不舒服，胸中烦闷[渍，应该是"愦"]，常想喝点真正的好茶，你可给我购买一些寄来。"

傅咸《司隶教》说："听说蜀地有个老太太制作茶粥出卖，蜀地的官员为执行皇帝提倡节俭的命令，打破了这位老太太的制粥器具。后来她又在市场上卖大饼，我想不明白官吏们为什么要禁止老太太卖茶粥，让她为难呢？"

《神异记》记载："余姚人虞洪，到山里采摘茶叶，遇见一名道士，牵着三头青牛，指引虞洪到瀑布山，说：'我叫丹丘子，听说你善于制茶煮茶，常常想得到你的馈赠。这山里有大叶茶树，可以送给你采摘，希望你以后茶杯中有多余的茶水，就赠送我一些。'回到家中虞洪就立了丹丘子的牌位，经常用茶奠祀。后来经常让家里人进山采茶，每次都能采摘到大叶茶。"

左思《娇女诗》写道："我家有娇女，皎皎颇白皙。小字为纨素，口齿自清历。有姊字蕙芳，眉目灿如画。驰骛翔园林，果下皆生摘。贪华风雨中，倏忽数百适。心为茶荈剧，吹嘘对鼎。"

张孟阳的《登成都楼诗》写道："借问扬子舍，想见长卿庐。程卓累千金，骄侈拟五侯。门有连骑客，翠带腰吴钩。鼎食随时进，百和妙且殊。披林采秋橘，临江钓春鱼。黑子过龙醢，吴馔逾蟹蝑。芳茶冠六清，溢味播九区。人生苟安乐，兹土聊可娱。"

傅巽的《七诲》记载："蒲板的桃子，南阳的苹果，山东的柿子，河北的板栗，恒阳的黄梨，巫山的朱橘，云南的茶子饼，西域的石蜜。"

弘君举的《食檄》写道："客人来了问过寒暖后，就应该斟上沫饽如霜的最好的茶。三杯喝过后，再摆出甘蔗、木瓜、大李子、杨梅、五味子、橄榄、山莓，每人再上一杯莼菜汤。"

孙楚的《歌》写道："芳香的茱萸生长在树枝尖，鲜肥的鲤鱼出自洛水泉。洁白的池盐出于山西，美味的豆豉出于齐鲁间。姜桂茶叶产在四川，椒橘木兰长在高山。蓼辣紫苏生在沟渠，精细的白米出自农田。"

华佗的《食论》说："长期喝茶，对大脑思维有好处。"

壶居士的《食忌》讲："长期喝茶，可以羽化成仙。如果与韭菜一起吃，可以增加人的体重。"

郭璞的《尔雅注》说："茶树矮小的像栀子，冬天生长的树叶，可以煮成汤喝。现在人们把早采摘的叫作茶，晚采摘的叫作茗，还有一个名字叫作荈，蜀地的人称作苦茶。"

《世说新语》记载："任瞻，字育长，年轻时有好名声，自从北方避难到江南后神志不清。有人用茶招待他，他问主人：'这是茶，还是茗？'看到主人脸上有惊奇的神色，便自己申明：'我刚才问热茶还是凉茶。'"

《续搜神记》记载："西晋武帝时，宣城人秦精经常到武昌山中采摘茶叶。遇见一个毛人，身高一丈多，引他到一座山峰下，指给他一丛茶树就走开了。过了一会儿，毛人又回来，还从怀里掏出橘子送给秦精。秦精感到害怕，忙背着茶叶跑回家。"

《晋四王起事》说："惠帝被迫逃难在外，后来回到洛阳宫中，宦官用瓦罐呈茶给他喝。"

《异苑》记载："郯县陈务的妻子，年轻时带着两个儿子守寡，喜欢喝茶。因为院里有一座古墓，每次喝茶，都先向古墓奠祀一杯。时间长了两个儿子感到厌烦，说：'古墓知道什么？白费你的精神。'于是便想挖掉古墓，经过母亲再三劝阻才没有挖。这天夜里，母亲梦见一个人来对她说：'我在这墓冢里已住了三百余年，您的两个儿子常常想掘毁它，幸亏有您的保护，又经常用佳茗祭奠我，我虽是黄泉的枯骨，但也不会忘记报答您的恩情。'到了早晨，她在院子里看见十万枚铜钱，好像埋了很长时间，但穿钱的绳子却是新的。她把这奇事说给儿子，两个儿子都有些惭愧，从此，更加诚心地用茶茗向古墓祈祷祭奠。"

《广陵耆老传》记载："晋元帝时，有位老太太每天早晨独自提一壶茶水到市场上去卖。街上的人都争着买，但从早晨卖到晚上，壶里的茶水却一点也不减少。所卖的钱都分发给了路旁孤苦贫民和乞丐。有人怀疑她有神奇的法术。于是州郡官派掌刑事的衙吏把她抓走关入牢中。到了半夜，这老太太便提着卖茶的壶从牢狱窗口飞走了。"

《艺术传》记载："敦煌人单道开，不怕冷也不怕热，经常吃小石子，他服用的药有松子、桂圆、蜂蜜气味，所喝的也是茶和紫苏汤。"

释道该宣讲《续名僧传》说："南朝宋有个释法瑶和尚，姓杨，山西河东郡人。元嘉年间，从北方渡江到南方，在浙江武康县小山寺遇见沈台真，年纪已经很大了。以喝茶当饭。南齐永明年间，武帝命令吴兴太守准备礼品请他进京，那时，他已经七十九岁。"

南朝宋《江氏家传》记载："江统，字应元，迁升为愍怀太子洗马时，曾经上书劝谏太子说：'现在西园卖醋、面、篮子、菜、茶之类东西，有损国家体面。'"

《宋录》记载："新安王刘子鸾，豫章王刘子尚，在八公山拜访释昙济道长。道长献茶招待他们，刘子尚品尝茶茗后说：'这是甘露啊，怎么能叫它茶呢？'"

王微《杂诗》写道："寂寂掩高阁，寥寥空广厦。待君竟不归，收领今就槚。"

鲍照之妹鲍令晖著有《香茗赋》。

南齐世祖武皇帝，临终时写下《遗诏》说："我的灵座前千万不要用牛羊牲品祭奠，只要供奉饼果、茶茗、干饭、酒类就可以了。"

南朝梁刘孝绰在《谢晋安王饷米等启》中写道："传诏官李孟孙宣示了您的教旨，恭蒙您赏赐了米、酒、瓜、笋、腌菜、肉干、醋、茶八种。醇香芬芳的美酒，真像新丰、松花的佳酿。江滨新长的竹笋，可以与菖蒲、荇菜媲真。园圃中摘来的瓜儿，味道醇美到了极点。腊味虽不是白茅纯束的獐鹿，但也是雪白肥嫩的肉脯；腌鱼胜过陶侃坛装的河鲤，又加上晶莹如玉的白米。茶茗真是最好的饮品，陈醋正如又酸又甜的柑橘。赏赐的物品这么多，好几个月也不必再去采买。小人感恩不尽，盛德永难忘怀。"

陶弘景的《杂录》说："苦茶，可以使人轻身换骨，从前的丹丘子、黄山君就经常喝茶而羽化成仙。"

《后魏录》记载："琅琊人王肃，在南朝齐为官，爱喝茶和纯茶汤。后来到了北方，又爱吃羊肉和酪浆。有人问他：'茶比酪浆怎么样？'王肃说：'茶给酪浆做奴隶还不配呢。'"

《桐君录》记载："西阳、武昌、庐江、晋陵的人都爱喝茶，做东道主的就烹煮清茶。茶水里有沫饽，常喝对人体有好处。凡是可以当作饮料的，大都是选取其叶子，但天门冬、菝葜却取根，都对人有好处。又四川巴东郡有真茶茗，烹饮使人兴奋得睡不着觉。民间多有用檀树叶和大皂李制作茶，喝它们有种清凉感觉。南方还有种叫瓜芦木的，也像茶，滋味又苦又涩，采取制成碎末当茶喝，也可使人彻夜不眠。沿海各地煮盐的人专门拿它当作饮料，而以交州、广州两地最为重视，客人来了，就首先献上这种饮料，还加入一些芳香调料。"

《坤元录》记载："湖南辰州溆浦县西北方三百五十里有座无射山，据说当地少数民族风俗在吉庆的时候，亲族友人在山上聚集在一起歌舞。山中长有许多茶树。"

《括地图》记载："湖南临遂县东一百四十里有茶溪。"

山谦之的《吴兴记》说："浙江乌程县西二十里，有座温山，出产贡茶。"

《夷陵图经》记载："湖北峡州的黄牛、荆门、女观、望州等山，都出产茶叶。"

《永嘉图经》记载："浙江永嘉县东三百里有座白茶山。"

《淮阴图经》记载："山阴县南二十里处有茶坡。"

《茶陵图经》说："茶陵县，就是因为山陵河谷中盛产茶叶而得名。"

《本草·木部》说："茗，又叫苦茶。味道甘甜带有苦味，略微寒，没有毒。主治瘘疮，利尿、去痰、止渴解热，使人兴奋得不能入睡。秋天采集的茶味道苦，主要功能是下气消化食物。陶弘景的《神农本草集注》说：'要春天采制。'"

《本草·菜部》说："苦菜，又叫茶，又叫选，或者叫游冬，出产于四川益州川谷山陵路旁，严寒的冬天也冻不死。第二年春天三月三采集阴干。陶弘景《神农本草集注》说：'怀疑这就是现在人说的茶，又叫茶，让人兴奋地不能入睡。'"《本草注》按："《诗经》说：'谁说茶苦'，又说：'堇茶如饴'，这都是苦菜。陶弘景说的苦荼，是木本植物的茗，不是草本植物菜类。茗，在春天采摘的叫苦荼。"

《枕中方》记载："治疗多年来没有治愈的瘘疮，用茶叶和蜈蚣一起烧，炙熟散发出香气，再等分两份，捣碎，过筛，拿一份加甘草煮汤洗患处，另一份敷在疮口。"

《孺子方》记载："治疗小儿没有原因的惊厥，可以用苦荼加葱的根须煮成汤服用。

八
茶
之
出

※ **原文**

山南[1]：以峡州[2]上，[峡州生远安、宜都、夷陵三县山谷[3]。]襄州、荆州[4]次，[襄州生南漳县[5]山谷，荆州生江陵县山谷。]衡州[6]下，[生衡山[7]、茶陵二县山谷。]金州、梁州[8]又下。[金州生西城、安康[9]二县山谷。梁州生褒城、金牛[10]二县山谷。]

淮南[11]：以光州上[12]，[生光山县黄头港者，与峡州同。]义阳郡[13]、舒州[14]次，[生义阳县钟山[15]者，与襄州同。舒州生太湖县潜山[16]者，与荆州同。]寿州[17]下，[生盛唐县霍山[18]者，与衡州同。]蕲州[19]、黄州[20]又下。[蕲州生黄梅县山谷，黄州生麻城县山谷，并与荆州、梁州同也。]

浙西[21]：以湖州[22]上，[湖州，生长城县[23]顾渚山[24]谷，与峡州、光州同；若生山桑、儒师二寺、白茅山悬脚岭[25]，与襄州、荆州、义阳郡同；生凤亭山伏翼阁飞云、曲水二寺[26]、啄木岭[27]，与寿州、常州同。生安吉、武康二县山谷，与金州、梁州同。]常州[28]次，[常州义兴县[29]生君山[30]悬脚岭北峰下，与荆州、义阳郡同；生圈岭善权寺[31]、石亭山，与舒州同。]宣州、杭州、睦州、歙州[32]下，[宣州生宣城县雅山[33]，与蕲州同；太平县生上睦、临睦[34]，与黄州同；杭州临安、于潜[35]二县生天目山[36]，与舒州同。钱塘生天竺、灵隐二寺[37]；睦州生桐庐县山谷；歙州生婺源山谷；与衡州同。]润州[38]、苏州[39]又下。[润州江宁县生傲山[40]，苏州长州生洞庭山[41]，与荆州、蕲州、梁州同。]

剑南[42]：以彭州[43]上，[生九陇县、马鞍山至德寺、棚口[44]，与襄州同。]绵州、蜀州次[45]，[绵州龙安县生松岭关[46]，与荆州同，其西昌、昌明、神泉县、西山[47]者，并佳；有过松岭者，不堪采。蜀州青城县生丈人山[48]，与绵州同。青城县有散茶、木茶。]邛州[49]次，雅州、泸州[50]下，[雅州百丈山、名山[51]，泸州[52]泸川者，与金州同也。]眉州[53]、汉州[54]又下。[眉州丹棱县生铁山者，汉州绵竹县生竹山者[55]，与润州同。]

浙东[56]：以越州[57]上，[余姚县生瀑布泉岭曰仙茗，大者殊异，小者与襄州同。]明州[58]、婺州[59]次，[明州鄮县[60]生榆荚村，婺州东阳县东白山[61]，与荆州同。]台州[62]下。[台州始丰县[63]生赤城[64]者，与歙州同。]

黔中[65]：生思州、播州、费州、夷州[66]。

江西[67]：生鄂州、袁州、吉州[68]。

岭南[69]：生福州、建州、韶州、象州[70]。[福州生闽方山[71]山阴。]其思、播、费、夷、鄂、袁、吉、福、建、韶、象十一州未详，往往得之，其味极佳。

※ 注释

1 山南：唐贞观十道之一。唐贞观元年，划全国为十道，道辖郡州，郡辖县。

2 峡州：又称夷陵郡，治所在今湖北宜宾市。

3 远安、宜都、夷陵三县：即今湖北远安县、宜都县、宜昌市。

4 襄州、荆川：襄州，今湖北襄樊市；荆州，今湖北江陵县。

5 南漳县：今仍名南漳县。（以下遇古今同名都不再加注。）

6 衡州：今湖南衡阳地区。

7 衡山县：县治所在今衡阳朱亭镇对岸。

8 金州、梁州：金州，今陕西安康一带；梁州，今陕西汉中一带。

9 西城、安康：西城，今陕西安康市；安康，治所在今安康市城西二十五公里处汉水西岸。

10 褒城、金牛：褒城，今汉中褒城镇；金牛，今四川广元一带。

11 淮南：唐贞观十道之一。

12 光州：又称弋阳郡。今河南潢川、光山县一带。

13 义阳郡：今河南信阳市及其周边地区。

14 舒州：又名同安郡。今安徽太湖、安庆一带。

15 义阳县钟山：义阳县，今河南信阳。钟山，在信阳市东九公里处。

16 太湖县潜山：潜山，在安徽潜山县西北十五公里处。

17 寿州：又中寿春郡。今安徽寿县一带。

18 盛唐县霍山：盛唐县，今安徽六安县。霍山，在今霍山县境。

19 蕲州：又名蕲州郡。今湖北蕲春一带。蕲，读音 qí。

20 黄州：又名齐安郡。今湖北黄冈一带。

21 浙西：唐贞观十道之一。

22 湖州：又名吴兴郡。今浙江吴兴一带。

23 长城县：今浙江长兴县。

24 顾渚山：在长兴县西十五公里处。

25 白茅山悬脚岭：在长兴县渚顾山东面。

26 凤亭山：在长兴县西北二十公里处。伏翼阁、飞云寺、曲水寺，都是山里的寺院。

27 啄木岭：在长兴县北三十公里处，山中多啄木鸟。

28 常州：又名晋陵郡。今江苏常州市一带。

29 义兴县：今江苏宜兴县。

30 君山：在宜兴县南十公里处。

31 圈岭善权寺：善权，相传是尧时隐士。

32 宣州、杭州、睦州、歙州：宣州，又称宣城郡。今安徽宣城、当涂一带。杭州，又名余杭郡。今浙江杭州、余杭一带。睦州，又称新定郡。今浙江建德、桐庐、淳安一带。歙州，又名新安郡。今安徽歙县、祁门一带。

33 雅山：又称鸦山、鸣山、丫山。在宁国县北。

34 上睦、临睦：太平县二乡名。

35 于潜县：现已并入临安县。

36 天目山：又名浮玉山。山脉横亘于浙江西、皖东南边境。

37 钱塘生天竺、灵隐二寺：钱塘县，今浙江杭州市，灵隐寺在市西灵隐山下。天竺寺分上、中、下三寺。下天竺寺在灵隐飞来峰。

38 润州：又称丹阳郡。今江苏镇江、丹阳一带。

39 苏州：又称吴郡。今江苏苏州、吴县一带。

40 江宁县生傲山：江宁县在今南京市及江宁县。傲山在南京市郊。

41 长洲生洞庭山：长洲县在今苏州市一带。洞庭山是太湖中的一些小岛。

42 剑南：唐贞观十道之一。

43 彭州：又叫濛阳郡。今四川彭县一带。

44 九陇县、马鞍山至德寺、堋口：九陇县，今彭县。马鞍山，即今至德山，在鼓城西。堋口，在鼓城西。

45 绵州、蜀州：又称巴西郡，今四川绵阳、安县一带。蜀州，又称唐安郡，今四川重庆、灌县一带。

46 龙安县生松岭关：龙安县，今四川安县。松岭关，在今龙安县西50里。

47 西昌、昌明、神泉县、西山：西昌，在今四川安县东南花荄镇。昌明，在今四川江油县附近。神泉县，在安县南二十五公里处。西山，岷山山脉之一部分。

48 青城县生丈人山：今四川灌县南二十公里处。因境内有青城山而得名。丈人山为青城山三十六峰之主峰。

49 邛州：又称临邛郡。今四川邛崃、大邑一带。

50 雅州、泸州：雅州，又称卢山郡，今四川雅安一带。泸州，又称泸川郡，今四川泸州市及其周边。

51 百丈山、名山：百丈山，在今四川名山县东二十公里处。名山，在名山县北。

52 泸州：今四川泸县。

53 眉州：又名通义郡，今四川眉山、洪雅一带。

54 汉州：又称德阳郡，今四川广汉、德阳一带。

55 铁山、竹山：铁山，又名铁桶山，在四川丹棱县境内。竹山，即绵竹山，在四川绵竹县境内。

56 浙东：浙江东道节度使方镇的简称。节度使驻地浙江绍兴。

57 越州：又称会稽郡。今浙江绍兴、嵊县一带。

58 明州：又称余姚郡。今浙江宁波、奉化一带。

59 婺州：又名东阳郡。今浙江金华、兰溪一带。

60 鄮县：今浙江宁波市东南的东钱湖畔。鄮，读音 mào。

61 东白山：在今浙江东阳县巍山镇北。

62 台州：又名临海郡。今浙江临海、天台一带。

63 始丰县：今浙江天台县。

64 赤城：山名。天台山十景之一。

65 黔中：唐开元十五道之一。

66 思州、播州、费州、夷州：思州，又称宁夷郡。今贵州沿河一带。播州，又名播川郡，今贵州遵义一带。费州，又称涪川郡，今贵州思南、德江一带。夷州，又名义泉郡，今贵州凤冈、绥阳一带。

67 江西：江西团练观察使方镇的简称。观察使驻地在今江西南昌市。

68 鄂州、袁州、吉州：鄂州，又称江夏郡，今湖北武昌、黄石一带。袁州，又名宜春郡，今江西省宜春市。吉州，今江西吉安、宁冈一带。

69 岭南：唐贞观十道之一。

70 福州、建州、韶州、象州：福州，又名长乐郡，今福建福州、莆田一带。建州，又称建安郡，今福建建阳一带。韶州，又名始兴郡，今广东韶关、仁化一带。象州，又称象山郡，今广西象州县一带。

71 方山：在福建福州市闽江南岸。

※ 译文

山南地区，以峡州出产的茶为上等品，［峡州茶生产于远安、宜都、宜昌三县山谷中。］襄州、荆州出产的茶为二等品，［襄州茶生产于南漳县山陵，荆州茶生产于江陵县山陵。］衡州出产的茶为三等品，［生产于衡山、茶陵二县山谷。］金州、梁州出产的茶为四等品。［金州茶生产于安康、汉阴二县山谷。梁州茶生产于襄城、金牛二县山谷。］

淮南地区，以光州出产的茶为上等品，［产于光山县黄头港，品质与峡州茶相同。］义阳郡、舒州出产的茶为二等品，［产于信阳县钟山，品质与襄州茶相同。舒州茶产于太湖县潜山，品质与荆州茶相同。］寿州出产的茶是三等品，［生产于盛唐县霍山，品质与衡州茶相同。］蕲州、黄州出产的茶是四等品。［蕲州茶生产于黄梅县山谷，黄州茶生产于麻城县山谷，都与荆州、梁州茶品质相同。］

浙西，以湖州出产的茶为上等品，［湖州茶生产于长兴县顾渚山，与峡州、光州茶品质一样，是一等品；如果生产于山桑、儒师二寺和白茅山悬脚岭的，与襄州、荆州、义阳郡茶品质一样，是二等品；生产于凤亭山伏翼阁、飞云寺、曲水寺、啄木岭的，品质与寿州、常州茶一样，是三等品；生产于安吉和武康两县的，与金州、梁州的茶品质一样，是四等品。］常州出产的茶是二等品，［常州宜兴县出产在君山悬脚岭北峰下的茶，品质与荆州、义阳郡的茶一样，是二等品，出产于圈岭善权寺和石亭山的茶，品质与舒州的茶相同，也是二等品。］宣州、杭州、睦州、歙州出产的是三等品，［宣州出产在宣城县雅山的茶，品质与蕲州的茶一样：出产于太平县上睦、临睦二镇的，品质与黄州的茶一样；杭州临安、于潜二县出产于天目山的，与舒州茶一样，是二等品；钱塘县天竺寺、灵隐寺，睦州桐庐县山陵，歙州婺源县山谷等地出产的茶叶，品质都与衡州茶一样，是三等品。］润州、苏州出产的茶是四等品。［润州江宁县产于傲山，苏州长洲县产于西洞庭山的茶叶，都与金州、蕲州、梁州茶品质相同，是四等品。］

剑南地区，以彭州出产的茶为上等品，［出产于彭县马鞍山至德寺和堋口的，与襄州茶品质相同，是二等品。］绵州、蜀州出产的茶是二等品，［绵州龙安县产于松岭关的茶叶，与荆州茶品质一样，是二等品。西昌、昌明、神泉县西山的茶，品质都非常好；越过松岭以西的，就不值得采摘。蜀州青城县丈人峰产的茶叶品质与绵州茶一样。青城县还产有散茶、木茶。］邛州、雅川、泸州出产的茶，是三等品，［雅州百丈山、名山，四川泸县产的茶，品质却与金州茶相同，是四等品。〕眉州、汉州出产的茶是四等品。〔眉州丹棱县出产于铁桶山的，汉州绵竹县产于绵竹山的茶，品质都与润州茶一样，是四等品。〕

浙东，以越州出产的茶为上等品，〔余姚县出产在瀑布泉岭的叫仙茗，叶片大的，品质特别优异，叶片小的，品质与襄州茶相同，是二等品。〕明州、婺州出产的茶是二等品。〔明州出产在鄮县榆荚村的、婺州出产于东阳县东白山的茶，品质与荆州茶相同，是二等品。〕台州出产的茶是三等品。〔台州天台县出产在赤城峰的茶，品质与歙州茶相同。〕

黔中的茶出产于思州、播州、费州、夷州。

江西的茶出产于鄂州、袁州、吉州。

岭南的茶出产于福州、建州、韶州、象州。〔福州主要产于闽县方山的北坡。〕以上思、播、费、夷、鄂、袁、吉、福、建、韶、象十一州的产地和茶叶品质等次并不详细准确。往往得到这些地方的茶叶，品尝之后感觉品质非常好。

九

茶

之

略

※ 原文

其造具，若方春禁火之时 [1]，于野寺山园丛手而掇，乃蒸、乃舂，乃复以火干之，则棨、扑、焙、贯、棚、穿、育等七事皆废。

其煮器，若松间石上可坐，则列具废。用槁薪、鼎䥢之属，则风炉、灰承、炭挝、火筴、交床等废。若瞰泉临涧，则水方、涤方、漉水囊废。若五人以下，茶可末而精者，则罗废。若援藟跻岩 [2]，引絙入洞 [3]，于山口炙而末之，或纸包、合贮，则碾、拂末等废。既瓢、碗、筴、札、熟盂、鹾簋悉以一筥盛之，则都篮废。但城邑之中，王公之门，二十四器阙一，则茶废矣。

※ 注释

1 方春禁火之时：禁火，古时民间习俗，即在清明前一二日禁火三天，吃冷食，叫"寒食节"。

2 援藟跻岩：藟，读音 lěi，藤蔓。跻，读音 jī，登、升。

3 引絙入洞：絙，读音 gēng，绳索。

※ 译文

准备好制茶所用的器具，如果恰逢在春天寒食节前后，在野外寺院或者山间茶园，大家一起动手采摘，马上蒸熟，舂捣，用火烘干，那么，棨、扑、焙、贯、棚、穿、育这七种器具便可以不用。

对煮茶所用的器具而言，如果松林里有石头可以放置，就不需要用器具陈列。如果用干柴鼎锅煮茶，那么风炉、灰承、炭挝、火筴、交床也都可以省去。如果是泉水旁溪涧侧烹茶，那么水方、漉水囊也可以不要。如果是五人以下旅游，采制的茶芽细嫩而干燥，可以碾成精细的茶末，那么箩就不需再用。如果攀藤上山，拉着绳子进入山洞烹饮，可以先在山下将茶烤好碾成细末，用纸包裹或茶盒装储，那么碾和拂末便不必带。假如瓢、碗、筴、札、熟盂、鹾簋等全用一个筥盛装，那么都篮就不需要了。但在城市人家，王公门第，那二十四种烹饮器具缺少一样，都谈不上品茶了。

十 茶之图 1

※ 原文

　　以绢素或四幅，或六幅分布写之，陈诸座隅，则茶之源、之具、之造、之器、之煮、之饮、之事、之出、之略，目击而存[2]，于是《茶经》之始终备焉。

※ 注释

　　1 茶之图：第十章，挂图。是指把《茶经》本文写在素绢上挂起来。

　　2 目击而存：击，接触。此处作看见讲。俗语有"目击者"。

※ 译文

　　用白色绢子四幅或六幅，分别把以上九章写在上面、张挂在座旁的墙壁上，这样，对茶的起源、制茶工具、茶的采制、烹饮茶具、煮茶方法、茶的饮用、历代茶事、茶叶产地、茶具省用，都会看在眼里，牢记在心里。于是，《茶经》的内容从头到尾便全部完备了。

续茶经

《茶经》之后有《茶记》及《茶谱》《茶录》《茶论》《茶疏》《茶解》等书，不可枚举。而其书亦多湮没无传。兹特采所见各书，依《茶经》之例，分之源、之具、之造、之器、之煮、之饮、之事、之出、之略、之图。至其图无传，不敢臆补，以茶具、茶器图足之。

【清】陆廷灿

凡例

※ 原文

　　《茶经》著自唐桑苎翁，迄今千有余载，不独制作各殊而烹饮迥异，即出产之处亦多不同。余性嗜茶，承乏崇安，适系武夷产茶之地。值制府满公郑重进献，究悉源流，每以茶事下询。查阅诸书，于武夷之外每多见闻，因思采集为《续茶经》之举。曩以簿书鞅掌，有志未遑。及蒙量移奉文赴部，以多病家居，翻阅旧稿，不忍委弃，爰为序次第。恐学术久荒，见闻疏漏，为识者所鄙。谨质之高明，幸有以教之，幸甚。

　　《茶经》之后有《茶记》及《茶谱》《茶录》《茶论》《茶疏》《茶解》等书，不可枚举。而其书亦多湮没无传。兹特采所见各书，依《茶经》之例，分之源、之具、之造、之器、之煮、之饮、之事、之出、之略、之图。至其图无传，不敢臆补，以茶具、茶器图足之。

　　《茶经》所载，皆初唐以前之书。今自唐、宋、元、明以至本朝，凡有绪论，皆行采录。有其书在前而《茶经》未录者，亦行补入。

　　《茶经》原本止三卷，恐续者太繁，是以诸书所见，止摘要分录。

　　各书所引相同者，不取重复。偶有议论各殊者，姑两存之，以俟论定。至历代诗文暨当代名公巨卿著述甚多，因仿《茶经》之例，不敢备录，容俟另编以为外集。

　　原本《茶经》另列卷首。

历代茶法附后。

※ 译文

《茶经》是唐代陆羽编著的，至今已经有一千多年了，现在不仅制作方法各不相同，而且烹制和饮用的方法也很不一样，就是出产的地方也与当时大不相同。我特别喜欢喝茶，当时正值我出任崇安知县，刚好是武夷产茶的地方。正好制府满公郑重地前来献茶，探究历史渊源，常常就有关茶的问题向他请教。查看到其他相关书籍，在武夷之外的所见所闻，让我产生了编选撰写《续茶经》的想法。虽然这本书已经握在了掌上，思想上仍不免惶恐。后来奉命到部里上任，因为身体多病常在家里休养，翻阅旧稿，不忍心丢弃它，所以重新作序整理。只怕因为时间过长学问有些荒废，见闻难免有疏漏的地方，被有识之人所鄙弃。谨在这里向各位请教，如果有幸得到您的指导，对于我来说将是一件十分荣幸的事情。

《茶经》之后有《茶记》《茶谱》《茶录》《茶论》《茶疏》《茶解》等书，在这里就不一一列举了，而这些书大部分也已经失传了。我特意收集现存的这些书，参照《茶经》的格式，分为源、具、造、器、煮、饮、事、出、略、图。而那些相关的图已经失传，我不敢随意添补，只好用茶具、茶器这些图画来充实。

《茶经》中所摘录的都是初唐以前的书。本书从唐、宋、元、明到本朝，只要有这方面的论述，都加以采录。有的书年代虽然在《茶经》之前但是没有被它录用的，在这里也一并加以引用。

《茶经》本来只有三卷，因为续写的人太多，所以这本书上只摘录要点。

各书引用相同的地方，就不再重复取用。偶尔有争议的地方，姑且保留各自的看法和观点，等待以后的定论。至于历代的诗词文赋和当代名士所著的文章很多，因为参考《茶经》的格式，便不加补录，等以后再编为外集。

《茶经》原书列在书的前面。

历代的茶法附在书的后面。

一 茶之源

※ 原文

许慎《说文》：茗，荼芽也。

王褒《僮约》前云"烹鳖烹茶"；后云"武阳买茶"。[注：前为苦菜，后为茗。]

张华《博物志》：饮真茶，令人少眠。

《诗疏》：椒树似茱萸，蜀人作茶，吴人作茗，皆合煮其叶以为香。

《唐书·陆羽传》：羽嗜茶，著《经》三篇，言茶之源、之具、之造、之器、之煮、之饮、之事、之出、之略、之图尤备，天下益知饮茶矣。

《唐六典》：金英、绿片，皆茶名也。

《李太白集·赠族侄僧中孚玉泉仙人掌茶序》：余闻荆州玉泉寺近青溪诸山，山洞往往有乳窟，窟多玉泉交流。中有白蝙蝠，大如鸦。按《仙经》："蝙蝠，一名仙鼠。千岁之后，体白如雪。栖则倒悬，盖饮乳水而长生也。"其水边处处有茗草罗生，枝叶如碧玉。惟玉泉真公常采而饮之，年八十余岁，颜色如桃花，而此茗清香滑熟异于他茗，所以能还童振枯，扶人寿也。余游金陵，见宗僧中孚示余茶数十片，拳然重叠，其状如掌，号为"仙人掌"茶。盖新出乎玉泉之山，旷古未觏。因持之见贻，兼赠诗，要余答之，遂有此作。俾后之高僧大隐，知"仙人掌"茶发于中孚禅子及青莲居士李白也。

《皮日休集·茶中杂咏诗序》：自周以降，及于国朝茶事，竟陵子陆季疵言之详矣。然季疵以前称茗饮者，必浑以烹之，与夫瀹蔬而啜者无异也。季疵之始为《经》三卷，由是分其源，制其具，教其造，设其器，命其煮。俾饮之者除痟而去疠，虽疾医之未若也。其为利也，于人岂小哉？余始得季疵书，以为备矣，后又获其《顾渚山记》二篇，其中多茶事；后又太原温从云、武威段之。各补茶事十数节，并存方册。茶之事由周而至于今，竟无纤遗矣。

《封氏闻见记》：茶，南人好饮之，北人初不多饮。开元中，泰山灵岩寺有降魔师，大兴禅教。学禅务于不寐，又不夕食，皆许饮茶。人自怀挟，到处煮饮。从此转相仿效，遂成风俗。起自邹、齐、沧、棣，渐至京邑，城市多开店铺，煎茶卖之，不问道俗，投钱取饮。其茶自江淮而来，色额甚多。

《唐韵》：荼字，自中唐始变作茶。

裴汶《茶述》：茶，起于东晋，盛于今朝。其性精清，其味浩洁，其用涤烦，其功致和。参百品而不混，越众饮而独高。烹之鼎水，和以虎形，人人服之，永永不厌。得之则安，不得则病。彼芝术黄精，徒云上药，致效在数十年后，且多禁忌，非此伦也。或曰：多饮令人体虚病风。余曰：不然。夫物能祛邪，必能辅正，安有蠲逐聚病而靡裨太和哉？今宇内为土贡实众，而顾渚、蕲阳、蒙山为上，其次则寿阳、义兴、碧涧、湖、衡山。最下有鄱阳、浮梁。今者其精无以尚焉，得其粗者，则下里兆庶，瓯碗纷糅。顷刻未得，则胃腑病生矣。人嗜之若此者，西晋以前无闻焉。至精之味或遗也。因作《茶述》。

宋徽宗《大观茶论》：茶之为物，擅瓯闽之秀气，钟山川之灵禀。祛襟涤滞，致清导和，则非庸人孺子可得而知矣。冲淡闲洁，韵高致静，则非遑遽之时可得而好尚矣。而本朝之兴，岁修建溪之贡，龙团、凤饼，名冠天下，而壑源之品，亦自此而盛。延及于今，百废俱举，海内晏然，垂拱密勿，幸致无为。缙绅之士，韦布之流，沐浴膏泽，薰陶德化，咸化雅尚相推，从事茗饮。故近岁以来，采择之精，制作之工，品第之胜，烹点之妙，莫不盛造其极。呜呼！至治之世，岂惟人得以尽其材，而草木之灵者，亦得以尽其用矣。偶因暇日，研究精微，所得之妙，后人有不知为利害者，叙本末二十篇，号曰《茶论》。一曰产地，二曰天时，三曰择采，四曰蒸压，五曰制造，六曰鉴别，七曰白茶，八曰罗碾，九曰盏，十曰笕，十一曰瓶，十二曰勺，十三曰水，十四曰点，十五曰味，十六曰香，十七曰色，十八曰藏，十九曰品，二十曰外焙。名茶各以所产之地，如叶耕之平原、台星岩，叶刚之高峰青凤髓，叶思纯之大风，叶屿之屑山，叶五崇林之罗汉上水桑芽，叶坚之碎石窠、石臼窠［一作穴窠］。叶琼、叶辉之秀皮林，叶师复、师贶之虎岩，叶椿之无双岩芽，叶懋之老窠园，各擅其美，未尝混淆，不可概举。焙人之茶，固有前优后劣，昔负今胜者，是以园地之不常也。

丁谓《进新茶表》：右件物产异金沙，名非紫笋。江边地暖，方呈"彼苴"之形，阙下春寒，已发"其甘"之味。有以少为贵者，焉敢韫而藏诸。见谓新茶，实遵旧例。

蔡襄《进茶录表》：臣前因奏事，伏蒙陛下谕臣先任福建运使日，所进上品龙茶，最为精好。臣退念草木之微，首辱陛下知鉴，若处之得地，则能尽其材。昔陆羽《茶经》，不第建安之品；丁谓《茶图》，独论采造之本。至烹煎之法，曾未有闻。臣辄条数事，简而易明，勒成二篇，名曰《茶录》。伏惟清闲之宴，或赐观采，臣不胜荣幸。

欧阳修《归田录》：茶之品，莫贵于龙凤，谓之"团茶"，凡八饼重一斤。庆历中，蔡君谟始造小片龙茶以进，其品精绝，谓之"小团"，凡二十饼重一斤，其价值金二两。然金可有而茶不可得。每因南效致斋，中书、枢密院各赐一饼，四人分之。宫人往往缕金花于其上，盖其贵重如此。

赵汝砺《北苑别录》：草木至夜益盛，故欲导生长之气，以渗雨露之泽。茶于每岁六月兴工，虚其本，培其末，滋蔓之草，遏郁之木，悉用除之，政所以导生长之气而渗雨露之泽也。此之谓开畬。惟桐木则留焉。桐木之性与茶相宜，而又茶至冬则畏寒，桐木望秋而先落，茶至夏而畏日，桐木至春而渐茂。理亦然也。

王辟之《渑水燕谈》：建茶盛于江南，近岁制作尤精，龙团最为上品，一斤八饼。庆历中，蔡君谟为福建转运使，始造小团，以充岁贡，一斤二十饼，所谓上品龙茶者也。仁宗尤所珍惜，虽宰相未尝辄赐，惟郊礼致斋之夕，两府各四人，共赐一饼。宫人剪金为龙凤花贴其上。八人分蓄，以为奇玩，不敢自试，有佳客出为传玩。欧阳文忠公云："茶为物之至精，而小团又其精者也。"嘉祐中，小团初出时也。今小团易得，何至如此多贵？

周辉《清波杂志》：自熙宁后，始贡"密云龙"。每岁头纲修贡，奉宗庙及贡玉食外，赉及臣下无几。戚里贵近丐赐尤繁。宣仁太后令建州不许造"密云龙"，受他人煎炒不得也。此语既传播于缙绅间，由是"密云龙"之名益著。淳熙间，亲党许仲启官苏沙，得《北苑修贡录》，序以刊行。其间载岁贡十有二纲，凡三等，四十有一名。第一纲曰"龙焙贡新"，止五十余铸。贵重如此，独无所谓"密云龙"者。岂以"贡新"易其名耶？抑或别为一种，又居"密云龙"之上耶？

沈存中《梦溪笔谈》：古人论茶，惟言阳羡、顾渚、天柱、蒙顶之类，都未言建溪。然唐人重串茶粘黑者，则已近乎建茶矣。建茶皆乔木，吴、蜀惟丛茇而已，品自居下。建茶胜处曰郝源、曾坑，其间又有垲根、山顶二品尤胜。李氏号为北苑，置使领之。

胡仔《苕溪渔隐丛话》：建安北苑，始于太宗太平兴国三年，遣使造之，取象于龙凤，以别入贡。至道间，仍添造石乳、蜡面。其后大小龙，又起于丁谓而成于蔡君谟。至宣、政间，郑可简以贡茶进用，久领漕，添续入，其数渐广，今犹因之。

细色茶五纲，凡四十三品，形制各异，共七千余饼，其间贡新、试新、龙团胜雪、白茶、御苑玉芽，此五品乃水拣，为第一；余乃生拣，次之。又有粗色茶七纲，凡五品。大小龙凤并拣芽，悉入龙脑，和膏为团饼茶，共四万余饼。盖水拣茶即社前者，生拣茶即火前者，粗色茶即雨前者。闽中地暖，雨前茶已老而味加重矣。又有石门、乳吉、香口三外焙，亦隶于北苑，皆采摘茶芽，送官焙添造。每岁縻金共二万余缗，日役千夫，凡两月方能迄事。第所造之茶不许过数，入贡之后市无货者，人所罕得。惟壑源诸处私焙茶，其绝品亦可敌官焙，自昔至今，亦皆入贡，其流贩四方者，悉私焙茶耳。"北苑在富沙之北，隶建安县，去城二十五里，乃龙焙造贡茶之处，亦名凤凰山。自有一溪，南流至富沙城下，方与西来水合而东。"

车清臣《脚气集》：《毛诗》云："谁谓荼苦，其甘如荠。"注：荼，苦菜也。《周礼》："掌荼以供丧事。"取其苦也。苏东坡诗云："周《诗》记苦荼，茗饮出近世。"乃以今茶为荼。夫茶，今人以清头目，自唐以来，上下好之，细民亦日数碗，岂是荼也。茶之粗者是为茗。

宋子安《东溪试茶录序》：茶宜高山之阴，而喜日阳之早。自北苑凤山，南直苦竹园头，东南属张坑头，皆高远先阳处，岁发常早，芽极肥乳，非民间所比。次出壑源岭，高土沃地，茶味甲于诸焙。丁谓亦云凤山高不百丈，无危峰绝崦，而冈翠环抱，气势柔秀，宜乎嘉植灵卉之所发也。又以建安茶品甲天下，疑山川至灵之卉，天地始和之气，尽此茶矣。又论石乳出壑岭断崖缺石之间，盖草木之仙骨也。近蔡公亦云："惟北苑凤凰山连属诸焙，所产者味佳，故四方以建茶为名，皆曰北苑云。"

黄儒《品茶要录序》：说者尝谓陆羽《茶经》不第建安之品。盖前此茶事未甚兴，灵芽真笋往往委翳消腐而人不知惜。自国初以来，士大夫沐浴膏泽，咏歌升平之日久矣。夫身世洒落，神观冲淡，惟兹茗饮为可喜。园林亦相与摘英夸异，制棬鬻新，以趋时之好。故殊异之品，始得自出于榛莽之间，而其名遂冠天下。借使陆羽复起，阅其金饼，味其云腴，当爽然自失矣。因念草木之材，一有瑰伟绝特者，未尝不遇时而后兴，况于人乎。

苏轼《书黄道辅品茶要录后》：黄君道辅讳儒，建安人，博学能文，淡然精深，有道之士也。作《品茶要录》十篇，委曲微妙，皆陆鸿渐以来论茶者所未及。非至静无求，虚中不留，乌能察物之情如此其详哉。

《茶录》：茶，古不闻食，自晋、宋已降，吴人采叶煮之，名为"茗粥"。

叶清臣《煮茶泉品》：吴楚山谷之间，气清地灵，草木颖挺，多孕茶荈。大率右于武夷者为白乳，甲于吴兴者为紫笋，产禹穴者以天章显，茂钱塘者以径山稀。至于桐庐之岩，云衢之麓，雅山著于宣、歙，蒙顶传于岷、蜀，角立差胜，毛举实繁。

周绛《补茶经》：芽茶只作早茶，驰奉万乘，尝之可矣。如一旗一枪，可谓奇茶也。

胡致堂曰：茶者，生人之所日用也。其急甚于酒。

陈师道《茶经丛谈》：茶，洪之双井，越之日注，莫能相先后，而强为之第者，皆胜心耳。

陈师道《茶经序》：夫茶之著书自羽始，其用于世亦自羽始，羽诚有功于茶者也。上自宫省，下逮邑里，外及异域遐陬，宾祀燕飨，预陈于前；山泽以成市，商贾以起家，又有功于人者也，可谓智矣。《经》曰："茶之否臧，存之口诀。"则书之所载，犹其粗也。夫茶之为艺下矣，至其精微，书有不尽，况天下之至理，而欲求之文字纸墨之间，其有得乎？昔者先王因人而教，因欲而治，凡有益于人者，皆不废也。

吴淑《茶赋》注：五花茶者，其片作五出花也。

姚氏《残语》：绍兴进茶，自高文虎始。

王楙《野客丛书》：世谓古之荼，即今之茶。不知荼有数种，非一端也。《诗》曰"谁谓荼苦，其甘如荠"者，乃苦菜之荼，如今苦苣之类。《周礼》"掌荼"、毛诗"有女如荼"者，乃茅莠之荼也，此萑苇之属。惟茶槚之荼，乃今之茶也。世莫知辨。

《魏王花木志》：茶叶似栀，可煮为饮。其老叶谓之荈，嫩叶谓之茗。

《瑞草总论》：唐宋以来有贡茶，有榷茶。夫贡茶，犹知斯人有爱君之心。若夫榷茶，则利归于官，扰及于民，其为害又不一端矣。

元熊禾《勿斋集》：北苑茶焙记贡古也。茶贡不列《禹贡》《周·职方》而昉于唐，北苑又其最著者也。苑在建城东二十五里，唐末里民张晖始表而上之。宋初丁谓漕闽，贡额骤益，斤至数万。庆历承平日久，蔡公襄继之，制益精巧，建茶遂为天下最。公名在四谏官列，君子惜之。欧阳公修虽实不与，然犹夸侈歌咏之。苏公轼则直指其过矣。君子创法可继，焉得不重慎也。

《说郛·臆乘》：茶之所产，六经载之详矣，独异美之名未备。唐宋以来，见于诗文者尤夥，颇多疑似，若蟾背、虾须、雀舌、蟹眼、瑟瑟、沥沥、霭霭、鼓浪、涌泉、琉璃眼、碧玉池，又皆茶事中天然偶字也。

《茶谱》：衡州之衡山，封州之西乡，茶研膏为之，皆片团如月。又彭州蒲村堋口，其园有"仙芽""石花"等号。

明人《月团茶歌序》：唐人制茶碾末，以酥滫为团，宋世尤精，元时其法遂绝。予效而为之，盖得其似，始悟古人咏茶诗所谓"膏油首面"，所谓"佳茗似佳人"，所谓"绿云轻绾湘娥鬟"之句。饮啜之余，因作诗记之，并传好事。

屠本畯《茗笈评》：人论茶叶之香，未知茶花之香。余往岁过友大雷山中，正值花开，童子摘以为供，幽香清越，绝自可人，惜非瓯中物耳。乃予著《瓶史月表》，以插茗花为斋中清玩。而高濂《盆史》，亦载"茗花足助玄赏"云。

《茗笈赞》十六章：一曰溯源，二曰得地，三曰乘时，四曰揆制，五曰藏茗，六曰品泉，七曰候火，八曰定汤，九曰点瀹，十曰辨器，十一曰申忌，十二曰防滥，十三曰戒淆，十四曰相宜，十五曰衡鉴，十六曰玄赏。

谢肇淛《五杂俎》：今茶品之上者，松萝也，虎丘也，罗岕也，龙井也，阳羡也，天池也。而吾闽武夷、清源、彭山三种，可与角胜。六安、雁宕、蒙山三种，祛滞有功而色香不称，当是药笼中物，非文房佳品也。

《西吴被乘》：湖人于茗，不数顾渚，而数罗岕。然顾渚之佳者，其风味已远出龙井。下岕稍清隽，然叶粗而作草气。丁长孺尝以半角见饷，且教余烹煎之法，迨试之，殊类羊公鹤。此余有解有未解也。余尝品茗，以武夷、虎丘第一，淡而远也。松萝、龙井次之，香而艳也。天池又次之，常而不厌也。余子琐琐，勿置齿嗛。

屠长卿《考槃余事》：虎丘茶最号精绝，为天下冠，惜不多产，皆为豪右所据，寂寞山家无由获购矣。天池青翠芳馨，啜之赏心，嗅亦消渴，可称仙品。诸山之茶，当为退舍。阳羡俗名罗岕，浙之长兴者佳，荆溪稍下。细者其价两倍天池，惜乎难得，须亲自收采方妙。六安品亦精，入药最效，但不善炒，不能发香而味苦，茶之本性实佳。龙井之山不过数十亩，外此有茶似皆不及。大抵天开龙泓美泉，山灵特生佳茗以副之耳。山中仅有一二家，炒法甚精。近有山僧焙者亦妙，真者天池不能及也。天目为天池、龙井之次，亦佳品也。《地志》云："山中寒气早严，山僧至九月即不敢出。冬来多雪，三月后方通行，其萌芽较他茶独晚。"

包衡《清赏录》：昔人以陆羽饮茶比于后稷树谷，及观韩翃《谢赐茶启》云："吴王礼贤，方闻置茗；晋人爱客，才有分茶。"则知开创之功，非关桑苎老翁也。若云在昔茶勋未普，则比时赐茶已一千五百串矣。

陈仁锡《潜榷类书》："紫琳腴、云腴，皆茶名也。""茗花白色，冬开似梅，亦清香。"〔按：冒巢民《岕茶汇钞》云："茶花味浊无香，香凝叶内。"二说不同，岂岕与他茶独异欤。〕

《农政全书》：六经中无茶，荼即茶也。

《毛诗》云："'谁谓荼苦，其甘如荠'，以其苦而味甘也。""夫茶灵草也，种之则利溥，饮之则神清。上而王公贵人之所尚，下而小夫贱隶之所不可阙，诚民生食用之所资，国家课利之一助也。"

罗廪《茶解》："茶园不宜杂以恶木，惟古梅、丛桂、辛夷、玉兰、玫瑰、苍松、翠竹，与之间植，足以蔽霜雪，掩映秋阳。其下可植芳兰、幽菊清芬之品。最忌菜畦相逼，不免渗漉，浥厥清真。""茶地南向为佳，向阴者遂劣。故一山之中，美恶相悬。"

李日华《六研斋笔记》：茶事于唐末未甚兴，不过幽人雅士手撷于荒园杂秽中，拔其精英，以荐灵爽，所以饶云露自然之味。至宋设茗纲，充天家玉食，士大夫益复贵之。民间服习寖广，以为不可缺之物。于是营植者拥溉拿粪，等于蔬薮，而茶亦颓其品味矣。人知鸿渐到处品泉，不知亦到处搜茶。皇甫冉《送羽摄山采茶》诗数言，仅存公案而已。

徐岩泉《六安州茶居士传》：居士姓茶，族氏众多，枝叶繁衍遍天下。其在六安一枝最著，为大宗；阳羡、罗岕、武夷、匡庐之类，皆小宗；蒙山又其别枝也。

乐思白《雪庵清史》：夫轻身换骨，消渴涤烦，茶荈之功，至妙至神。昔在有唐，吾闽茗事未兴，草木仙骨，尚其灵。五代之季，南唐采茶北苑，而茗事兴。迨宋至道初，有诏奉造，而茶品日广。及咸平、庆历中，丁谓、蔡襄造茶进奉，而制作益精。至徽宗大观、宣和间，而茶品极矣。断崖缺石之上，木秀云腴，往往于此露灵。倘微丁、蔡来自吾闽，则种种佳品，不几于委翳消腐哉？虽然，患无佳品耳。其品果佳，即微丁、蔡来自吾闽，而灵芽真笋岂终于委翳消腐乎。吾闽之能轻身换骨，消渴涤烦者，宁独一茶乎？兹将发其灵矣。

冯时可《茶谱》：茶全贵采造，苏州茶饮遍天下，专以采造胜耳。徽郡向无茶，近出松萝，最为时尚。是茶始比丘大方，大方居虎丘最久，得采造法。其后于徽之松萝结庵，采诸山茶，于庵焙制，远迩争市，价忽翔涌。人因称松萝，实非松萝所出也。

胡文焕《茶集》：茶，至清至美物也，世皆不味之，而食烟火者又不足以语此。医家论茶，性寒能伤人脾。独子有诸疾，则必借茶为药石，每深得其功效，噫！非缘之有自，而何契之若是耶！

《群芳谱》：蕲州蕲门团黄，有一旗一枪之号，言一叶一芽也。欧阳公诗有"共约试新茶，旗枪几时绿"之句。王荆公《送元厚之》句云"新茗斋中试一旗"。世谓茶始生而嫩者为一枪，寖大开者为一旗。

鲁彭《刻〈茶经〉序》：夫茶之为经，要矣。兹复刻者，便览尔。刻之竟陵者，表羽之为竟陵人也。按羽生甚异，类令尹子文。人谓子文贤而仕，羽虽贤，卒以不仕。今观《茶经》三篇，固具体用之学者。其曰伊公羹、陆氏茶，取而比之，实以自况。所谓易地皆然者非欤？厥后茗饮之风，行于中外。而回纥亦以马易茶，由宋迄今，大为边助。则羽之功，固在万世，仕不仕奚足论也。

沈石田《书岕茶别论后》：昔人咏梅花云"香中别有韵，清极不知寒"，此惟岕茶足当之。若闽之清源、武夷，吴郡之天池、虎丘，武林之龙井，新安之松萝，匡庐之云雾，其名虽大噪，不能与岕相抗也。顾渚每岁贡茶三十二斤，则岕于国初，已受知遇。施于今，渐远渐传，渐觉声价转重。既得圣人之清，又得圣人之时，蒸、采、烹、洗，悉与古法不同。

李维桢《茶经序》：羽所著《君臣契》三卷，《源解》三十卷，《江表四姓谱》十卷，《占梦》三卷，不尽传，而独传《茶经》，岂他书人所时有，此其觕长，易于取名耶？太史公曰："富贵而名磨灭，不可胜数，惟俶傥非常之人称焉。"鸿渐穷厄终身，而遗书遗迹，百世下宝爱之。以为山川邑里重。其风足以廉顽立懦，胡可少哉？

杨慎《丹铅总录》：荼，即古茶字也。周《诗》记荼苦，《春秋》书齐荼，《汉志》书荼陵。颜师古、陆德明虽已转入茶音，而未易字文也。至陆羽《茶经》、玉川《茶歌》、赵赞《茶禁》以后，遂以茶易荼。

董其昌《茶董题词》：荀子曰："其为人也多暇晷，其出人也不远矣。"陶通明曰："不为无益之事，何以悦有涯之生。"余谓茗碗之事足当之。盖幽人高士，蝉蜕势利，以耗壮心而送日月。水源之轻重，辨若淄渑；火候之文武，调若丹鼎。非枕漱之侣不亲，非文字之饮不比者也。当今此事，惟许夏茂卿拈出。顾渚、阳羡，肉食者往焉，茂卿亦安能禁。一似强笑不乐，强颜无欢，茶韵故自胜耳。予凤秉幽尚，入山十年，差可不愧茂卿语。今者驱车入闽，念凤团龙饼，延津为论，岂必士思，如廉颇思用赵？惟是《绝交书》所谓"心不耐烦，而官事鞅掌"者，竟有负茶灶耳。茂卿能以同味谅吾耶！

童承叙《题陆羽传后》：余尝过竟陵，憩羽故寺，访雁桥，观茶井，慨然想见其为人。夫羽少厌髡缁，笃嗜坟素，本非忘世者。卒乃寄号桑苎，遁迹苕霅，啸歌独行，继以痛哭，其意必有所在。时乃比之接舆，岂知羽者哉！至其性甘茗荈，味辨淄渑，清风雅趣，脍炙今古。张颠之于酒也，昌黎以为有所托而逃，羽亦以是夫。

《谷山笔麈》：茶自汉以前不见于书，想所谓槚者，即是矣。李贽谓古人冬则饮汤，夏则饮水，未有茶也。李文正《资暇录》谓："茶始于唐崔宁，黄伯思已辨其非，伯思尝见北齐杨子华作《邢子才魏收勘书图》，已有煎茶者。"《南窗记谈》谓："饮茶始于梁天监中，事见《洛阳伽蓝记》。及阅《吴志·韦曜传》，赐茶荈以当酒，则茶又非始于梁矣。"余谓饮茶亦非始于吴也。《尔雅》曰："槚，苦荼。"郭璞注："可以为羹饮。早采为荼，晚采为茗，一名荈。"则吴之前亦以荼作茗矣。第未如后世之日用不离也。盖自陆羽出，茶之法始讲。自吕惠卿、蔡君谟辈出，茶之法始精。而茶之利国家且借之矣。此古人所不及详者也。

王象晋《茶谱小序》：茶，嘉木也。一植不再移，故婚礼用茶，从一之义也。虽兆自《食经》，饮自隋帝，而好者尚寡。至后兴于唐，盛于宋，始为世重矣。仁宗贤君也，颁赐两府，四人仅得两饼，一人分数钱耳。宰相家至不敢碾试，藏以为宝，其贵重如此。近世蜀之蒙山，每岁仅以两计。苏之虎丘，至官府预为封识，公为采制，所得不过数斤。岂天地间，尤物生固不数数然耶。瓯泛翠涛，碾飞绿屑，不藉云腴，孰驱睡魔？作《茶谱》。

陈继儒《茶董小序》：范希文云："万象森罗中，安知无茶星。"余以茶星名馆，每与客茗战旗枪，标格天然，色香映发。若陆季疵复生，忍作《毁茶论》乎？夏子茂卿叙酒，其言甚豪。予曰，何如隐囊纱帽，潇然林涧之间，摘露芽，煮云腴，一洗百年尘土胃耶？热肠如沸，茶不胜酒；幽韵如云，酒不胜茶。酒类侠，茶类隐。酒固道广，茶亦德素。茂卿茶之董狐也，因作《茶董》。东佘陈继儒书于素涛轩。

夏茂卿《茶董序》：自晋唐而下，纷纷邾莒之会，各立胜场，品别淄渑，判若南董，遂以《茶董》名篇。语曰："穷《春秋》，演河图，不如载茗一车"，诚重之矣。如谓此君面目严冷，而且以为水厄，且以为乳妖，则请效綦毋先生无作此事。冰莲道人识。

《本草》：石蕊，一名云茶。

卜万祺《松寮茗政》：虎丘茶，色味香韵，无可比拟。必亲诣茶所，手摘监制，乃得真产。且难久贮，即百端珍护，稍过时即全失其初矣。殆如彩云易散，故不入供御耶。但山岩隙地，所产无几，为官司禁据，寺僧惯杂赝种，非精鉴家卒莫能辨。明万历中，寺僧苦大吏需索，薙除殆尽。文肃公震孟作《薙茶说》以讥之。至今真产尤不易得。

袁了凡《群书备考》：茶之名，始见于王褒《僮约》。

许次杼《茶疏》：唐人首称阳羡，宋人最重建州。于今贡茶，两地独多。阳羡仅有其名，建州亦上品，惟武夷雨前最胜。近日所尚者，为长兴之罗岕，疑即古顾渚紫笋。然岕故有数处，今惟峒山最佳。姚伯道云："明月之峡，厥有佳茗。韵致清远，滋味甘香，足称仙品。其在顾渚亦有佳者，今但以水口茶名之，全与岕别矣。若歙之松萝，吴之虎丘，杭之龙井，并可与岕颉颃。"郭次甫极称黄山，黄山亦在歙，去松萝远甚。往时土人皆重天池，然饮之略多，令人胀满。浙之产曰雁宕、大盘、金华、日铸，皆与武夷相伯仲。钱塘诸山产茶甚多，南山尽佳，北山稍劣。武夷之外，有泉州之清源，倘以好手制之，亦是武夷亚匹。惜多焦枯，令人意尽。楚之产曰宝庆，滇之产曰五华，皆表表有名，在雁茶之上。其他名山所产，当不止此，或余未知，或名未著，故不及论。

李诩《戒庵漫笔》：昔人论茶，以枪旗为美，而不取雀舌、麦颗。盖芽细则易杂他树之叶而难辨耳。枪旗者，犹今称壶蜂翅是也。

《四时类要》：茶子于寒露候收晒干，以湿沙土拌匀，盛筐笼内，穰草盖之，不尔即冻不生。至二月中取出，用糠与焦土种之。于树下或背阴之地开坎，圆三尺，深一尺，熟劚，著粪和土，每坑下子六七十颗，覆土厚一寸许，相离二尺，种一丛。性恶湿，又畏日，大概宜山中斜坡、峻坂、走水处。若平地，须深开沟垄以泄水，三年后方可收茶。

张大复《梅花笔谈》：赵长白作《茶史》，考订颇详，要以识其事而已矣。龙团、凤饼，紫茸、拣芽，决不可用于今之世。予尝论今之世，笔贵而愈失其传，茶贵而愈出其味。天下事，未有不身试而出之者也。

文震亨《长物志》：古今论茶事者，无虑数十家，若鸿渐之《经》，君谟之《录》，可为尽善。然其时法，用熟碾为丸、为挺，故所称有"龙凤团""小龙团""密云龙""瑞云翔龙"。至宣和间，始以茶色白者为贵。漕臣郑可简始创为银丝水芽，以茶剔叶取心，清泉渍之，去龙脑诸香，惟新銙小龙蜿蜒其上，称"龙团胜雪"。当时以为不更之法，而吾朝所尚又不同。其烹试之法，亦与前人异。然简便异常，天趣悉备，可谓尽茶之味矣。而至于洗茶、候汤、择器，皆各有法，宁特侈言乌府、云屯等目而已哉。

《虎丘志》：冯梦桢云："徐茂吴品茶，以虎丘为第一。"

周高起《洞山茶系》：岕茶之尚于高流，虽近数十年中事，而厥产伊始，则自卢仝隐居洞山，种于阴岭，遂有茗岭之目。相传古有汉王者，栖迟茗岭之阳，课童艺茶，踵卢仝幽致，故阳山所产，香味倍胜茗岭。所以老庙后一带茶，犹唐宋根株也。贡山茶今已绝种。

徐𤋣《茶考》：按《茶录》诸书，闽中所产茶，以建安北苑为第一，壑源诸处次之，武夷之名未有闻也。然范文正公《斗茶歌》云："溪边奇茗冠天下，武夷仙人从古栽。"苏文忠公云："武夷溪边粟粒芽，前丁后蔡相笼加。"则武夷之茶在北宋已经著名，第未盛耳。但宋元制造团饼，似失正味。今则灵芽仙萼，香色尤清，为闽中第一。至于北苑壑源，又泯然无称。岂山川灵秀之气，造物生殖之美，或有时变易而然乎？

劳大与《瓯江逸志》：按茶非瓯产地，而瓯亦产茶，故旧制以之充贡，及今不废。张罗峰当国，凡瓯中所贡方物，悉与题蠲，而茶独留。将毋以先春之采，可荐馨香，且岁费物力无多，姑存之，以稍备芹献之义耶！乃后世因按办之际，不无恣取，上为一，下为十，而艺茶之圃遂为怨丛。惟愿为官于此地者，不滥取于数外，庶不致大为民病。

《天中记》：凡种茶树必下子，移植则不复生。故俗聘妇，必以茶为礼，义固有所取也。

《事物记原》：榷茶起于唐建中、兴元之间。赵赞、张滂建议税其什一。

《枕谭》：古传注："茶树初采为茶，老为茗，再老为荈。"今概称茗，当是错用事也。

熊明遇《岕山茶记》：产茶处，山之夕阳胜于朝阳，庙后山西向，故称佳。总不如洞山南向，受阳气特专，足称仙品云。

冒襄《岕茶汇钞》：茶产平地，受土气多，故其质浊。岕茗产于高山，浑是风露清虚之气，故为可尚。

吴拭云：武夷茶赏自蔡君谟始，谓其味过于北苑、龙团，周右文极抑之。盖缘山中不谙制焙法，一味计多徇利之过也。余试采少许，制以松萝法，汲虎啸岩下语儿泉烹之，三德俱备，带云石而复有甘软气。乃分数百叶寄右文，令茶吐气；复酹一杯，报君谟于地下耳。

释超全《武夷茶歌注》：建州一老人始献山茶，死后传为山神，喊山之茶始此。

《中原市语》：茶曰渲老。

陈诗教《灌园史》：予尝闻之山僧言，茶子数颗落地，一茎而生，有似连理，故婚嫁用茶，盖取一本之义。旧传茶树不可移，竟有移之而生者，乃知晁采寄茶，徒袭影响耳。

唐李义山以对花啜茶为杀风景。予苦渴疾，何啻七碗，花神有知，当不我罪。

《金陵琐事》：茶有肥瘦，云泉道人云："凡茶肥者甘，甘则不香。茶瘦者苦，苦则香。"此又《茶经》《茶诀》《茶品》《茶谱》之所未发。

野航道人朱存理云："饮之用必先茶，而茶不见于《禹贡》，盖全民用而不为利。后世榷茶立为制，非古圣意也。陆鸿渐著《茶经》，蔡君谟著《茶谱》。孟谏议寄卢玉川三百月团，后侈至龙凤之饰，当责备于君谟。然清逸高远，上通王公，下逮林野，亦雅道也。"

佩文斋《广群芳谱》：茗花即食茶之花，色月白而黄心，清香隐然，瓶之高斋，可为清供佳品。且蕊在枝条，无不开遍。

王新城《居易录》：广南人以蓉为茶。予顷著之《皇华记闻》。阅《道乡集》有《张纠送吴洞》绝句，云："茶选修仁方破碾，蓉分吴洞忽当筵。君谟远矣知难作，试取一瓢江水煎。"盖志完迁昭平时作也。

《分甘余话》：宋丁谓为福建转运使，始造"龙凤团"茶上供，不过四十饼。天圣中，又造小团，其品过于大团。神宗时，命造"密云龙"，其品又过于小团。元祐初，宣仁皇太后曰："指挥建州，今后更不许造'密云龙'，亦不要团茶，拣好茶吃了，生得甚好意智。"宣仁改熙宁之政，此其小者。顾其言，实可为万世法。士大夫家，膏粱子弟，尤不可不知也。谨备录之。

《百夷语》：茶曰芽。以粗茶曰芽以结，细茶曰芽以完。缅甸夷语，茶曰腊扒，吃茶曰腊扒仪索。

徐葆光《中山传信录》：琉球呼茶曰札。

《武夷茶考》：按丁谓制"龙团"，蔡忠惠制"小龙团"，皆北苑事。其武夷修贡，自元时浙省平章高兴始，而谈者辄称丁、蔡。苏文忠公诗云："武夷溪边粟粒芽，前丁后蔡相笼加。"则北苑贡时，武夷已为二公赏识矣。至高兴武夷贡后，而北苑渐至无闻。昔人云，茶之为物，涤昏雪滞，于务学勤政未必无助，其与进荔枝、桃花者不同。然充类至义，则亦宦官、宫妾之爱君也。忠惠直道高名，与范、欧相亚，而进茶一事乃侪晋公。君子举措，可不慎欤。

《随见录》：按沈存中《笔谈》云："建茶皆乔木。吴、蜀惟丛茇而已。"以余所见，武夷茶树俱系丛茇，初无乔木，岂存中未至建安欤？抑当时北苑与此日武夷有不同欤？《茶经》云："巴山、峡川有两人合抱者"，又与吴、蜀丛茇之说互异。姑识之以俟参考。

《万姓统谱》载：汉时人有荼恬，出《江都易王传》。按《汉书》：荼恬苏林曰，荼食邪反。则荼本两音，至唐而荼、茶始分耳。

焦氏说：楛荼曰玉茸。〔补〕

※ 译文

许慎的《说文解字》中说：茗，也就是荼。

王褒在《僮约》的前面说"炰鳖烹荼"；后面说"武阳买茶"。〔注：前面指的是苦菜，后面指的是茗。〕

张华在《博物志》中说：喝真正的茶，能够使人睡眠时间减少。

《诗疏》记载：椒树跟茱萸很相似，蜀地的人把它叫作茶，吴地的人把它叫作茗，都是拿它的叶子煮出清香的气味。

《唐书·陆羽传》记载：陆羽特别喜欢喝茶，著有《茶经》三篇，说的是茶之源、茶之具、茶之造、茶之器、茶之煮、茶之饮、茶之事、茶之出、茶之略、茶之图等，渐渐天下的人都知道喝茶了。

《唐六典》中说：金英、绿片，都是茶叶的名称。

《李太白集·赠族侄僧中孚玉泉仙人掌茶序》中有这么一段：我听说在荆州玉泉寺附近青溪等山里，山里面往往有钟乳窟，窟里面大多有泉水流出。里面有白色的蝙蝠，如乌鸦一般大。按照《仙经》里面记载的："蝙蝠，又叫作仙鼠。千年之后，身体如同雪一样洁白。栖息的时候是倒悬的，它就是因为饮用了钟乳水才长生的。"这种水边到处长着茶叶，枝叶像碧玉一样。玉泉真人常常采摘下来喝，他到了八十多岁，脸色还和桃花一样，而这里的茶叶清香滑热也与其他茶叶不同，所以能够延年益寿、防止过早衰老。我到金陵游玩时，高僧中孚拿了几十片茶叶给我看，这种茶叶卷起来重叠在一起，形状就像"手掌"一样，所以叫作"仙人掌茶"。这是玉泉山新出产的，以前从来没有见过。因为他拿给我看完了之后又做了诗，要我答复，所以才有了这首诗。以后的高僧和出名的隐士，都知道"仙人掌茶"来源于中孚禅子以及青莲居士李白了。

《皮日休集·茶中杂咏诗序》中说：从周朝以后到我朝关于茶的记录，竟陵人陆季疵所说的最为详尽。然而在陆季疵以前喝茶的人，都是糊里糊涂地烹制，跟我们这些学问浅薄的喝茶人没有什么差别。季疵最早写了《茶经》三卷，从此之后，区分了茶叶的来源、制造的工具、教人如何制茶，设计了器具，将它煮熟。喝茶能够消除疲劳防治疾病，即使是医生也不一定能够有这样的效果。它的好处，对人来说难道还少吗？我最初得到季疵书的时候，认为已经很完备了，后来又得到了他的《顾渚山记》

两篇，发现里面有很多关于茶的内容。再后来又从太原温从云、武威段碢之那里各自补充了关于茶的内容十几节，一起存放到书里面。关于茶的事情，从周朝到现在，竟然再也没有一点的遗漏了。

《封氏闻见记》中记载：茶，南方人喜欢喝，而北方人最初很少喝。开元年间，泰山灵岩寺有降魔师，大力倡导禅教。学禅不能睡觉，又不能吃晚饭，只允许喝茶。人们把茶叶夹在腋下，到处煮着喝，从此以后，彼此之间开始争相效仿，于是形成了喝茶的风气。从邹、齐、沧、棣，渐渐传到了京都，城里有许多人开店铺专门煎茶卖，不论是否修道，花钱就能饮茶。他们的茶叶是从江淮运来的，色泽很深。

《唐韵》中记载：茶字，是从中唐的时候才开始变为茶字的。

裴汶《茶述》中记载：茶起源于东晋，从我朝开始变得盛行。茶特别清爽，味道很好，可以祛除烦恼，调和机理。即使在上百种东西中都不会混，比所有饮品都好。茶用开水来烹制，浑然虎形，人人都喝，永远不会厌烦。喝了就好，没喝的就会生病。那些艺术黄精，徒称为上药，效果要在几十年后才显现出来，而且还有很多禁忌，不能和茶相比。有人说：多喝茶会让人体格虚弱容易生病。我不这样认为。既然它能驱除邪气，那就一定能够辅助正气，怎么会有既能够使人沾染疾病而又能调和人身体的东西呢？现在各地出产的品种实在是太多了，顾渚、蕲阳、蒙山这些地方产的茶是上等的，其次就是寿阳、义兴、碧涧、澧湖、衡山，最差的有鄱阳、浮梁。现在得到上好的茶就不用说了，得到比较粗糙的，在乡下庶里，用瓯碗来喝。一会儿不喝，那么肠胃就会生病。人人都这么喜好它，这在西晋以前还没有听说过。因为害怕最精妙的味道遗失了，因此写了《茶述》。

宋徽宗在《大观茶论》中说：茶叶这种植物，长于瓯闽的秀气，饱含山川的灵禀。它能够祛除体内滞留之物，使人清醒调和，那就不是凡夫俗子可以知道的了。冲淡闲杂、高雅宁静，那就不是惊慌紧张的时候可以得到而崇尚的了。而本朝兴起的风气，每年在建溪制造贡茶，"龙团""凤饼"由此天下闻名，而壑源那些品种，也是从这里开始繁盛起来的。延续到了现在，百废俱兴，宴请宾客时，都少不了它，幸好还不至于没有。上到王公贵族，下到平民百姓，都沐浴在茶水之中，在它的熏陶影响之下，都很推崇这种高雅的风气，喝起茶来。所以近几年来，采摘的精细、制作的精良、品质的优良、烹煮的美妙，都达到了极致。哎呀！至于治理国家的道理，难道不是让每个人都能够完全发挥自己的才华，而草木这些有灵性的东西也能尽到它的作用吗？我在闲暇的时候，研究茶精妙的地方，所得到的好的感悟，恐怕后人不知道，所以从头到尾写了二十篇，叫作《茶论》。第一说的是产地，二说的是天时，三说的是采摘，四说的是蒸压，五说的是制造，六说的是鉴别，七说的是白茶，八说的是罗碾，九说的是茶杯，十说的是筷子，十一说的是茶瓶，十二说的是勺子，十三说的是水，十四说的是点茶，十五说的是茶味，十六说的是香气，十七说的是颜色，十八说的是储藏，十九说的是品尝，二十说的是在外面烘焙。好的茶叶都有各个产地的特点，如平园、台星岩是在园子里种植，高峰青凤髓茶性刚，大风茶纯净，屑山茶产自岛上，罗汉上水桑芽产自五崇林，碎石窠、石臼窠茶坚实，秀皮林茶的叶子闪光，虎岩茶师复、师贶，无双岩芽似椿芽，老窠园茶叶茂。各有各的美妙之处，大不相同，不能够一一列举出来。制茶的人所焙出的茶，也有以前好而后来差，过去差而今天好的，那是因为茶的产地不一样。

丁谓在《进新茶表》中说：金沙出产一种茶，名叫非紫笋。江边很温暖，才能有这种茁壮的形态，阙下春天还冷，已经散发出了甘甜的香味。物以稀为贵，怎么还敢私自藏匿起来呢？见谓新茶，实遵旧例。

蔡襄在《进茶录表》中说：臣以前因事奏请，听皇上说以前臣任福建转运使的时候，所进贡的上等龙茶是最好的。臣想到草木的卑微，还要劳烦皇上您亲自来鉴定，如果处理得当的话，就能尽到它的作用了。前人陆羽所作的《茶经》，没有记载建安的茶叶；丁谓的《茶图》，又只说采摘茶叶这些最基本的事情。至于茶的烹煎方法，还没有听说过。所以我列出这些事情，简明扼要，写成两篇，起名为《茶录》。伏请皇上在清闲的宴会上，能够让大家一起观看，那我就感到万分荣幸了。

欧阳修在《归田录》中记载：茶叶中的品种，最贵重的就是龙凤茶了，也作"团茶"，每八块茶饼重一斤。庆历年间，蔡君谟才开始制作小片的龙茶进贡，它的品质精绝，被称作"小团"，每二十块重一斤，它的价钱相当于二两黄金。但是金子可以有而这样的好茶叶却不一定能够得到。每次南效致斋，也不过赐给中书、枢密院各一块，四个人一起分。宫里面的人往往还在它的上面用金花装饰上，由此可见它贵重的程度。

赵汝砺在《北苑别录》中说：草木到了晚上更加兴盛，这是为了吸收生长所需的气息，吮吸雨露的精华。茶树在每年六月的时候修整，虚其本，培其末，把四周滋生的杂草和其他乱七八糟的树木都清理掉，这也是为了让茶能够吸收生长所需的气息，吮吸雨露的精华，这叫作开畲。只留下桐木。因为桐木与茶叶是相辅相成的，茶到冬天就怕寒冷，桐木到了秋天就先落下叶子来了，茶到了夏天就怕太阳晒，而桐木到了春天已经变得茂盛起来了。（留下桐木）就是这个道理。

王辟之的《渑水燕谈》说：建茶盛行于江南，近几年来，制作尤其精良，最好的是"龙团"，一斤有八块。庆历年间，蔡君谟任福建转运使的时候，才开始制造小团，用来作为每年进贡的物品，一斤有二十块，这就是所说的上等龙茶了。仁宗尤为珍惜，即使是宰相也没有赏赐过，只有在郊礼致斋的时候，两府各四个人，每府赏赐一块。宫里面的人把金纸剪成龙凤图形贴在它的上面。八个人分别保存起来，作为很奇特的物品，自己都不舍得随便玩，贵客来了才拿出来把玩观赏。欧阳修曾说："茶叶这种东西本身就很精细，而小团又更精细了。"嘉祐年间，小团刚刚出来。现在，小团已经很容易就能够得到了，何至于如此昂贵呢？

周辉的《清波杂志》中记载：自从熙宁年间以后，才开始进贡"密云龙"。每年开春的时候进贡第一纲，献给宗庙和皇宫大内之外，轮到臣子就没有多少了。亲戚和亲信请求赏赐的特别多。宣仁太后曾命令建州不许制造"密云龙"，其他人不能煎炒。这样的消息在官绅之间传播后，"密云龙"的名气因此更大了。淳熙年间，皇上的亲信许仲启到苏沙任职，得到了《北苑修贡录》，作序加以印刷发行。这里面记载每年的贡品十有两纲，共三个等次四十一种。第一纲叫"龙焙贡新"，只有五十多。贵重到了这种地步，也只有所谓的"密云龙"了。但怎么又把它的名字改作"贡新"了呢？要么是还有另外一种，比"密云龙"还好？

沈括在《梦溪笔谈》中说：古代的人评论茶，只有阳羡、顾渚、天柱、蒙顶这些，都没有提到建溪。然而唐朝的人重视串茶粘黑的，那就已经跟块状的建茶很相近了。建茶都是乔木，而吴、蜀两地只有聚在一起的草根而已，品质自然不好。好的建茶叫郝源、曾坑，这中间又有垄根、山顶这两个更好的品种。李氏把它叫作北苑，还设置专人管理。

胡仔的《苕溪渔隐丛话》中记载："建安的北苑茶，在太宗太平兴国三年的时候开始派专人制造，把它印成龙凤的样子，用来进贡。到了至道年间，才添加制造了石乳、蜡面。后来的大小龙茶，又开始于丁谓，而成形于蔡君谟的时候。到宣、政年间，郑可简开始以贡茶进献，以后领了漕运，再添加进去，数量渐渐多了起来，今天还沿袭这种做法。

细色茶叶有五个系列，一共四十三个品种，制造的形状各有不同，共有七千多块，其中的贡新、试新、龙团胜雪、白茶、御苑玉芽这五种是在水里面挑拣的最好的；其他的都是直接挑拣的，稍微差一点。还有成色粗一点的茶叶七类，共五个品种。大小龙凤和拣芽，都加入了龙脑，制成圆形的茶饼，总共四万多块。水拣茶也就是社前的茶，生拣茶是火前的，粗色茶就是雨前的。福建天气暖和，雨前的茶叶已经老了而且味道很重。又有石门、乳吉、香口这三种外面烘焙的品种，都是隶属于北苑的，它们都是把茶芽摘下来后，送到官焙里面去加工制作的。每年要花去一共两万多缗的钱，每天要雇用上千人，历时两个月才能够完成贡茶的制造。这里制造的茶叶不允许超过规定的数量，进贡后市场上几乎就没有这种茶叶了，所以人们很难得到。只有壑源那些地方烘焙的私茶，其中的绝品好茶也能比得上官焙的茶叶，从过去到现在，北苑的茶全部都进贡了，卖到各个地方的，都是私自烘焙的。""北苑在富沙的北面，隶属于建安县，离城里二十五里远的地方，就是制造贡茶的地方——龙焙，也叫凤凰山。

那里有一条小溪，往南流到富沙城的下面，才与西面来的水汇合在一起往东流去。"

车清臣的《脚气集》中记载：《毛诗》中说："谁谓荼苦，其甘如荠。"注：荼，就是苦菜。《周礼》中记载：端茶去做丧事，主要是因它的苦。苏东坡诗中说："周《诗》中记载茶叶很苦，但喝茶是从最近几年才开始的。"是把今天的茶认为是荼。茶叶，现在的人是用它来使头脑清醒的，从唐朝以来，自上而下人人都喜欢喝茶，就是普通的老百姓每天也要喝上几碗，怎么会是荼呢？比较粗糙的茶叫作荈。

宋子安的《东溪试茶录序》中记载：茶叶适合生长在高山的北面，并且早上有太阳照射的地方。从北苑的凤山，到南面的苦竹园，东南一直到远处的张坑头，都是又高且向阳的地方，每年很早的时候茶芽就长出，茶芽又肥又嫩，不是其他的地方所能够相比的。其次是壑源岭，地势很高且土地肥沃，烘出来的茶味道比其他地方烘焙得好。丁谓也说凤山高不过百丈，没有危峰和陡峭的岩壁，但是却绿翠环绕，气势很秀美，适合于各种有灵气的花草树木生长。又因为建安茶的品质天下第一，所以有人认为山川之间最美好的灵气，天地之间最调和的气氛，都在建安茶里面。又说石乳出自壑岭的断崖缺石之间，是草木的仙骨。近来蔡公也说："只有北苑的凤凰山一带烘焙出产的茶叶味道最好，所以各个地方都认为建茶最为有名，也都说的是北苑所产的茶。"

黄儒在《品茶要录序》中说：我曾经说陆羽的《茶经》里面没有把建安的茶叶排上名。这是因为从前喝茶的风气还不是很盛行，灵芽真笋往往腐烂掉而人们却并不知道去珍惜。自从我朝以来，各级官员接受上天的恩惠，歌舞升平的时间已经很长了。就算是出身寒门、衣冠很普通的人，也都喜欢喝茶。园林之间也互相摘英夸异，制桥出新，以迎合人们的喜好。所以上好的品种，才得以从草莽中脱颖而出，闻名天下。假如陆羽复生，看到这样好的茶叶，尝到这样美妙的茶叶，应该觉得很失落。因此想到草木这样的东西，有奇特品质的，未尝不是遇着时机然后兴起，何况是人呢！

苏轼在《书黄道辅品茶要录后》中说：黄君道，建安人，博学多才且能写得一手好文章，性格恬淡精深，是一个很有修养的人。他写了《品茶要录》十篇，中间的精妙之处，是陆羽以后谈论茶的人所不能达到的。如果不是心中平静没有什么欲求，没有其他的顾虑，又怎么能够将事物观察得这么仔细呢！

《茶录》中说：茶，古代没有听说有人食用，从晋、宋以后，吴地的人才采摘它的叶子煮好再饮用，叫作"茗粥"。

叶清臣在《煮茶泉品》中说：吴楚两地的山谷之间，空气清新土地肥沃，草木相当茁壮，生长着很多的茶叶。比武夷差的是白乳，比吴兴好的是紫笋，禹穴出产的以天章最为著名，钱塘的以径山最为稀有。至于桐庐的岩石，云卫的山脚，雅山出名于宣、歙，蒙顶流传于岷、蜀，各有区别，列举起来实在是太多了。

周绛在《补茶经》中说：芽茶只用来做早茶，驰奉万乘，尝到就可以了。如果是一旗一枪的茶，那就可以称得上是很奇特的茶了。

胡致堂说：茶叶，是我们每天都要用的东西，比酒还重要。

陈师道在《茶经丛谈》中说：茶，洪的双井，越的日注，不能辨别它们的前后，而非要给它们排序的，只是为了满足自己的心理而已。

陈师道在《茶经序》中说：写茶的著作是从陆羽开始的，喝茶的盛行也是从陆羽开始的，陆羽对茶的普及来说确实有功劳。上到皇宫和各省大员，下到乡里，外到异域他乡，祀礼请客，都把它摆在前面；山村和沼泽之地都成了集市，商贾因此而起家，对人又有功劳，可以说非常好了。《茶经》中说：辨别茶叶的好坏，有一定的诀窍。其实书中所说的，非常粗略。而茶叶的精妙之处，书上并不能完全说清楚，况且天下的真理，要想在文字和笔墨之间都得到，那又怎么可能呢？从前先王根据各人的实际而施以不同的教育方法，根据它的缺点来加以改进，只要是有益于人的，都不轻易放弃。

吴淑在《茶赋》中注解道：五花茶，它的叶子如同五朵花一样。

姚氏《残语》中记载：绍兴进贡茶叶，是从高文虎开始的。

王楙在《野客丛书》中说：人们说古代的茶，就是现在的茶。却不知道茶有好几种，并不是只有一种。《诗经》中说"谁谓荼苦，其甘如荠"，其实指的是苦菜，就像现在苦苣这类东西。《周礼》中的"掌荼"、毛诗中的"有女如荼"，说的都是苕荼那种茶，都是萑苇一类。只有荼槚那种茶，才是现在的茶。可是世人却并不知道分辨。

《魏王花木志》中记载：茶叶与栀子相似，可以煮好饮用。它的老叶称作荈，嫩叶称作茗。

《瑞草总论》中记载：唐宋以来，有贡茶，有榷茶。如果是贡茶，可以说明大家有爱君的心理。至于榷茶，那就是让官员得利，百姓遭殃了，它的危害还不止一点啊！

元熊禾在《勿斋集》中记载：北苑烘焙茶叶进贡已经很久了。茶贡没有列在《禹贡》《周·职方》里，而兴起于唐代，北苑又是最著名的。北苑在建城东面约二十五里的地方，唐朝末年的时候，百姓张晖才上表奏告。宋朝初年，丁谓任福建漕运史的时候，进贡的数量骤然增加，达到了几万斤。庆历承平之后，蔡襄继承了这种做法，制作得更为精良，建茶才成为天下最出名的茶。它的声名像显赫的高官一样，被大家所珍惜。欧阳修虽然实在不愿意这样，但是仍用诗歌赞美它。苏轼则直接指出它的不足。君子创立的法例可以继承，但是不能不慎重。

《说郛·臆乘》中记载：生产出的茶叶，六经上所记载的已经非常详尽了，但是唯独没有把异美的名字记录进去。唐宋以来，见诸诗文的茶的名称也很多，有很多相似的，像蟾背、虾须、雀舌、蟹眼、瑟瑟、沥沥、霭霭、鼓浪、涌泉、琉璃眼、碧玉池，都是茶事中天然形成的名字。

《茶谱》中记载：衡州的衡山，封州的西乡，把茶叶碾细制造，都制成了团，像月亮一样。还有彭州蒲村堋口，那里的茶园有"仙芽""石花"等称呼。

明代的人在《月团茶歌序》中说：唐代的人制茶的时候把茶碾成粉末，便于制成圆形，宋代的时候，制作更加精良，元代的时候，茶的制法就已经很绝妙了。我模仿它这样做，做得也很像，才开始领略到古代人咏茶诗中所说的"膏油首面""佳茗似佳人""绿云轻绾湘娥鬟"这样的句子。喝茶之余，做诗记下，并传播这样美好的事情。

屠本畯在《茗笈评》中说：人们只说茶叶香，但是却不知道茶花的香。我去年经过大雷山的朋友那里，当时正好是茶花开的时候，童子把茶花摘下来供养。那种幽香飘到了很远的地方，特别惹人喜爱，可惜它并不是小瓯中的物品。我写的《瓶史月表》，把插茶树花当作是非常高雅的行为。而高濂的《盆史》中也记载有"茗花足助玄赏"这样的句子。

《茗笈赞》一共有十六章：一是追溯它的历史，二说的是产地，三是说时机，四是谈论制作的方法，五是说贮藏茶叶，六说的是品水，七说的是火候，八说的是定汤，九说的是煮茶的方法，十说的是辨别器具，十一说的是各种禁忌，十二说的是防滥，十三说的是防止混淆，十四说的是相宜，十五说的是鉴定，十六说的是观赏。

谢肇淛在《五杂俎》中说：现在茶叶中品质好的，有松萝、虎丘、罗岕、龙井、阳羡、天池这些。而我们闽地的武夷、清源、彭山这三种，可以和它们一争高下。六安、雁宕、蒙山这三种，能够祛除人体内的积滞，但是色香却不够，应该算作是药里面的品种，而不是文房中的好品种。

《西吴被乘》中记载：湖人喝茶，不喜欢喝顾渚而偏好罗岕茶。但是上好的顾渚，其茶味已经远远好过龙井了。罗岕稍微清隽一点，但是叶子太粗还有草气。丁长孺曾经送半角罗岕茶给我，并且教给我烹煮的方法，我试了之后，觉得特别像羊公鹤。这是我所不能理解的。我品尝过的茶，以武夷、虎丘为第一，清淡而味久远。松萝和龙井要差一点，很香也很艳。天池就更差一些了，普通但不会令人厌烦。其他的就不值得一提了。

屠长卿在《考槃余事》中记载：虎丘茶是最精绝的，为天下第一，可惜出产的不多，都被豪门夺去了，像我们这样普通的人家是没办法得到的。天池青翠带有清香，喝着赏心，闻着都觉得能够解渴，可以称得是仙品。其他山上的茶叶，都应当排在它的后面。阳羡俗名叫罗岕，浙江长兴出产的很好，荆溪的要稍微差一点。精细的罗岕价钱是天池的两倍，可惜很难得到，还必须亲自收集采摘才好。六安那种也很好，用它做药物最好，但是如果不善于炒，就不能够让它里面的香气散发出来，喝起来就觉得苦涩，其实茶叶的本性是很好的。龙井山上不过只有几十亩茶叶，这之外的茶叶虽与龙井相似，但是都比不上这里的。大概是上天开了龙泓这样秀美的泉水，所以山灵又特地生出了这样好的茶叶用来陪衬。山中只有一两家，他们的炒法很精湛。近来有山里的和尚烘焙得也很巧妙，真正的龙井就是天池也比不上啊！天目与天池、龙井相比要差一点，不过也是好茶。《地志》中记载："山中天寒得早，山里的和尚到了九月就都不敢出来了。冬天来了之后经常下雪，三月以后道路才可以通行，所以这里的茶树比其他地方的萌芽要晚。"

包衡在《清赏录》中说：前人用陆羽喝茶与后稷树谷相比，直至看到韩翃的《谢赐茶启》里面这样说："吴王礼贤下士，才开始放置茶水；晋人比较好客，才有分茶的习惯。"才知道开创喝茶这种习俗的功劳，并不归于陆羽。如果说以前喝茶还没有普及的话，那么到现在喝茶已经有一千五百年的历史了。

陈仁锡在《潜榷类书》中记载："紫琳腴、云腴，都是茶的名称。""茶树开白色的花，冬天开的时候与梅花很像，也很清香。"［按：冒巢氏所著的《岕茶汇钞》中说："茶花的味道浓但是没有香味，香气都凝聚在叶子里面。"这两种说法不一样，怎么就只有岕与其他的茶不一样呢？］

《农政全书》中记载：六经中没有茶，茶就是茶。

《毛诗》中说："'谁谓荼苦，其甘如荠'，就是说它苦中带甜。""茶是一种很有灵气的植物，种茶能够得到很多益处，喝茶能使人精神清爽。上至王公贵族所崇尚，下到普通的老百姓也不能够缺少，这的确已经成了百姓每天生活的必需品了，对于国家的赋税也有帮助。"

罗廪在《茶解》中说：茶树不适合与不好的树木掺杂种植，只有古梅、丛桂、辛夷、玉兰、玫瑰、苍松、翠竹和它一起夹杂着种植，足以遮挡风霜雨雪和秋天的阳光了。茶的下面可以种上兰花、幽菊这些清淡芳香的植物。茶园最忌讳靠近菜地，因为这样难免会有渗漉，会伤害茶的本质。茶地向南的好，背阴的要差一点。所以同一座山中，茶都有好坏之分。

李日华的《六研斋笔记》中记载道：喝茶在唐朝末年的时候还不太盛行，不过只是隐士雅人摘于荒园杂秽中，撷取茶的精华，这样来自云露而又自然的味道。到了宋朝才有喝茶的讲究，也只是充当皇家的玉食，士大夫的珍品。渐渐地，民间喝茶的越来越多，茶也渐渐成了不能缺少的饮品。于是种植的人给它施肥浇水，等同于种植蔬菜，这样一来就损害了茶的品味。人们只知道陆羽到处品泉，却不知道他也到处搜集茶叶。皇甫冉在《送羽摄山采茶》诗中的几句话，就记载了这一点。

徐岩泉的《六安州茶居士传》中说：居士姓茶，族氏有很多，枝叶繁衍遍布天下。它在六安的一枝最出名，是大宗；阳羡、罗岕、武夷、匡庐这些，都是小宗，蒙山只不过是它的别枝罢了。

乐思白在《雪庵清史》中记载：茶能让人浑身轻松、脱胎换骨，解渴祛除烦恼，茶叶的功劳，非常神奇玄妙。以前在唐代，我们闽地的茶事还不兴盛，草木的灵性还没有完全显露出来。五代的时候，南唐在北苑采茶，喝茶的风气才开始盛行起来。等到宋朝至道初年的时候，奉旨制造，茶叶的品种也日渐增多。到了咸平、庆历年间，丁谓、蔡襄造茶进贡，茶的制作就更精细了。到了宋徽宗大观、宣和年间，茶叶的品质达到极致。悬崖峭壁的上面，树木葱翠、浮云缭绕，这种地方往往就容易出产灵异的东西。如果丁谓、蔡襄来到我们这里的话，那这些好的品种，又怎么会让它无端腐烂呢？虽然是这样，还是怕没有好的品种。但是如果它的品种很好，没有丁谓、蔡襄来到我们这里，这样灵芽真笋岂不是最终要烂掉。我们这里能够使人浑身轻松、脱胎换骨、祛除口渴烦恼的东西，难道只有茶这一种吗？只是散发出了它的灵气罢了。

冯时可所写的《茶谱》中记载：茶关键在采摘制作，苏州的茶叶天下人都喜欢喝，那是因为它赢在采摘制作方面。徽郡一向都没有好茶叶，近来所出产的松萝最为时尚。其实这种茶叶最初是和尚大方造的，大方在虎丘住了很久，得到了茶的真正采造技巧。后来他在安徽的松萝住下，从各座山里面采来茶叶，在庵里焙制，远近都来买，价格飞涨。人们称它为松萝，其实并不是松萝出产的。

胡文焕在《茶集》中说：茶叶是至清至美的东西，世上的人都不能够完全品出它的味道，而像我们这些凡夫俗子又不足以说这样的话。医生说，茶叶是寒性的，会伤害人的脾胃。可是我有很多种病痛，还必须用茶水来做药引子，一直很有效。哎！如果不是缘自其本身的品性，又哪来这样的功用呢！

《群芳谱》中说：蕲州蕲门的团黄，有一旗一枪的称号，也就是一叶一芽。欧阳修的诗里有"共约试新茶，旗枪几时绿"的句子。王荆公在《送元厚之》中有"新茗斋中试一旗"这样的句子。大家都说茶刚长出来的嫩芽是一枪，叶子大开的是一旗。

鲁彭在《刻〈茶经〉序》中说：为茶叶作书，是很重要的。现在重新印制，便于大家阅览。在竟陵刻印是因为陆羽是竟陵人。陆羽天生就不同于一般人，与尹子文很类似。别人都说，尹子文贤明所以才能做官，而陆羽虽然也很出众，但最终没有走仕途之道。现在看这三篇《茶经》，是具体使用的学问。人们说的伊公羹、陆氏茶，都是取自这里，其实是用自己来做比喻。所谓换了地方也是这样，并不是的。后来喝茶的风俗风行中外。而且回纥还用马来换取茶叶，从宋朝到现在，对边塞很有帮助。那么陆羽的功劳，当然就能永垂千古了，当不当官也就没有必要再去讨论了。

沈石田在《书岕茶别论后》中说：以前的人咏叹梅花说"香中别有韵，清极不知寒"，担得上这种赞美的只有岕茶了。像福建的清源、武夷，吴郡的天池、虎丘，武林的龙井、新安的松萝、匡庐的云雾，它们的名气虽然很大，但是还是不能和岕茶相比。顾渚每年进贡三十二斤茶叶，那就是说岕茶在本朝的初年，就已经受到重视了。到了今天，越来越盛行，身价越来越高。岕既得到了圣人之清，又得到了圣人之时，蒸、采、烹、洗，都与古代的做法不一样。

李维桢在《茶经序》中说：陆羽所写的《君臣契》三卷，《源解》三十卷，《江表四姓谱》十卷，《占梦》三卷，没有完全流传下来，而独独只有《茶经》流传下来了，这难道不是因为其他的书别人都有，而只有这本书是有自己特色的，所以更容易出名吗？太史公说："富贵但是名声不好的人，多得简直没有办法计算，只有特别风流倜傥的人才能被人称颂。"陆羽一生都非常贫困，但是他的著作和足迹却留了下来，为后世的人们尊崇。他的风范足以教育后世，实在是不可缺少啊。

杨慎的《丹铅总录》说：茶也就是古代的荼字。周《诗》中记有荼苦，《春秋》写作奇荼，《汉志》写为荼陵。颜师古、陆德明虽然已改成了茶的读音，却没有改变荼字。到了陆羽的《茶经》、玉川的《茶歌》、赵赞的《茶禁》以后，才把荼改成茶。

董其昌的《茶董题词》中记载：荀子说："那些活在世上有很多闲暇时间之人，他们即使能超越别人也不会走得很远。"陶通明说："不做没有益的事情，怎么能够让漫长的一生充满快乐呢？"我认为喝茶这件事，完全可以担当。所以说幽人雅士，脱离势利，用茶来消耗雄心壮志而消磨岁月。水源的好坏，可以品出它的出处，火候的大小，在丹鼎中调试。不是非常亲密的伴侣不算亲近，不是文雅的饮法不能与它们相比。现在这样的事情，也只允许夏茂卿做了。顾渚、阳羡，肉食者向往，茂卿怎么能够禁止得了呢？这就好比强笑不乐，强颜无欢，茶的韵味就在于自胜。我一直保持这样的节操，到山里隐居十年，才不辜负茂卿所说。现在的人进入福建，心里想着龙凤茶，对它垂涎万分，这样想着，哪里还要有什么作为，像廉颇想被赵国所用那样呢？只是《绝交书》上所说的"如果你心里觉得不耐烦的话，那么所掌管的事情又怎么能够弄得好呢"那就辜负了这么好的茶叶了。茂卿是能够理解我的心境的！

童承叙在《题陆羽传后》中说：我曾经路过竟陵，在陆羽的寺庙里休憩停留，去了雁桥，看了茶井，心里面特别想见他本人。陆羽不在乎艰苦和贫穷，只是特别爱好过清淡的生活，他本来不是避世的人。他之所以寄号桑苎，遁迹山林，特立独行，然后又忍不住痛哭，一定有他的用意。当时的那些人，怎么能够理解他呢？直到他醉心茶叶，辨别水质，清风雅趣，流传到了今天。张颠对于酒的喜好，昌黎认为他是有所寄托才逃避的，陆羽可能也是这样吧！

《谷山笔麈》中写道：茶在汉朝以前还没有记载，大概所说的槚就是茶吧。李贽认为，古代的人冬天喝汤，夏天喝水，没有茶。李文正在《资暇录》中说："茶叶开始于唐朝崔宁年间，黄伯思已经能够辨别它的好坏，伯思曾经看见了北齐杨子华画的《邢子才魏收勘书图》，画上已经有煎茶的人了。"《南窗记谈》中说："喝茶开始于梁代天监年间，相关事情可以看《洛阳伽蓝记》。等到看了《吴志·韦曜传》，里面赏赐茶水当酒，那么说茶又并不是从梁朝开始的了。"我认为喝茶也不是从吴时开始的。《尔雅》中说："槚，苦茶。"郭璞注解说："可以作为羹来喝。采得早的是茶，采得晚的是茗，也叫荈。"那么就是说，吴以前就已经用茶泡水了。到了后来，就成了每天不可缺少的东西了。自从有了陆羽，才有制茶的方法。从吕惠卿、蔡君谟这些人开始，茶的做法越来越精细。而茶对国家的贡献也由此而来。这些都是古代的人所没有详细说明的。

王象晋的《茶谱小序》中记载：茶树，是一种优良的植物。一旦种下了之后就不能再移植了，所以在婚礼上用茶，这是为了取从一而终这层意思。虽然最早见诸书籍的是《食经》，从隋帝的时候才开始喝茶，但是喜欢的人很少。后来到了唐朝才开始兴起，到宋朝的时候就很兴盛了，茶才被人们所重视。仁宗是一位贤明的君主，赏赐给两府茶饼，四个人才两块，一个人才分得了几钱。宰相也不敢随便碾了喝，把它藏起来当作珍品，它贵重到了这种程度。近来蜀地的蒙山茶，每年所产只能用两计。江苏的虎丘，到了时候官府也提前封识，公家去进行采摘，所能得到的也不过几斤。这就是说，天地之间所生产的好东西数量是有限的。杯冷碧波，碾飞绿屑，不借助这么好的东西，怎么可以驱除睡魔？所以写了《茶谱》。

陈继儒的《茶董小序》中记载：范希文说："万象森罗之中，怎么知道没有茶星呢！"我用茶星来作为客厅的名字，每当与客人一起品茶，风味天然，颜色和香味都散发出来了。如果陆羽在世的话，还忍心作《毁茶论》吗？夏茂卿说酒，他的语气特别自豪。我说，何不弃官归隐山林，在这样的山林涧水之间，采摘嫩芽，煮成好茶，一洗百年肠胃之中的沉积呢？热肠如沸，茶比不上酒；说到清幽雅致，那酒就比不上茶了。如果说酒如同侠士，那么茶就如同隐士。酒虽然很有劲道，茶的品德也很好。茂卿是茶的董狐，因此就做了《茶董》。东佘陈继儒写于素涛轩。

夏茂卿《茶董序》中写道：从晋唐以后，大家一起聚会，各自举行比赛，品尝水的出产地，就像史官商董一样评判，于是便作了《茶董》。里面说："穷《春秋》，演河图，不如载茗一车"，这确实过于言重了。如果说茶的面貌最冷峻，而且把它称为水厄，还被认为是乳妖，那就恳求大家不要效仿这样的事情。冰莲道人记。

《本草纲目》中记载：石蕊，也称作云茶。

卜万祺《松寮茗政》中记载：虎丘茶，颜色和香味都很好，简直没有东西可以比拟的。必须亲自到出产茶叶的地方，用手采摘，才可以得到它的正品。而且很难保存，就算非常爱护，采摘时间稍过就完全失去了它最初的内蕴。就像天上的彩云容易扩散，所以并不把它拿上去进贡。况且山林空地所出产的不多，而且还被官家所掠夺，寺庙里的和尚总是喜欢在里面掺杂上赝品，不是行家恐怕是不能够判别的。明朝万历年间，寺庙里的和尚苦于被官吏搜刮，几乎一点都没有了，文肃公震孟写了《薤茶说》来讽刺它。到现在，真正的虎丘茶也不容易得到。

袁了凡的《群书备考》中记载：茶的名字，最初见于王褒的《僮约》。

许次杼《茶疏》中说：唐朝的人最重视阳羡，宋朝人最重视建州。现在的贡茶，这两个地方最多。阳羡仅仅有它的名气，建州也有上好的品种，只有武夷雨前的茶叶是最好的。现在人所崇尚的，是长兴的罗岕，有人怀疑这就是古时候的顾渚紫笋。虽然岕茶有很多地方出产，现在只有峒山的最好。姚伯道说："明月之峡，厥有佳茗。雅致清远，味道香甜，绝对可以称为是仙品。它在顾渚也有好的品种，现在把它叫作水口茶，都是因为要和岕茶相区别。如安徽歙州的松萝，吴地的虎丘，杭州的龙井，都可以与岕茶相比。"郭次甫特别称赞黄山茶，黄山也在歙州，但是和松萝比起来却差得远了。以前的人都很重视天池，但是如果喝多了的话，就会觉得腹部胀满。浙江出产的雁宕、大盘、金华、日铸，都跟武夷的不相上下。钱塘各山出产的茶叶最多，南面山上的都是好茶，北面山上略微差一点。除了武夷以外，还有泉州的清源，如果是好手制作的话，也能跟武夷相比。可惜多半都焦枯了，令人不是很满意。楚地所出产的宝庆，云南所出产的五华，都特别有名，品质在雁茶之上。其他名山所出产的茶叶，应该还不止这么多，或者我还不知道，或者还没有出名，所以就没有谈到。

李诩在《戒庵漫笔》中说：从前的人论茶，认为旗枪最好，而不取雀舌、麦颗。茶如果叶细小，就容易夹杂其他树上的叶子，也就很难辨认了。被称为旗枪的，也就是现在所叫的壶蜂翅。

《四时类要》中记载：茶籽在寒露的时候收回来晒干，用湿的沙土把它搅匀，放在筐笼里面，用稻草盖在上面，这样就不会冻坏从而不长。到二月中旬的时候取出来，用糠和焦土种下。在树下或者背阴的地方挖一个坑，圆三尺，深一尺，挖好之后，放进粪和土，每一个坑里面种下六七十粒种子，盖上一寸厚的土，隔二尺，就可以再种一丛。茶的本性怕湿，又怕太阳，大多适合在山中的斜坡、高而陡峭的山坡、走水的地方种植。如果是平地，那就需要挖很深的沟来放水，三年后就可以采收茶叶。

张大复在《梅花笔谈》中说：赵长白所著的《茶史》，考证和修订得都很详细，了解茶事都可以在里面查找。龙团、凤饼、紫茸、拣芽，绝对不可以用在现在。我曾经讨论当今之世，难于动笔而使很多东西失传了，茶越贵越能品尝出其中的味道。天下的事情没有不亲自尝试就能得出的。

文震亨在《长物志》中说：从古到今谈论茶的，不止几十家，像陆羽的《茶经》，蔡襄的《茶录》，可以说是非常好的了。但是当时的做法是把它碾熟，做成丸子，很坚硬，所以又叫作"龙凤团""小龙团""密云龙""瑞云翔龙"。到了宣和年间，才开始以白色的茶为贵。漕臣郑可简最先制造了银丝水芽，把茶剔除叶子取出它的心，用清水洗干净，放进龙脑等香料，只有新小龙蜿蜒其上，被称为"龙团胜雪"。当时以为这种制作方法不会再改变，到我朝又变得不同了。它的烹制方法，也和前人的不一样。并且方法更加的简便，天然的香味都补充进去了，可以说是尽得茶叶的味道。而至于洗茶、候汤、选择器具，都有各自的方法，更不要多说乌府、云屯这些名目了。

《虎丘志》中说：冯梦桢说："徐茂吴品尝茶，认为虎丘茶是第一。"

周高起在《洞山茶系》中说：岕茶是茶叶之中的上好品种，虽然这是近几十年的事，但是最初产自卢仝隐居的洞山，种在北面的山岭上，所以才有茗岭这样的称呼。传说古时候的汉王，住在茗岭的南面，令书童专门艺茶，尝出了卢仝的幽致，所以山南面所出产的岕茶，香味比茗岭的更好。所以老庙后面一带的茶叶，都是唐宋时期留下来的品种。洞山茶现在已经没有了。

徐在《茶考》中说：根据《茶录》等书的说法，闽中所出产的茶叶以建安北苑的为最好，壑源等地方的差一点，武夷的名字还没有听说过。但是范文正所著的《斗茶歌》中说："溪边奇茗冠天下，武夷仙人从古栽。"苏文忠公说："武夷的溪水边有茶芽，丁谓和蔡襄先后加以种植。"也就是说武夷茶在北宋就已经很出名了，只是没有流传下来而已。但是宋朝和元朝所制造的团状茶叶似乎失去了它本来的味道。现在的灵芽仙尊，香味和颜色特别清新，是闽中最好的。至于北苑的壑源，又埋没无名了。难道山林的秀美、造物的美妙，有时候也会发生变化吗？

劳大与所著的《瓯江逸志》中有这样的记载：茶叶并不是瓯出产的，但是瓯也出产茶叶，所以从前也把它用来充当贡品，直到现在仍然没有被废除。张罗峰掌权的时候，只要是瓯中所进贡的物品都清理出来，只留下了茶叶。如果在早春的时候采摘，可以使它变得清香无比，而且每年所花费的气力不多，姑且存留下来，略微表达进献的心意。到了后来办理的时候，收取变得没有节制，恣意妄取，上面是一，下面是十，因而种茶的茶农们就怨声四起。希望这里的官员，不要擅自索要，也就不至于给老百姓造成太大的灾害。

《天中记》中记载：要想种茶树一定要先下种子，茶树移植之后就不可能再成活了。所以说娶媳妇必须要用茶叶作为礼物，也是取它的从一而终之意。

《事物记原》中记载：榷茶兴起于唐朝建中、兴元年间。赵赞、张滂建议收取其十分之一的税收。

《枕谭》中说：古代的书中有："茶树初采为茶，老为茗，再老的为荈。"现在则统一称作茗，应该是用错了的原因。

熊明遇在《岕山茶记》中说：产茶的地方，山上夕阳照的地方比朝阳照的地方要好，庙后山向西，所以茶好。但总也比不上洞山南面的，因为阳光充足，所以产的茶被称为仙品。

冒襄《岕茶汇钞》中说：平地出产的茶叶，受到的土气太多，所以质地浑浊。岕茶产于高山，经历了风霜雨露的洗礼，所以是好茶。

吴拭说：武夷茶被欣赏是从蔡君谟开始的，说它的味道比北苑、龙团的要好，周右文却特别贬低它。只是因为山中的人不懂得它的焙制方法，一味追求利益导致这种错误。我曾经试着采摘了一点，用松萝的方法来焙制，汲取虎啸岩下的语儿泉水烹制，三种优点都具备了，带云石而又有香甜的气味。于是分了几百片送给右文，等茶泡好了，再洒一杯在地上，以报君谟地下有知。

释超全在所著的《武夷茶歌注》中说：建州有一位老人最早进献山上的茶叶，据说死后变成了山神，喊山茶就是从此而生的。

《中原市语》中记载：茶又被称作渲老。

陈诗教《灌园史》：我曾经听山里面的和尚说：几颗茶籽落到地上，一旦生长出来，就像连理一样，因此婚嫁的时候用茶，就是用这里面同根的意思。以前听说茶树不能移植，竟然有移植了之后仍然活着的，由此可知这种说法也只是捕风捉影而已。

唐朝的李义山认为对着花喝茶是煞风景的事情。我在口渴的时候，何止喝七碗，如果花神知道的话，应该不会怪罪于我的。

《金陵琐事》中记载：茶叶有肥有瘦，云泉道长说："凡是茶叶肥厚的，味道很甜，但是不香。茶叶瘦小的就显得苦涩，但苦的则香。这又是《茶经》《茶诀》《茶品》《茶谱》之中所没有记录的。"

野航道人朱存理说："首先用来喝的是茶，而茶在《禹贡》里面看不到，所以全民都喝却不为谋利。后世制定榷茶的制度，并不是古人真正的意思。陆羽写《茶经》、蔡君谟写《茶谱》。孟谏议寄给庐玉川的三百月团，后来奢侈到用龙凤装饰，应该责备于君谟。然而清逸高远，上到王公贵族，下到平常百姓，也是一件很雅致的事情。"

佩文斋《广群芳谱》中记载：茗花就是所喝茶的花，花为月白色的，蕊是黄色的，隐约有清香，用瓶子养在书斋里，可以作为清供佳品。而且花蕊在枝条的上面，全部都开满了。

王新城《居易录》中说：广南人把作为茶叶。我写了《皇华记闻》。看到《道乡集》里面有《张纠送吴洞》绝句说："茶选修仁方破碾，鼗分吴洞忽当筵。君谟远矣知难作，试取一瓢江水煎。"这是志完迁到昭平时候做的。

《分甘余话》中说：宋朝的丁谓任福建转运使的时候，才开始制造"龙凤团"茶叶上供，也不过四十块。天圣年间，又制造了小团，它的品质超过大团。神宗的时候，命令制作"密云龙"，它的品质又胜过小团。元祐初年，宣仁皇太后说："让建州以后不准再制造'密云龙'了，也不要团茶，选择好的茶叶来吃，生得甚好意智。"

宣仁改变了熙宁时的方法，这是小事情。根据这种说法，实在应该为世代所效仿。官绅世家，膏粱子弟，尤其不能不知道啊。因此记录在此。

《百夷语》中记载：茶又称为芽。把粗茶称为芽以结，细茶称为芽以完。缅甸又把茶叶叫作腊扒，喝茶说成是腊扒仪索。

徐葆光的《中山传信录》中说：琉球把茶叫作札。

《武夷茶考》中说：丁谓制造"龙团"，蔡忠惠制造"小龙团"，都是北苑的事情。武夷进贡，是从元代时候浙江省平章高兴那个时候开始，但是谈论的都是丁谓、蔡君谟。苏文忠公的诗中说："武夷的溪边有茶叶，丁谓、蔡襄先后在那里种植过。"到北苑进贡的时候，武夷茶叶已经得到这两人的欣赏了。到了高兴、武夷进贡之后，北苑慢慢地就不怎么听说了。古人说，茶这种东西，能够祛除疲劳，驱除体内的残留物体，对于我们的学习，处理政务来说不一定没有好处，它们与进献的荔枝、桃花不一样。但是和它们相同之处在于，都是宦官、宫内的妃嫔们所喜欢的。蔡忠惠以正直闻名，与范、欧相似，而献茶这件事情却与晋公不相上下。君子的举措，难道可以不慎重吗？

《随见录》中说：按照沈括《梦溪笔谈》中所说的："建茶都是乔木，吴、蜀只是草根罢了。"根据我所见过的武夷的茶树，也都是丛生的草根，最终也没有乔木，难道沈括没有到过建安吗？也许当时的北苑与现在的武夷有所不同吧！《茶经》中说："巴山、峡川有两人合抱者"，又跟吴、蜀丛生草根的说法不一样。姑且放在这里以供参考。

《万姓统谱》中记载：汉朝的时候有茶恬，来自于《江都易王传》。根据《汉书》中的茶恬苏林说，"茶"的发音是食邪反切，那么茶本来就有两种读音，到了唐朝才把茶和茶分开。

焦氏说：茶又叫玉茸。〔补〕

二茶之具

《陆龟蒙集·和茶具十咏》

※ 原文

茶 坞

茗地曲隈回，野行多缭绕。

向阳就中密，背涧差还少。

遥盘云髻慢，乱簇香篝小。

何处好幽期，满岩春露晓。

茶 笋

所孕和气深，时抽玉苕短。

轻烟渐结华，嫩蕊初成管。

寻来青霭曙，欲去红云暖。

秀色自难逢，倾筐不曾满。

茶　舍

旋取山上材，架为山下屋。

门因水势斜，壁任岩隈曲。

朝随鸟俱散，暮与云同宿。

不惮采掇劳，只忧官未足。

茶　人

天赋识灵草，自然钟野姿。

闲来北山下，似与东风期。

雨后探芳去，云间幽路危。

惟应报春鸟，得共斯人知。

茶　籯

金刀劈翠筠，织似波纹斜。

制作自野老，携持伴山娃。

昨日斗烟粒，今朝贮绿华。

争歌调笑曲，日暮方还家。

茶　灶

［经云："灶无突"。］

无突抱轻岚，有烟映初旭。

盈锅玉泉沸，满甑云芽熟。

奇香袭春桂，嫩色凌秋菊。

炀者若吾徒，年年看不足。

茶　焙

左右捣凝膏，朝昏布烟缕。

方圆随样拍，次第依层取。

山谣纵高下，火候还文武。

见说焙前人，时时炙花脯。

［紫花，焙人以花为脯。］

茶 鼎

新泉气味良，古铁形状丑。

那堪风雨夜，更值烟霞友。

曾过赪石下，又住清溪口

［赪石、清溪，皆江南出茶处。］

且共荐皋庐［皋庐，茶名］，何劳倾斗酒。

茶 瓯

昔人谢墡，徒为妍词饰。［《刘孝威集》有《谢坯墡启》］

岂如圭璧姿，又有烟岚色。

光参筋席上，韵雅金罍侧。

直使于阗君，从来未尝识。

煮 茶

闲来松间坐，看煮松上雪。

时于浪花里，并下蓝英末。

倾余精爽健，忽似氛埃灭。

不合别观书，但宜窥玉札。

※ **译文**

（略）

《皮日休集·茶中杂咏·茶具》

※ **原文**

茶 籝

筤篃晓携去，蓦过山桑坞。

开时送紫茗，负处沾清露。

歇把傍云泉，归将挂烟树。

满此是生涯，黄金何足数。

茶 灶

高山茶事动，灶起岩根傍。

水煮石发气，薪燃杉脂香。

青琼蒸后凝，绿髓炊来光。

如何重辛苦，一一输膏粱。

茶 焙

凿彼碧岩下，恰应深二尺。

泥易带云根，烧难碍石脉。

初能燥金饼，渐见干琼液。

九里共杉林［皆焙名］，相望在山侧。

茶 鼎

龙舒有良匠，铸此佳样成。

立作菌蠢势，煎为潺湲声。

草堂暮云阴，松窗残月明。

此时勺复茗，野语知逾清。

茶 瓯

邢客与越人，皆能造前器。

圆似月魂堕，轻如云魄起。

枣花势旋眼，苹沫香沾齿。

松下时一看，支公亦如此。

※ 译文

（略）

※ 原文

《江西志》：余干县冠山有陆羽茶灶。羽尝凿石为灶，取越溪水煎茶于此。

陶谷《清异录》：豹革为囊，风神呼吸之具也。煮茶啜之，可以涤滞思而起清风。每引此义，称之为水豹囊。

《曲洧旧闻》：范蜀公与司马温公同游嵩山，各携茶以行。温公取纸为帖，蜀公用小木合子盛之，温公见而惊曰："景仁乃有茶具也。"蜀公闻其言，留合与寺僧而去。后来士大夫茶具，精丽极世间之工巧，而心犹未厌。晁以道尝以此语客，客曰："使温公见今日之茶具，又不知云如何也。"

《北苑贡茶别录》：茶具有银模、银圈、竹圈、铜圈等。

梅尧臣《宛陵集·茶灶》诗："山寺碧溪头，幽人绿岩畔。夜火竹声干，春瓯茗花乱。兹无雅趣兼，薪桂烦燃爨。"又《茶磨》诗云："楚匠斫山骨，折檀为转脐。乾坤人力内，日月蚁行迷。"又有《谢晏太祝遗双井茶五品茶具四枚》诗。

《武夷志》：五曲朱文公书院前，溪中有茶灶。文公诗云："仙翁遗石灶，宛在水中央。饮罢方舟去，茶烟袅细香。"

《群芳谱》：黄山谷云："相茶瓢与相筇竹同法，不欲肥而欲瘦，但须饱风霜耳。"

乐纯《雪庵清史》：陆叟溺于茗事，尝为《茶论》，并煎炙之法，造茶具二十四事，以都统笼贮之。时好事者家藏一副，于是若韦鸿胪、木待制、金法曹、石转运、胡员外、罗枢密、宗从事、漆雕秘阁、陶宝文、汤提点、竺副帅、司职方辈，皆入吾籝中矣。

许次纾《茶疏》："凡士人登山临水，必命壶觞，若茗碗薰炉，置而不问，是徒豪举耳。余特置游装，精茗名香，同行异室。茶罂、铫、注、瓯、洗、盆、巾诸具毕备，而附香奁、小炉、香囊、匙、箸。……未曾汲水，先备茶具，必洁，必燥。瀹时壶盖必仰置，磁盂勿覆案上。漆气、食气，皆能败茶。"

朱存理《茶具图赞序》：饮之用必先茶，而制茶必有其具。赐具姓而系名，宠以爵，加以号，季宋之弥文；然精逸高远，上通王公，下逮林野，亦雅道也。愿与十二先生周旋，尝山泉极品以终身，此间富贵也，天岂靳乎哉！

审安老人茶具十二先生姓名：

韦鸿胪丈鼎：景旸，四窗闲叟；

木待制利济：忘机，隔竹主人；

金法曹研古：元锴，雍之旧民；

铄古：仲鉴，和琴先生；

石转运凿齿：遄行，香屋隐君；

胡员外惟一：宗许，贮月仙翁；

罗枢密若药：传师，思隐寮长；

宗从事子弗：不遗，扫云溪友；

漆雕秘阁承之：易持，古台老人；

陶宝文去越：自厚，兔园上客；

汤提点发新：一鸣，温谷遗老；

竺副帅善调：希默，雪涛公子；

司职方成式：如素，洁斋居士。

高濂《遵生八笺》：茶具十六事，收贮于器局内，供役于苦节君者，故立名管之。盖欲归统于一，以其素有贞心雅操，而自能守之也。商像，古石鼎也，用以煎茶。降红，铜火箸也，用以簇火，不用联索为便。递火，铜火斗也，用以搬火。团风，素竹扇也，用以发火。分盈，挹水勺也，用以量水斤两，即《茶经》水则也。执权，准茶秤也，用以衡茶，每勺水二斤，用茶一两。注春，磁瓦壶也，用以注茶。啜香，磁瓦瓯也，用以啜茗。撩云，竹茶匙也，用以取果。纳敬，竹茶囊也，用以放盏。漉尘，洗茶篮也，用以浣茶。归洁，竹筅帚也，用以涤壶。受污，拭抹布也，用以洁瓯。静沸，竹架，即《茶经》支镀也。运锋，剞果刀也，用以切果。甘钝，木砧墩也。

王友石《谱》：竹炉并分封茶具六事：苦节君，湘竹风炉也，用以煎茶，更有行省收藏之。建城，以箬为笼，封茶以贮庋阁。云屯，磁瓦瓶，用以勺泉以供煮水。水曹，即瓷缸瓦缶，用以贮泉以供火鼎。乌府，以竹为篮，用以盛炭，为煎茶之资。器局，编竹为方箱，用以总收以上诸茶具者。品司，编竹为圆撞提盒，用以收贮各品茶叶，以待烹品者也。

屠赤水《茶笺》：茶具：湘筠焙，焙茶箱也。鸣泉，煮茶瓷罐。沉垢，古茶洗。合香，藏日支茶瓶，以贮司品者。易持，用以纳茶，即漆雕秘阁。

屠隆《考槃余事》：构一斗室相傍书斋，内设茶具，教一童子专主茶役，以供长日清谈，寒宵兀坐。此幽人首务，不可少废者。

《灌园史》：庐廷璧嗜茶成癖，号茶庵。尝蓄元僧讵可庭茶具十事，具衣冠拜之。

王象晋《群芳谱》：闽人以粗瓷胆瓶贮茶。近鼓山支提新茗出，一时尽学新安，制为方圆赐具，遂觉神采奕奕不同。

冯可宾《岕茶笺·论茶具》：茶壶，以窑器为上，锡次之。茶杯汝、官、哥、定如未可得，则适意为佳耳。

李日华《紫桃轩杂缀》：昌化茶大叶如桃枝柳梗，乃极香。余过逆旅偶得，手摩其焙甄三日，龙麝气不断。

瞿仙云：古之所有茶灶，但闻其名，未尝见其物，想必无如此清气也。予乃陶土粉以为瓦器，不用泥土为之，大能耐火。虽猛焰不裂，径不过尺五，高不过二尺余，上下皆镂铭、颂、箴、戒。又置汤壶于上，其座皆空，下有阳谷之穴，可以藏瓢瓯之具，清气倍常。

《重庆府志》：涪江青蟆石为茶磨极佳。

《南安府志》：崇义县出茶磨，以上犹县石门山石为之尤佳。苍翳缜密，镌琢堪施。

闻龙《茶笺》：茶具涤毕，覆于竹架，俟其自干为佳。其拭巾只宜拭外，切忌拭内。盖布帨虽洁，一经人手极易作气。纵器不干，亦无大害。

《江西志》：余干县冠山有陆羽的茶灶。陆羽曾在这里凿石造灶，他取来越溪的水在这里煎茶。

陶谷《清异录》：用豹革做成囊，这是传说中风神用来盛风的工具。用来煮茶，喝后可以消除疲劳，使人神清气爽。根据此义引申，称它为水豹囊。

《曲洧旧闻》：范蜀同司马温一起到嵩山游玩，每个人都带着茶叶。司马温用纸当帖子包茶，范蜀用小木盒装茶，司马温看见后惊叹道："景仁才叫有茶具啊！"范蜀听他这么说，把盒子留给寺庙里的和尚就走了。后来仕宦家的茶具，精美程度可以穷尽世间一切的精巧，但仍觉不够。晁以道曾经跟客人谈起此事，客人说："如果司马温见到今天的茶具，不知道又会说些什么。"

《北苑贡茶别录》：茶具中有银制的模子、银制的圈、竹子做的圈、铜制的圈等。

梅尧臣在《宛陵集·茶灶》里有诗说："山寺碧溪头，幽人绿岩畔。夜火竹声干，春瓯茗花乱。兹无雅趣兼，薪桂烦燃爨。"描写了在深山古寺前的溪水岩畔，凿石为灶，燃竹煮花的情景，形象十分生动。又在《茶磨》诗中说："楚匠斫山骨，折檀为转脐。乾坤人力内，日月蚁行迷。"又有《谢晏太祝遗双井茶五品茶具四枚》诗，都很有意境。

《武夷志》中记载：五曲朱文公书院前，在溪水中建起了茶灶。文公诗云："仙翁遗石灶，宛在水中央。饮罢方舟去，茶烟袅细香。"

《群芳谱》中记载：黄山谷说："选茶瓢和选笕竹的方法相同，不应该选过粗而应该选细小的，但必须是饱经风霜的老竹。"

乐纯在《雪庵清史》中说：陆羽沉溺在茶事里，曾写过茶论、煮茶的方法和制造茶器的二十四种说明，都是比较系统的论述。有好事的人家里藏有一副，于是像韦鸿胪、木待制、金法曹、石转运、胡员外、罗枢密、宗从事、漆雕秘阁、陶宝文、汤提点、竺副帅、司职方等，都在我的收藏范围内。

许次杼所著《茶疏》说："只要是文人雅士游山玩水，一定会带酒壶和酒杯，至于茶碗薰炉放在一旁不加理睬，这只是豪饮之旅罢了。我特意准备了出行的服装，精选茶叶，一起出行。茶罂、铫子、注、茶瓯、洗、盆、毛巾等物一应俱全，再加上香匣子、小炉、香囊、匙、筷子。……打水之前，先把茶具准备好，必须是清洁、干燥的。冲茶时必须把壶盖仰放在桌上，磁杯不要扣在案台上。否则油漆的气味、食物的气味，都会破坏茶的本味。"

朱存理《茶具图赞序》中讲：饮用的物品中茶叶是首选，而制作茶叶必须要有工具。这些用具都被赐了姓名，加爵冠号，都是宋代流行的文字，清逸高远。上自王公贵族，下到山野村夫，都把它奉为高雅之道。我希望用十二种茶具，品尝到山泉中的极品，并以此终老此生，这样的富贵，上天不会吝惜而不给予吧！

审安老人这十二种茶具的名称。韦鸿胪丈鼎：名景旸，号四窗闲叟；木待制利济：名忘机，号隔竹主人；金法曹研古：名元锴，号雍之旧民；铋古：名仲鉴，号和琴先生；石转运凿齿：名遄行，号香屋隐君；胡员外惟一：名宗许，号贮月仙翁；罗枢密若药：名传师，号思隐寮长；宗从事子弗：名不遗，号扫云溪友；漆雕秘阁承之：名易持，号古台老人；陶宝文去越：名自厚，号兔园上客；汤提点发新：名一鸣，号温谷遗老；竺副帅善调：名希默，号雪涛公子；司职方成式：名如素，号洁斋居士。

高濂在《遵生八笺》中写道：十六种茶具，全部贮藏到箱子里面，以供烹茶时使用，将每种茶具命上名字方便管理。之所以将它们放到一起，因为它们一向有很好的品质能够坚守。商像，古代石制的鼎，可以煎茶。降红，铜筷子，可以拢火，不连起来用方便。递火，就是铜火斗，可以搬火。团风，就是竹扇，可以扇风。分盈，就是水勺，用来度量水的多少，就是《茶经》中水的标准。执权，就是称茶的秤，用来称量茶的重量，每勺水有二斤，可以用茶叶一两。注春，就是瓷瓦壶，可以倒茶。啜香，瓷瓦瓯，可以喝茶。撩云，竹子做的匙，可以取果子。纳敬，竹子做的茶盘，可以放茶杯。漉尘，就是洗茶的器具，可以洗茶。归洁，竹制的扫帚，可以清洗茶壶。受污，擦拭的抹布，可以清洁茶瓯。静沸，竹架，就是《茶经》里面的支镀。运锋，就是果刀，可以切果子。甘钝，就是砧墩。

王友石《谱》中记载：竹炉和茶具共六种：苦节君，就是湘竹做的风炉，可以煎茶，也有人喜欢收藏它。建城，用竹子做的笼子，可以将茶叶放在中间的阁子里。云屯，瓷瓦瓯，用于舀泉水来烧水的。水曹，就是瓷瓦锅，用来储存泉水以供煮茶时用。乌府，用竹子做的篮子，可以装煎茶时烧火的木炭，是煎茶必备的材料。器局，用竹子编成的方形箱子，将上面所有的茶具收到里面。品司，用竹子编成的圆形的可以提的盒子，可以装各种茶叶，以便用来煮茶。

屠赤水在《茶笺》中说：茶具：湘筠焙，烘焙茶叶的箱子。鸣泉，煮茶的瓷罐。沉垢，古代洗茶的用具。合香，收藏日常用的茶瓶时，用它来装茶具。易持，用来装茶叶的，就是漆雕秘阁。

屠隆在《考槃余事》中说：在靠近书房的小屋里，置办一套茶具，让一个童子专门负责煮茶，以便长日清谈，寒宵夜读。这是文人雅士不能缺少的。

《灌园史》记载：庐廷璧好茶成瘾，号为茶庵。他曾经收藏元代和尚讵可庭茶具十件，整理好衣冠参拜。

王象晋的《群芳谱》中记载：福建人用粗瓷胆瓶装茶。最近鼓山支提有了新茶叶，顿时全都学习新安，制成方形和圆形的茶具，就觉得神采奕奕与众不同。

冯可宾的《岕茶笺·论茶具》中记载：茶壶，用窑里烧出来的器具最好，锡制的就要差一点。茶杯汝、官、哥、定这些地方出品的瓷器都是不可多得的上品，只要自己喜欢就可以了。

李日华的《紫桃轩杂缀》中记载：昌化的茶叶像桃树的叶子和柳树的梗那么大，非常香。我曾在旅途中偶然得到，手在制茶的焙甄上摩挲三天，香气不断。

瞿仙说：古代的茶灶，只听说过它的名字，却看不到实物，估计没有这样的清香之气。于是我用陶土粉烧成瓦器，不用泥土烧制，陶土粉更耐火，即使是很猛烈的火焰也不会被烧裂。它的直径不到一点五尺，高大约二尺多一点，通身都镂刻铭、颂、箴，用来警示后人。又把汤壶放在它的上面，其他的位置都是空的，下面还有打开的空地方，可以装瓢瓯等物品，气味十分清香。

据《重庆府志》记载：涪江的青蟆石做茶磨最好。

《南安府志》记载：崇义县出产茶磨，以上犹县石门山的石头制成的最好。那里的石头质地纹理缜密，很适合雕琢。

闻龙在《茶笺》中说：茶具洗完后，要把它倒放在竹架上，让它自行变干最好。只能用抹布擦它的外面，绝对不要擦拭它的里面。虽然布很干净，但是只要经过人手就容易产生异味。喝茶时即使器具不太干，也没有关系。

三 茶之造

※ 原文

《唐书》：太和七年正月，吴蜀贡新茶，皆于冬中作法为之。上务恭俭，不欲逆物性，诏所在贡茶，宜于立春后造。

《北堂书钞·茶谱续补》云：龙安造骑火茶，最为上品。骑火者，言不在火前，不在火后作也。清明改火，故曰火。

《大观茶论》："茶工作于惊蛰，尤以得天时为急。轻寒英华渐长，条达而不迫，茶工从容致力，故其色味两全。故焙人得茶天为度。""撷茶以黎明，见日则止。用爪断芽，不以指揉。凡芽如雀舌谷粒者，为斗品。一枪一旗为拣芽，一枪二旗为次之，余斯为下。茶之始芽萌，则有白合，不去害茶味。既撷则有乌蒂，不去害茶色。""茶之美恶，尤系于蒸芽、压黄之得失。蒸芽欲及熟而香，压黄欲膏尽亟止。如此则制造之功十得八九矣。""涤芽惟洁，濯器惟净，蒸压惟其宜，研膏惟熟，焙火惟良。造茶先度日晷之长短，均工力之众寡，会采择之多少，使一日造成，恐茶过宿，则害色味。""茶之范度不同，如人之有首面也。其首面之异同，难以概论。要之，色莹彻而不驳，质缜绎而不浮，举之凝结，碾之铿然，可验其为精品也。有得于言意之表者。""白茶自为一种，与常茶不同。其条敷阐，其叶莹薄。崖林之间，偶然生出，有者不过四五家，生者不过一二株，所造止于二三而已。须制造精微，运度得宜，则表里昭澈，如玉之在璞，他无与伦也。"

蔡襄《茶录》：茶味主于甘滑，惟北苑、凤凰山连属诸焙，所造者味佳。隔溪诸山，虽及时加意制作，色味皆重，莫能及也。又有水泉不甘，能损茶味，前世之论《水品》者以此。

《东溪试茶录》："建溪茶比他郡最先，北苑、壑源者尤早。岁多暖则先惊蛰十日即芽；岁多寒则后惊蛰五日始发。先芽者，气味俱不佳，惟过惊蛰者最为第一。民间常以惊蛰为候。诸焙后北苑者半月，去远则益晚。" "凡断芽必以甲，不以指。以甲则速断不柔，以指则多湿易损。择之必精，濯之必洁，蒸之必香，火之必良，一失其度，俱为茶病。" "芽择肥乳，则甘香而粥面著盏而不散。土瘠而芽短，则云脚涣乱，去盏而易散。叶梗长，则受水鲜白；叶梗短，则色黄而泛。乌蒂、白合，茶之大病。不去乌蒂，则色黄黑而恶。不去白合，则味苦涩。蒸芽必熟，去膏必尽。蒸芽未熟，则草木气存。去膏未尽，则色浊而味重。受烟则香夺，压黄则味失，此皆茶之病也。"

《北苑别录》："御园四十六所，广袤三十余里。自官平而上为内园，官坑而下为外园。方春灵芽萌坼，先民焙十余日，如九窠、十二陇、龙游窠、小苦竹、张坑、西际，又为禁园之先也。而石门、乳吉、香口三外焙，常后北苑五七日兴工。每日采茶、蒸榨，以其黄悉送北苑并造。" "造茶旧分四局。匠者起好胜之心，彼此相夸，不能无弊，遂并而为二焉。故茶堂有东局、西局之名，茶有东作、西作之号。凡茶之初出研盆，荡之欲其匀，揉之欲其腻，然后入圈制，随笪过黄有方。故有花，有大龙，有小龙，品色不同，其名亦异，随纲系之于贡茶云。"

"采茶之法，须是侵晨，不可见日。晨则夜露未晞，茶芽肥润。见日则为阳气所薄，使芽之膏腴内耗，至受水而不鲜明。故每日常以五更挝鼓集群夫于凤凰山，［山有伐鼓亭，日役采夫二百二十二人。］监采官人给一牌，入山至辰刻，则复鸣锣以聚之，恐其逾时贪多务得也。大抵采茶亦须习熟，募夫之际必择土著及谙晓之人，非特识茶发早晚所在，而于采摘亦知其指要耳。" "茶有小芽，有中芽，有紫芽，有白合，有乌蒂，不可不辨。小芽者，其小如鹰爪。初造龙团胜雪、白茶，以其芽先次蒸熟，置之水盆中，剔取其精英，仅如针小，谓之水芽，是小芽中之最精者也。中芽，古谓之一枪二旗是也。紫芽，叶之紫者也。白合，乃小芽有两叶抱而生者是也。乌蒂，茶之带头是也。凡茶，以水芽为上，小芽次之，中芽又次之。紫芽、白合、乌蒂，在所不取。使其择焉而精，则茶之色味无不佳。万一杂之以所不取，则首面不均，色浊而味重也。" "惊蛰节万物始萌。每岁常以前三日开焙，遇闰则后之，以其气候少迟故也。" "蒸芽再四洗涤，取令洁净，然后入甑，俟汤沸蒸之。然蒸有过熟之患，有不熟之患。过熟则色黄而味淡，不熟则色青而易沉，而有草木之气。故惟以得中为当。" "茶既蒸熟，谓之茶黄，须淋洗数过，［欲其冷也。］方入小榨，以去其水，又入大榨，以出其膏。

［水芽则以高榨压之，以其芽嫩故也。］先包以布帛，束以竹皮，然后入大榨压之，至中夜取出揉匀，复如前入榨，谓之翻榨。彻晓奋击，必至于干净而后已。盖建茶之味远而力厚，非江茶之比。江茶畏沉其膏，建茶惟恐其膏之不尽。膏不尽则色味重浊矣。""茶之过黄，初入烈火焙之，次过沸汤爁之，凡如是者三，而后宿一火，至翌日，遂过烟焙之，火不欲烈，烈则面泡而色黑。又不欲烟，烟则香尽而味焦。但取其温温而已。凡火之数多寡，皆视其铸之厚薄。铸之厚者，有十火至于十五火；铸之薄者，六火至于八火。火数既足，然后过汤上出色。出色之后，置之密室，急以扇扇之，则色泽自然光莹矣。""研茶之具，以柯为杵，以瓦为盆，分团酌水，亦皆有数。上而胜雪、白茶以十六水，下而拣芽之水六，小龙凤四，大龙凤二，其余皆一十二焉。自十二水而上，曰研一团，自六水而下，曰研三团至七团。每水研之，必至于水干茶熟而后已。水不干，则茶不熟，茶不熟，则首面不匀，煎试易沉。故研夫尤贵于强有力者也。尝谓天下之理，未有不相须而成者。有北苑之芽，而后有龙井之水。龙井之水清而且甘，昼夜酌之而不竭，凡茶自北苑上者皆资焉。此亦犹锦之于蜀江，胶之于阿井也，讵不信然。"

姚宽《西溪丛语》：建州龙焙面北，谓之北苑。有一泉极清淡，谓之御泉。用其池水造茶，即坏茶味。惟龙团胜雪、白茶二种，谓之水芽，先蒸后拣。每一芽先去外两小叶，谓乌蒂；又次取两嫩叶，谓之白合；留小心芽置于水中，呼为水芽。聚之稍多，即研焙为二品，即龙团胜雪、白茶也。茶之极精好者，无出于此。每铸计工价近二十千，其他皆先拣而后蒸研，其味次第减也。茶有十纲，第一纲第二纲太嫩，第三纲最妙，自六纲至十纲，小团至大团而止。

黄儒《品茶要录》："茶事起于惊蛰前，其采芽如鹰爪。初造曰试焙，又曰一火，其次曰二火。二火之茶，已次一火矣。故市茶芽者，惟伺出于三火前者为最佳。尤喜薄寒气候，阴不至冻。芽登时尤畏霜，有造于一火二火者皆遇霜，而三火霜霁，则三火之茶胜矣。晴不至暄，则谷芽含养约勒而滋长有渐，采工亦优为易。凡试时泛色鲜白，隐于薄雾者，得于佳时而然也。有造于积雨者，其色昏黄，或气候暴暄，茶芽蒸发，采工汗手熏渍，拣摘不洁，则制造虽多，皆为常品矣。试时色非鲜白，水脚微红者，过时之病也。""茶芽初采，不过盈筐而已，趋时争新之势然也。既采而蒸，既蒸而研。""蒸或不熟，虽精芽而所损已多。试时味作桃仁气者，不熟之病也。惟正熟者味甘香。""蒸芽以气为候，视之不可以不谨也。试时色黄而粟纹大者，过熟之病也。然过熟愈于不熟，以甘香之味胜也。故君谟论色，则以青白胜黄白。而余论味，则以黄白胜青白。""茶蒸不可以逾久，久则过熟，又久则汤干而焦釜之气出。茶工有泛薪汤以益之，是致熏损茶黄。故试时色多昏黯，气味焦恶者，焦釜之病也。建人谓之热锅气。""夫茶本以芽叶之物就之棬模。既出棬，上笪焙之，用火务令通彻，即以灰覆之，虚其中，以透火气。然茶民不喜用实炭，号为冷火。以茶饼新湿，急欲干以见售，故用火常带烟焰。烟焰既多，稍失看候，必致熏损茶饼。试时其色皆昏红，气味带焦者，伤焙之病也。""茶饼先黄而又如阴润者，榨不干也。榨欲尽去其膏，膏尽则有如干竹叶之意。惟喜饰首面者，故榨不欲干，以利易售。试时色虽鲜白，其味带苦者，渍膏之病也。""茶色清洁鲜明，则香与味亦如之。故采佳品者，常于半晓间冲蒙云雾而出，或以瓷罐汲新泉悬胸臆间，采得即投于中，盖欲其鲜也。如或日气烘烁，茶芽暴长，工力不给，其采芽已陈而不及蒸，蒸而不及研，研或出宿而后制，试时色不鲜明，薄如坏卵气者，乃压黄之病也。""茶之精绝者曰斗，曰亚斗，其次拣芽。茶芽，斗品虽最上，园户或止一株，盖天材间有特异，非能皆然也。且物之变势无常，而人之耳目有尽，故造斗品之家，有昔优而今劣、前负而后胜者。虽人工有至有不至，亦造化推移不可得而擅也。其造，一火曰斗，二火曰亚斗，不过十数铸而已。拣芽则不然，遍园陇中择其精英者耳。其或贪多务得，又滋色泽，往往以白合盗叶间之。试时色虽鲜白，其味涩淡者，间白合盗叶之病也。"〔一凡鹰爪之芽，有两小叶抱而生者，白合也。新条叶之初生而白者，盗叶也。造拣芽者，只剔取鹰爪，而白合不用，况盗叶乎。〕"物固不可以容伪，况饮食之物，尤不可也。故茶有入他草者，建人号为入杂。铸列入柿叶，常品入桴槛叶，二叶易致，又滋色泽，园民欺售直而为之。试时无粟纹古香，盏面浮散，隐如微毛，或星星如纤絮者，入杂之病也。善茶品者，侧盏视之，所入之多寡，从可知矣。向上下品有之，近虽铸列，亦或勾使。"

《万花谷》：龙焙泉在建安城东凤凰山，一名御泉。北苑造贡茶，社前芽细如针。用此水研造，每片计工直钱四万分。试其色如乳，乃最精也。

《文献通考》：宋人造茶有二类，曰片，曰散。片者即龙团旧法，散者则不蒸而干之，如今时之茶也。始知南渡之后，茶渐以不蒸为贵矣。

《学林新编》：茶之佳者，造在社前；其次火前，谓寒食前也；其下则雨前，谓谷雨前也。唐僧齐己诗曰："高人爱惜藏岩里，白甄封题寄火前。"其言火前，盖未知社前之为佳也。唐人于茶，虽有陆羽《茶经》，而持论未精。至本朝蔡君谟《茶录》，则持论精矣。

《苕溪诗话》：北苑，官焙也，漕司岁贡为上；壑源，私焙也，土人亦以入贡，为次。二焙相去三四里间，若沙溪，外焙也，与二焙绝远，为下。故鲁直诗："莫遣沙溪来乱真。"是也。官焙造茶，常在惊蛰后。

朱翌《猗觉寮记》：唐造茶与今不同，今采茶者得芽即蒸熟焙干，唐则旋摘旋炒。刘梦得《试茶歌》："自傍芳丛摘鹰嘴，斯须炒成满室香。"又云："阳崖阴岭各不同，未若竹下莓苔地。"竹间茶最佳。

《武夷志》：通仙井在御茶园，水极甘洌，每当造茶之候，则井自溢，以供取用。

《金史》：泰和五年春，罢造茶之防。

张源《茶录》："茶之妙，在乎始造之精，藏之得法，点之得宜。优劣定于始锅，清浊系乎末火。""火烈香清，锅寒神倦。火烈生焦，柴疏失翠。久延则过熟，速起却还生。熟则犯黄，生则著黑。带白点者无妨，绝焦点者最胜。""藏茶切勿临风近火。临风易冷，近火先黄。其置顿之所，须在时时坐卧之处，逼近人气，则常温而不寒。必须板房，不宜土室。板房温燥，土室潮蒸。又要透风，勿置幽隐之处，不惟易生湿润，兼恐有失检点。"

谢肇淛《五杂俎》："古人造茶，多舂令细，末而蒸之。唐诗'家僮隔竹敲茶臼'是也。至宋始用碾。若揉而焙之，则本朝始也。但揉者，恐不及细末之耐藏耳。""今造团之法皆不传，而建茶之品，亦远出吴会诸品下。其武夷、清源二种，虽与上国争衡，而所产不多，十九赝鼎，故遂令声价靡复不振。""闽之方山、太姥、支提，俱产佳茗，而制造不如法，故名不出里闬。予尝过松萝，遇一制茶僧，询其法，曰：'茶之香，原不甚相远，惟焙之者火候极难调耳。茶叶尖者太嫩，而蒂多老。至火候匀时，尖者已焦，而蒂尚未熟。二者杂之，茶安得佳？'制松萝者，每叶皆剪去其尖蒂，但留中段，故茶皆一色。而工力烦矣，宜其价之高也。闽人急于售利，每斤不过百钱，安得费工如许？若价高，即无市者矣。故近来建茶所以不振也。"

罗廪《茶解》："采茶制茶，最忌手汗、体膻、口臭、多涕、不洁之人及月信妇人，更忌酒气。盖茶酒性不相入，故采茶制茶，切忌沾醉。""茶性淫，易于染著，无论腥秽及有气息之物不宜近，即名香亦不宜近。"

许次杼《茶疏》："岕茶非夏前不摘。初试摘者，谓之开园，采自正夏，谓之春茶。其地稍寒，故须待时，此又不当以太迟病之。往时无秋日摘者，近乃有之。七八月重摘一番，谓之早春。其品甚佳，不嫌少薄。他山射利，多摘梅茶，以梅雨时采故名。梅茶苦涩，且伤秋摘，佳产戒之。""茶初摘时，香气未透，必借火力以发其香。然茶性不耐劳，炒不宜久。多取入锅，则手力不匀。久于锅中，过熟而香散矣。炒茶之锅，最忌新铁。须预取一锅以备炒，毋得别作他用。一说惟常煮饭者佳，既无铁腥，亦无脂腻。炒茶之薪，仅可树枝，勿用干叶。干则火力猛炽，叶则易焰、易灭。锅必磨洗莹洁，旋摘旋炒。一锅之内，仅可四两，先用文火炒软，次加武火催之。手加木指，急急炒转，以半熟为度，微俟香发，是其候也。""清明太早，立夏太迟，谷雨前后，其时适中。若再迟一二日，待其气力完足，香烈尤倍，易于收藏。""藏茶于庋阁，其方宜砖底数层，四围砖研，形若火炉，愈大愈善，勿近土墙。顿瓮其上，随时取灶下火灰，候冷簇于瓮傍。半尺以外，仍随时取火灰簇之，令里灰常燥，以避风湿。却忌火气入瓮，盖能黄茶耳。日用所须，贮于小瓷瓶中者，亦当箬包苎扎，勿令见风。且宜置于案头，勿近有气味之物，亦不可用纸包。盖茶性畏纸，纸成于水中，受水气多也。纸裹一夕既，随纸作气而茶味尽矣。虽再焙之，少顷即润。雁宕诸山之茶，首坐此病。纸帖贻远，安得复佳。""茶之味道，而性易移，藏法喜温燥而恶冷湿，喜清凉而恶郁蒸，宜清触而忌香惹。藏用火焙，不可日晒。世人多用竹器贮茶，虽加箬叶拥护，然箬性峭劲，不甚伏贴，风湿易侵。至于地炉中顿放，万万不可。人有以竹器盛茶，置被笼中，用火即黄，除火即润。忌之！忌之！"

闻龙《茶笺》："尝考《经》言茶焙甚详。愚谓今人不必全用此法。予构一焙室，高不逾寻，方不及丈，纵广正等。四围及顶绵纸密糊，无小罅隙，置三四火缸于中，安新竹筛于缸内，预洗新麻布一片以衬之。散所炒茶于筛上，阖户而焙。上面不可覆盖，以茶叶尚润，一覆则气闷罨黄，须焙二三时，俟润气既尽，然后覆以竹箕。焙极干出缸，待冷，入器收藏。后再焙，亦用此法，则香色与味犹不致大减。""诸名茶法多用炒，惟罗岕宜于蒸焙，味真蕴藉，世竞珍之。即顾渚、阳羡，密迩洞山，不复仿此。想此法偏宜于岕，未可概施诸他茗也。然《经》已云，'蒸之焙之'，则所从来远矣。""吴人绝重岕茶，往往杂以黑箬，大是阙事。余每藏茶，必令樵青入山采竹箭箬，拭净烘干，护罂四周，半用剪碎拌入茶中。经年发覆，青翠如新。""吴兴姚叔度言，茶若多焙一次，则香味随减一次。予验之良然。但于始焙时，烘令极燥，多用炭箬，如法封固，即梅雨连旬，燥仍自若。惟开坛频取，所以生润，不得不再焙耳。自四月至八月，极宜致谨。九月以后，天气渐肃，便可解严矣。虽然，能不弛懈尤妙。""炒茶时须用一人从傍扇之，以祛热气，否则茶之色香味俱减，此予所亲试。扇者色翠，不扇者色黄。炒起出铛时，置大瓷盆中，仍须急扇，令热气稍退。以手重揉之，再散入铛，以文火炒干。盖揉则其津上浮，点时香味易出。田子艺以生晒不炒不揉者为佳，其法亦未之试耳。"

《群芳谱》：以花拌茶，颇有别致。凡梅花、木樨、茉莉、玫瑰、蔷薇、兰、蕙、金橘、栀子、木香之属，皆与茶宜。当于诸花香气全时摘拌，三停茶，一停花，收于瓷罐中，一层茶一层花，相间填满，以纸箬封固入净锅中，重汤煮之，取出待冷，再以纸封裹，于火上焙干贮用。但上好细芽茶，忌用花香。反夺其真味。惟平等茶宜之。

《云林遗事》：莲花茶：就池沼中，于早饭前日初出时，择取莲花蕊略绽者，以手指拨开，入茶满其中，用麻丝缚扎。定经一宿，次早连花摘之，取茶纸包晒。如此三次，锡罐盛贮，扎口收藏。

邢士襄《茶说》：凌露无云，采候之上。霁日融和，采候之次。积日重阴，不知其可。

田艺蘅《煮泉小品》：芽茶以火作者为次，生晒者为上，亦更近自然，且断烟火气耳。况作人手器不洁，火候失宜，皆能损其香色也。生晒茶瀹之瓯中，则旗枪舒畅，青翠鲜明，香洁胜于火炒，尤为可爱。

《洞山茶系》：岕茶采焙定以立夏后三日，阴雨又须之。世人妄云"雨前真岕"，抑亦未知茶事矣。茶园既开，入山卖草枝者，日不下二三百石。山民收制，以假混真。好事家躬往予租，采焙戒视惟谨，多被潜易真茶去。人至竞相高价分买，家不能二三斤。近有采嫩叶、除尖蒂、抽细筋焙之，亦曰片茶。不去尖筋，炒而复焙，燥如叶状，曰摊茶，并难多得。又有俟茶市将阑，采取剩叶焙之，名曰修山茶，香味足而色差老，若今四方所货岕片，多是南岳片子，署为"骗茶"可矣。茶贾炫人，率以长潮等茶，本岕亦不可得。噫！安得起陆龟蒙于九京，与之赓《茶人》诗也。茶人皆有市心，今予徒仰真茶而已。故余烦闷时，每诵姚合《乞茶诗》一过。

《月令广义》："炒茶每锅不过半斤，先用干炒，后微洒水，以布卷起，揉做。""茶择净微蒸，候变色摊开，扇去湿热气。揉做毕，用火焙干，以箬叶包之。语曰：'善蒸不若善炒，善晒不若善焙。'盖茶以炒而焙者为佳耳。"

《农政全书》："采茶在四月。嫩则益人，粗则损人。茶之为道，释滞去垢，破睡除烦，功则著矣。其或采造藏贮之无法，碾焙煎试之失宜，则虽建芽浙茗，只为常品耳。此制作之法，宜亟讲也。"

冯梦祯《快雪堂漫录》："炒茶锅令极净。茶要少，火要猛，以手拌炒令软净，取出摊于匾中，略用手揉之。揉去焦梗，冷定复炒，极燥而止。不得便入瓶，置于净处，不可近湿。一二日后再入锅炒，令极燥，摊冷，然后收藏。""藏茶之罂，先用汤煮过烘燥。乃烧栗炭透红投罂中，覆之令黑。去炭及灰，入茶五分，投入冷炭，再入茶，将满，又以宿箬叶实之，用厚纸封固罂口。更包燥净元气味砖石压之，置于高燥透风处，不得傍墙壁及泥地方得。"

屠长卿《考槃余事》："茶宜箬叶而畏香药，喜温燥而忌冷湿。故收藏之法，先于清明时收买箬叶，拣其最青者，预焙极燥，以竹丝编之，每四片编为一块，听用。又买宜兴新坚大罂，可容茶十斤以上者，洗净焙干听用、山中采焙回，复焙一番，去其茶子、老叶、梗屑及枯焦者，以大盆埋伏生炭，覆以灶中敲细，赤火既不生烟，又不易过。置茶焙下焙之，约以二斤作一焙。别用炭火入大炉内，将罂悬架其上，烘至燥极而止。先以编箬衬于罂底，茶焙燥后，扇冷方入。茶之燥，以拈起即成末为验。随焙随入，既满又以箬叶覆于茶上，每茶一斤约用箬二两。罂口用尺八纸焙燥封固，约六七层，压以方厚白木板一块，亦取焙燥者。然后于向明净室或高阁藏之。用时以新燥宜兴小瓶，约可受四五两者，另贮。取用后随即包整。夏至后三日再焙一次，秋分后三日又焙一次，一阳后三日又焙一次，连山中共焙五次。从此直至交新，色味如一。罂中用浅，更以燥箬叶满贮之，虽久不浥。""又一法，以中坛盛茶，约十斤一瓶。每年烧稻草灰入大桶内，将茶瓶座于桶中，以灰四面填桶，瓶上覆灰筑实。用时拨灰开瓶，取茶些少，仍复封瓶覆灰，则再无蒸坏之患。次年另换新灰。""又一法，于空楼中悬架，将茶瓶口朝下放，则不蒸。缘蒸气自天而下也。""采茶时，先自带锅入山，别租一室，择茶工之尤良者，倍其雇值。戒其搓摩，勿使生硬，勿令过焦。细细炒燥，扇冷方贮罂中。""采茶，不必太细，细则芽初萌而味欠足；不可太青，青则叶已老而味欠嫩。须在谷雨前后，觅成梗带叶微绿色而团且厚者为上。更须天色晴明，采之方妙。若闽广岭南，多瘴疠之气，必待日出山霁，雾瘴岚气收净，采之可也。"

冯可宾《岕茶笺》："茶，雨前精神未足，夏后则梗叶太粗。然以细嫩为妙，须当交夏时。时看风日晴和，月露初收，亲自监采入篮。如烈日之下，应防篮内郁蒸，又须伞盖，至舍速倾于净區内薄摊，细拣枯枝、病叶、蛸丝、青牛之类，一一剔去，方为精洁也。""蒸茶须看叶之老嫩，定蒸之迟速，以皮梗碎而色带赤为度。若太熟，则失鲜。其锅内汤须频换新水，盖熟汤能夺茶味也。"

陈眉公《太平清话》：吴人于十月中采小春茶，此时不独逗漏花枝，而尤喜日光晴暖。从此蹉过，霜凄雁冻，不复可堪矣。

眉公云：采茶欲精，藏茶欲燥，烹茶欲洁。

吴拭云：山中采茶歌，凄清哀婉，韵态悠长，一声从云际飘来，未尝不潸然堕泪。吴歌未便能动人如此也。

熊明遇《岕山茶记》：贮茶器中，先以生炭火煅过，于烈日中曝之，令火灭，乃乱插茶中，封固罂口，覆以新砖，置于高爽近人处。霉天雨候，切忌发覆，须于清燥日开取。其空缺处，即当以箬填满，封闭如故，方为可久。

《雪蕉馆记谈》：明玉珍子昇，在重庆取涪江青蟆石为茶磨，令宫人以武隆雪锦茶碾，焙以大足县香霏亭海棠花，味倍于常。海棠无香，独此地有香，焙茶尤妙。

《诗话》：顾渚涌金泉，每岁造茶时，太守先祭拜，然后水稍出。造贡茶毕，水渐减，至供堂茶毕，已减半矣。太守茶毕，遂涸。北苑龙焙泉亦然。

《紫桃轩杂缀》："天下有好茶，为凡手焙坏。有好山水，为俗子妆点坏。有好子弟，为庸师教坏。真无可奈何耳。""匡庐顶产茶，在云雾蒸蔚中，极有胜韵，而僧拙于焙，瀹之为赤卤，岂复有茶哉。戊戌春小住东林，同门人董献可、曹不随、万南仲，手自焙茶，有'浅碧从教如冻柳，清芬不遣杂花飞'之句。既成，色香味殆绝。""顾渚，前朝名品，正以采摘初芽，加之法制，所谓'罄一亩之入，仅充半环'，取精之多，自然擅妙也。今碌碌诸叶茶中，无殊菜沈，何胜括目。""金华仙洞与闽中武夷俱良材，而厄于焙手。""埭头本草市溪庵施济之品，近有苏焙者，以色稍青，遂混常价。"

《岕茶汇钞》："岕茶不炒，甑中蒸熟，然后烘焙。缘其摘迟，枝叶微老，炒不能软，徒枯碎耳。亦有一种细炒岕，乃他山炒焙，以欺好奇者。岕中人惜茶，决不忍嫩采，以伤树木。余意他山摘茶，亦当如岕之迟摘老蒸，似无不可。但未经尝试，不敢漫作。""茶以初出雨前者佳，惟罗岕立夏开园。吴中所贵梗粗叶厚者，有萧箬之气，还是夏前六七日，如雀舌者，最不易得。"

《檀几丛书》：南岳贡茶，天子所尝，不敢置品。县官修贡期以清明日入山肃祭，乃始开园采造。视松萝、虎丘而色香丰美，自是天家清供，名曰片茶。初亦如岕茶制法，万历丙辰，僧稠荫游松萝，乃仿制为片。

冯时可《滇行纪略》：滇南城外石马井泉，无异惠泉；感通寺茶，不下天池、伏龙。特此中人不善焙制耳。徽州松萝旧亦无闻，偶虎丘一僧往松萝庵，如虎丘法焙制，遂见嗜于天下。恨此泉不逢陆鸿渐，此茶不逢虎丘僧也。

《湖州志》：长兴县啄木岭金沙泉，唐时每岁造茶之所也，在湖、常二郡界，泉处沙中，居常无水。将造茶，二郡太守毕至，具仪注，拜敕祭泉，顷之发源。其夕清溢，供御者毕，水即微减；供堂者毕，水已半之；太守造毕，水即涸矣。太守或还旆稽期，则示风雷之变，或见鸷兽、毒蛇、木魅、阳眹之类焉。商旅多以顾渚水造之，无沾金沙者。今之紫笋，即用顾渚造者，亦甚佳矣。

高濂《八笺》：藏茶之法，以箬叶封裹入茶焙中，两三日一次，用火当如人体之温温然，而湿润自去。若火多，则茶焦不可食矣。

陈眉公《太平清话》："武夷劳峤、紫帽、龙山皆产茶。僧拙于焙，既采则先蒸而后焙，故色多紫赤，只堪供宫中干濯用耳。近有以松萝法制之者，既试之，色香亦具足，经旬月，则紫赤如故。盖制茶者，不过土著数僧耳。语三吴之法，转转相效，旧态毕露。此须如昔人论琵琶法，使数年不近，尽忘其故调，而后以三吴之法行之，或有当也。""徐茂吴云：'实茶大瓮底，置箬瓮口，封闭倒放，则过夏不黄，以其气不外泄也。'子晋云：'当倒放有盖缸内。缸宜砂底，则不生水而常燥。加谨封贮，不宜见日，见日则生翳而味损矣。藏又不宜于热处。新茶不宜骤用，贮过黄梅，其味始足。'"

张大复《梅花笔谈》：松萝之香馥馥，庙后之味闲闲，顾渚扑人鼻孔，齿颊都异，久而不忘。然其妙在造，凡宇内道地之产，性相近也，习相远也。吾深夜被酒，发张震封所遗顾渚，连啜而醒。

宗室文昭《古瓶集》：桐花颇有清味，因收花以熏茶，命之曰桐茶。有"长泉细火夜煎茶，觉有桐香入齿牙"之句。

王草堂《茶说》：武夷茶自谷雨采至立夏，谓之头春；约隔二旬复采，谓之二春；又隔又采，谓之三春。头春叶粗味浓，二春、三春叶渐细，味渐薄，且带苦矣。夏末秋初又采一次，名为秋露，香更浓，味亦佳，但为来年计，惜之不能多采耳。茶采后以竹筐匀铺，架于风日中，名曰晒青。俟其青色渐收，然后再加炒焙。阳羡岕片只蒸不炒,火焙以成。松萝、龙井皆炒而不焙,故其色纯。独武夷炒焙兼施,烹出之时半青半红,青者乃炒色,红者乃焙色。茶采而摊,摊而摝香气发越即炒,过时不及皆不可。既炒既焙,复拣去其中老叶枝蒂,使之一色。释超全诗云:"如梅斯馥兰斯馨,心闲手敏工夫细。"形容殆尽矣。

王草堂《节物出典》:《养生仁术》云:"谷雨日采茶,炒藏合法,能治痰及百病。"

《随见录》:"凡茶见日则味夺,惟武夷茶喜日晒。""武夷造茶,其岩茶以僧家所制者最为得法。至洲茶中采回时,逐片择其背上有白毛者,另炒另焙,谓之白毫,又名寿星眉。摘初发之芽,一旗未展者,谓之莲子心。连枝二寸剪下烘焙者,谓之凤尾、龙须。要皆异其制造,以欺人射利,实无足取焉。"

※ 译文

据《唐书》记载:太和七年的正月,吴蜀两地进贡新茶,都是冬天制作的。皇上主张恭俭,不想违背事物的习性,因此下诏命令两地在立春后制造贡茶。

《北堂书钞·茶谱续补》中说:龙安造的骑火茶最好。所谓的骑火,是制茶的时间既不在火前,也不在火后。是在清明改火的时候,所以叫火。

《大观茶论》:"茶叶在惊蛰的时候制作,最重要的是掌握天时之利。寒气消减万物开始生长,枝叶发新芽,茶工从容工作,茶的色味齐全。所以说烘焙茶叶还要看天气。""在黎明时采茶,太阳一出来就停止。用指尖掐断茶芽,不要用手指头去揉它。像雀舌那样的芽就是上好的品种。一枪一旗叫拣芽,一枪二旗差一点,剩下的都是下品。茶刚发芽的时候,会有白色的叶子,如果不去掉,就会破坏茶叶的味道。掐断茶芽时会有黑色的根蒂,不去掉就会影响茶的颜色。""茶叶的好坏,蒸芽、压黄的时候最重要。蒸芽应等到熟得发出香味的时候,压黄应等到汤水尽了的时候。要是按照这样做那十之八九已经制作成功了。""茶芽必须要洗干净,洗茶的器具也必须干净,蒸压应该合适,研膏的时候要等到变热,烘焙的时候火要好。造茶要先计算一天的劳作时间,需要多少工,采摘多少茶叶,当天采当天做,避免过夜,否则会影响茶的颜色和味道。""茶的成色有区别,就像人的相貌。人的相貌不一样,难以一一说出。总之,颜色纯净不杂,质地缜密不散,拿起来结成一块,碾的时候声音很脆,就可以说明这是好的品种。依照此法便可得到好茶。""白茶是很特别的一种,同其他的茶叶不一样。它的枝条很多,叶子薄而且光洁。是在悬崖和树林之间偶尔生出来的,只有四五家有这种树,能够成活的只有一两株,出产的茶也不过两三而已。白茶只有制作得很精细、操作得很正确,才能使里外一样光洁清澈,就像没有琢磨的璞玉一样,其品质无与伦比。"

蔡襄《茶录》:茶的味道主要是甘甜润滑,只有北苑、凤凰山一带的茶场,造出的茶叶味道最好。隔溪的这些山，即使能够及时制作，但颜色和味道都很重，不能跟北苑茶比。有的泉水不是很甘甜，会损害茶叶的味道，前人所著的《水品》说的就是这个道理。

《东溪试茶录》中说："建溪的茶叶比其他地方的茶叶都要早，北苑、壑源的就更早了。如果天气暖和在惊蛰前十天就已经发芽了；天气冷的话惊蛰过后五天开始发芽。惊蛰前发的芽，气味都不好，只有惊蛰之后的才最好。民间常常把惊蛰作为制茶的节气。其他地方烘焙的时间要比北苑晚半个月左右，如果距离远的话那就更晚了。""一般要掐断茶芽，只能用指甲而不能用手指。用指甲掐能将速掐断而且不会揉损茶叶，用手指掐容易揉伤茶叶。采摘的时候一定要精细，清洗的时候一定要干净，蒸的时候要闻到它散发出香味，火的大小一定要控制好，只要一个环节没有把握好尺度，茶叶就会出现毛病。""比较肥厚的茶芽泡出来的水香甜，把水倒进杯子里香味也不会消散。土地贫瘠的茶芽自然就会短些，那样云脚就显得涣散，放进杯子里容易消散。叶梗长的话，遇到了水就会鲜白；叶梗短的话，颜色就容易泛黄。黑色的根蒂、白色的叶子，这些都是茶叶的弊病。如果不去掉黑色的根蒂，颜色就黑而且难看。不去掉白色的叶子，味道就很苦涩。蒸芽的时候必须要熟，那样能够保留草木的气息。膏不耗干颜色就会浑浊而且味道很苦。被烟熏了的话就会失去香味，压黄了就失去了它的味道，这些都是茶叶制作时的弊病。"

《北苑别录》："御用的茶园共有四十六处，方圆有三十多里。官平往上是内园，官坑以下的是外园。在春天茶树发芽时，御园的茶要比民间早烘焙十几天，例如九窠、十二陇、龙游窠、小苦竹、张坑、西际这些地方，又是御茶园中最早开始制茶的。而石门、乳吉、香口这三处外焙，常常在北苑后五到七天开工。每天采茶、蒸榨，制好后送到北苑一起制造。""以前制造茶叶的时候分为四个茶局。茶匠因为有好胜的心理，相互之间爱攀比，不可能不出问题，于是就把它合成成两个茶局。所以在茶堂里面有东局和西局的说法，茶铸里面有东作、西作的称呼。凡是刚出研盆的茶叶，都应该将它搅拌均匀，揉到细滑，然后再放进模具里制成，放在席子上晒成黄色。这里面有花铸、有大龙、有小龙，品种不同，它的名称也就不同，按批次列入贡茶的名录。"

"采茶的时间，应该在清晨，不能等到太阳出来。早晨采摘是因为夜间的露水还没有干，茶芽肥大而且湿润。出太阳后茶叶受到了阳光的侵害，茶芽里面的内蕴就会耗尽，茶放进水里色泽不鲜明。所以每天在五更的时候召集一群人到凤凰山〔山上有伐鼓亭，每天需要使用二百二十二人〕，监采官每人给一个牌子，入山采茶，到了辰时，就重新鸣锣聚拢，怕他们一味贪多而超过时间采些没用的。大多数的采茶人都知道怎样采茶，招募人员的时候一定要选择当地懂茶的人，不但要懂茶叶的习性，还要知道采茶的要领。""茶叶有小芽、中芽、紫芽、白合、乌蒂，不能分辨不清。小芽就像鹰爪一样小。当初制造龙团胜雪、白茶的时候，要先将茶芽蒸熟，放进水盆里，挑选出里面的精英，小的像针一样，被称为水芽，它是小芽中最好的品种。中芽，古代叫作一枪二旗。紫芽，叶子是紫色的。白合，就是抱着小芽生长的两片叶子。乌蒂，就是带头的茶叶。所有的茶叶中，水芽是最好的，小芽稍微差一点，中芽更差。紫芽、白合、乌蒂根本就不能要。只要精心挑选，茶的颜色和味道就没有不好的。如果没挑拣干净，看起来就会不均匀，颜色浑浊而且味道太重。""惊蛰时万物开始萌生。每年在节前三天开始焙茶，遇到闰年就往后推一点，这是因为气候有点延迟。""蒸芽要反复清洗，把它洗得清洁干净，然后再放进甄里装起来，等水开了再蒸。蒸芽就怕茶叶蒸得过熟或不熟。过熟的茶叶颜色就会变黄而且味道很清淡，不熟的茶叶颜色就会泛青而且容易沉积下去，还带有草木的气味。所以只有火候合适才行。""茶叶蒸熟，就叫茶黄，必须先淋洗几遍［让它变冷］，才能放进小榨里面，主要是去掉中间的水分，再放进大榨里面，可以把汁榨出来。［水芽就用高榨压，因为它的芽比较嫩。］榨的时候先用布帛包起来，用竹皮捆绑，然后放进大榨里面压着，压到半夜再取出来揉均匀，重新放进榨里面再榨，叫作翻榨。通宵捶打，一定要达到彻底干净以后才可以。建茶的味道深远厚重，这不是江茶可以比拟的。江茶怕榨得太干，建茶就怕榨不干。如果膏不尽的话，茶的颜色就会浑浊，味道就会很重。""茶过黄以后，放进烈火里面烘焙，然后再放到开水里面，这样重复三次，再放到火上烘焙一夜，到了第二天，再过烟烘焙，火候不要过大，过大表面就会肿胀颜色很黑。更不要被烟熏了，被烟熏了就会失去香味而且还带焦味。用温火就可以了。火候的强弱，要根据銙的厚薄而定。如果是厚的，那就用十到十五的火；如果是薄的，就用六到八的火。火烤得足够了，再过汤去色。出色之后，放进密室里，马上用扇子扇风，这样茶饼的色泽就会很光亮了。""研茶的器具，最好用木杆瓦盆，不同等级茶品所加的水，都有一定的标准。胜雪、白茶这样的好茶加十六分水，拣芽这样的茶叶用六分水，小龙凤用四分，大龙凤用二分，其余都用十二分。十二分水往上的，研一团。六分水往下的，研三到七团。每次用水研的时候，必须等到水干茶熟了才可以。水不干，茶就不会熟，看起来就会不够均匀，煎试的时候容易有沉淀。所以研茶讲究的是强劲有力。我曾认为天下的道理，没有不相辅相成的。先有北苑的茶叶，才有龙井的水。龙井的水清澈甘甜，就算日夜不停地喝都不会干涸，北苑制茶都用它。这也好比蜀锦因为蜀江水的漂洗而最佳，阿胶因为东阿的井水调制而最佳，难道不是这样吗？"

姚宽在《西溪丛语》中说：建州焙茶的地方面朝北方，叫北苑。有一眼泉水特别的清淡，被称为御泉。用这个泉里的水泡茶，会破坏茶叶的味道。只有龙团胜雪、白茶两种可以，被称为水芽。这两种茶叶都是先蒸再挑拣。每一片茶芽要先去掉外面的两片小叶子，也就是乌蒂；然后再取出两片嫩叶子，叫作白合；留下中心的小芽放在水里，被称为水芽。聚多一点，就研制成两种，就是龙团胜雪和白茶。最好的茶，没有超过这两体的。每计算工价差不多二十千，其他的都是先挑拣再蒸研，味道越来越差。茶叶分成十纲，第一纲、第二纲太嫩了，第三纲最好，从第六纲到第十纲，小团到大团为止。

黄儒在《品茶要录》中记载："制茶要在惊蛰前开始，采下的芽像鹰爪一样细小。开始制造的时候叫试焙，又叫第一火，后面的是二火。二火的茶叶，已经比一火的差了。因此市场上的茶叶，只有在三火以前出来的茶叶才是最好的。特别喜欢天气稍冷一些，气候虽然阴冷但还不到冰冻的时候采摘茶叶。初生的芽最怕风霜，有时在一火二火遇到了霜冻，到了三火霜就没有了，那么三火的茶叶就要好一些。天晴太阳还没出来，茶芽吸收养分而渐渐生长，采摘的人要仔细挑选。只要是试制的时候颜色很鲜白的，是经历过薄雾且在最佳时机采摘的。有的茶叶在雨水多的时候制作，颜色就会昏暗，或者气候非常炎热的时候，采摘人手里的汗沾在茶叶上面，摘下来的茶叶就不太干净，这样采摘的茶叶虽然很多，都是很普通的茶叶。试制的时候如果颜色不是鲜白的，水脚有一点泛红，这是因为采茶的时候错过了适当的时机。""开始时采摘的茶芽很少，只是刚好装满筐子，都是为了要趁时争新。采回来后就蒸，蒸了以后再研。""如果没有蒸熟的话，即使是精芽也会受损。如果试制的时候有桃仁气味，那就是没有蒸熟。只有正好熟了的味道才会甜美。""蒸芽要看蒸汽来判断火候，观察的时候一定要谨慎小心。试制的时候如果颜色泛黄而且有很大的粟纹的，这是蒸得过熟了。然而过熟比不熟要好，甘甜和香味要强一些。所以君谟谈论颜色，认为青白比黄白好。而我说论味道，黄白比青白好。""蒸茶的时候时间不可以太长，时间长就过熟，容易把水烧干，会产生焦烟的气味。蒸茶的人在烧干后加进水来弥补，是使茶叶变黄的重要原因。试制的时候颜色昏暗，气味有些焦恶，都是蒸烂的缘故。建人把它叫作热锅气。""茶叶本来是芽状的东西，采制之后放入卷模中压制成型。取出后放在竹笪上用炭火烘烤。烘烤的时候一定要烤得均匀透彻，之后用灰盖住炭火，炭火中间要空，从而能够充分燃烧，保持火温以涵养茶的香味。但是茶民不喜欢用实炭，称为冷火。新茶饼有湿气，茶民着急烘干后售出，所以用火比较大，常常带有火焰冒着烟。火焰过大，如果稍微没有照看好，就会熏坏茶叶。如果试的时候茶色是昏红的，那就是没有烘焙好产生的伤焙的弊病。""茶叶先是黄色而后又变得很阴润的，那就是没有榨干。榨的时候应该将它的膏去尽，膏尽后就像干竹叶一样。有人故意把表面弄得色泽鲜亮并不榨干，这样可以多卖钱。试的时候，如果它的颜色鲜白，但带有苦味，这是因为没有榨干。""茶的颜色干净鲜明，那么香气和味道都会好。所以采摘上好茶叶的人，常常是在拂晓的时候顶着云雾去采，或者在瓷罐里灌上新汲的泉水放在胸前，采摘后立即放进水里，这是为了保持它的新鲜。如果遇到阳光很好，茶芽暴长采摘的人手不够，如没有及时加工，采摘来的茶芽积在一起还来不及去蒸，蒸了又赶不上研，研了以后又要等到第二天再制作，试茶时颜色不鲜明，略带有臭蛋味，那就是压黄的弊病了。""茶叶中的精品，称为斗、亚斗，其次拣芽。茶芽，斗品虽然最好，但一个园户也许只有一棵。所以说天才之间也有差异，不能都是这样。而且事物的变化无常，人的耳朵和眼睛能力又有限，所以制作出斗品的人家，有以前好而今天差、前面不好而后面要强一些的。虽然人的力量有的能达到有的达不到，但自然变化、时光推移是不能被人力所改变的。制造的时候一火为斗，二火为亚斗，也不过十几铐而已。拣芽就不是这样了，那就是在整个园子里面选择精英。茶农可能有一味贪多的，又为加重颜色，就把白合、盗叶掺杂在里面。试茶时如果颜色鲜白而味道苦涩清淡，就是其中掺杂了白合、盗叶的缘故。"〔凡是像鹰爪那样的小芽，有两片很小的叶子合抱在一起生长的，就是白合了。新的枝条和叶子刚生长出来的时候是白色的，就是盗叶。制造拣芽的人，只是拣取中间的鹰爪，连白合都不用，何况是盗叶呢？〕"任何东西都不可以掺假，饮食之物更不可以。茶中如果有其他的杂草，建人称为入杂。上等的茶叶中有加入柿叶的，一般的品种有加入桴槛叶的，两种叶子容易得到，又能够滋润颜色，茶农就这样欺售而多获利。如果没有粟纹而且不甘香，杯子的水面有浮散的东西，就像是微小的细毛，或者像天上的星星一样，都是加入了杂质的缘故。善于品茶的人，将茶杯侧过来看，加入多少杂质，就都可以知道了。以前上品、下品的茶叶里都有掺假，近来即使最普通的茶叶中，也可能有掺假的。"

《万花谷》：龙焙泉在建安城东侧的凤凰山上，又叫御泉。北苑制造贡茶，茶芽像针一样细小。用这里的水研造，每片计工钱四万分。如果它焙制的时候颜色白得像乳汁，那就是茶叶中最好的了。

《文献通考》中记载：宋朝的人制造两种茶叶，分为片和散。所谓片，就是龙团旧法，所谓的散，就是茶叶不蒸直接把它晒干，就像今天的茶叶一样。这样才知道在南渡以后，没有蒸过的茶叶才算好。

《学林新编》：好的茶叶，应在社前就是春社之前制作；其次在火前，就是寒食节之前；再次就是雨前，就是谷雨节气之前。唐代僧人齐己有诗说："高人爱惜藏岩里，白甄对题封火前。"之所以说在火前，那是因为他不知道社前的是最好的。就唐人论茶而言，虽然有陆羽的《茶经》，但是里面的观点也不太准确。到了本朝蔡君谟的《茶录》，论述就很精确了。

《苕溪诗话》中说：北苑，是官府焙茶的地方，漕司每年都要向皇上进贡上品茶叶；壑源，是私人焙茶的地方，那里的人也将它进献给皇上，但是茶叶还是稍差些。两地相隔了三四里远，如果是沙溪，那就是外焙，跟上面两焙之地，相去甚远，茶叶的品质下等。所以鲁直有诗说："莫遣沙溪来乱真。"就是这样。官府烘焙茶叶，常常在惊蛰以后。

朱翌在《猗觉寮记》中记载：唐代制造茶叶跟现在不同，现在采茶的人采茶后马上蒸熟再焙干，唐人则是即采即炒。刘梦得《试茶歌》中说："自傍芳丛摘鹰嘴，斯须炒成满室香。"又说："阳崖阴岭各不同，未若竹下莓苔地。"生长在竹林间的茶叶最好。

《武夷志》中记载：通仙井在御茶园里，水质非常甘洌，每当制造茶叶的时候，井水就会自然溢满，供人们使用。

《金史》中记载：泰和五年春，废除了造茶的禁令。

张源在《茶录》中说："茶的妙处，在于开始制造时候的精致，贮藏得当，泡茶的方法得当。品质好坏在开始的时候就决定了，清浊的关键在后面的火候上。""火烈就有清香，锅冷茶就会失去神韵。火大容易烘焦，柴少就会失去翠色。时间长就太熟，时间短就会不熟。过熟就会泛出黄色，生的就呈现黑色。带白点没关系，一点不焦的最好。""储藏茶叶千万不要在风口和靠近火的地方。通风茶叶就容易受冷，靠近火容易使茶变黄。应该放在我们经常坐卧的地方，靠近人气，就会保持温热而且不会寒冷。必须放在木板房内，不适合放置在土屋中。木板房子温暖干燥，土房子里潮湿蒸热。而且还要透气，不要放在过于隐蔽的地方，那样不仅容易潮湿，而且还容易忘记查看。"

谢肇淛在《五杂俎》中说："古代的人造茶，大多数将它舂细，然后再蒸。唐代诗中的'家僮隔竹敲茶臼'说的就是这个。到了宋朝的时候才开始用碾。将它揉在一起烘焙，那是本朝才开始的。但是揉的茶，恐怕没有细末容易收藏。""现在造茶团的方法没有留传下来，因而建茶的质量，也远远在吴会其他品种以下。其中武夷、清源两种茶，虽然能与那些上好的品种相抗衡，然而产量不多，十之八九是假货，才让它的身价委靡不振。""福建的方山、太姥、支提，都出产好茶叶，但没有好的制造方法，所以名气没有传出去。我曾经经过松萝，遇见一个制茶的和尚，询问他的诀窍，他说：'茶叶的香味，本来相差并不太多，只是烘焙的时候火候特别难把握。茶叶尖部太嫩，而蒂部太老。到火候调和的时候，尖部已经焦枯，而根部还没有熟。两者掺杂在一起，茶叶怎么会好呢？'制造松萝的时候，每片叶子都要剪掉尖部和蒂部，只留下中间的部分，这样茶就是一样的了。只是在刀工方面过于烦琐，所以价格很高。闽人急于卖出赚钱，每斤不过卖百钱，怎么会费这么多的周折呢？如果价格太高，就可能没有人来买。所以近来建茶一直不好。"

罗廪在《茶解》中说："在采茶和制茶的时候，最忌讳手上有汗，身体有异味，口臭、多鼻涕、不干净的人和月经期妇人，更忌讳酒气。这是因为茶和酒的性质不合，所以采摘茶叶制茶，最忌讳的就是喝酒、醉酒。""茶容易沾染其他的东西，所以无论是腥秽还是有其他异味的东西都不适合接近，即使是名贵香料也不适合靠近。"

许次纾在《茶疏》中说："不到夏天之前不要采摘芥茶。初次采摘的时候称为开园，正好在立夏的时节采摘，就称为春茶。那里的气候比较寒冷，所以需要等一段时间，对比不应当责怪采的太迟。以前没有在秋天采摘的，近几年开始有了。七八月的时候再采摘一次，被称为早春，它的质量很好，味道也不淡。有的山上茶农为了追求利益，大多去摘梅茶，因为它是在梅雨的时候采摘的。梅茶有些苦涩，而且会影响秋天采摘，好的品种要忌讳摘梅茶。""开始采摘的茶叶，香气没有完全散发，必须要借助火力让它的香气散发出来。但是茶叶的本性耐不住折腾，炒的时间不应过长。如果锅里放得太多，炒时手上的力就不均匀。放在锅里面的时间过长，茶叶过熟香气就散尽了。炒茶的锅最忌讳的就是用新铁制成。必须准备一口炒茶时专用的锅，不能炒别的东西。也有人说经常煮饭的锅最好，既没有铁的腥味，也没有油脂的腻味。炒茶用的柴火，只能用树枝，不能用树干和叶子。因为树干容易使火力过猛，叶子容易产生火焰而且燃烧得很快。必须要把锅洗干净再炒茶叶，随摘随炒。一锅里，只能放进四两，先用文火将它炒软，再用武火催化。用手戴木指快速翻炒，到半熟为止，有一点香味散发出来，就到火候了。""清明的时候太早，立夏又太迟了，谷雨的前后，是最佳时间段。如果再迟一两天，等茶叶的气力足够、香气更好的时候，就适合收藏了。""将茶叶放在庋阁的里面，它的底部垫上几层砖，四周也用砖围起来，就像火炉一样，越大越好，不要靠近土墙。把坛子放在它的上面，随时弄掉灶下的灰，冷却了之后放在坛子的旁边。半尺以外，仍然用火灰围起来，使里面的灰能够长期保持干燥，可以避免风和潮气。但千万不能让火气进到坛子里面，否则会使茶叶变黄。把平时要用的茶，放到小瓷瓶里面，也应该用箬叶包起来，千万不要被风吹。而且适合放在案头，不要接近有气味的物体，也不可以用纸包。因为茶的本性很怕纸，纸是从水中来的，纸里有很多水汽。在纸里面裹了一个晚上，茶叶的味道就没有了。如果再烘焙一次，马上就会变潮了。雁宕等山的茶叶，最容易患上这个毛病。纸包的茶叶送人，怎么能是好茶呢？""茶叶的味道很清淡，而且性质很容易转变，储藏的方法是喜欢温暖干燥而讨厌冰冷潮湿，喜欢清凉而讨厌蒸热，喜欢清淡而忌讳香气。用火烘焙了以后收藏，不能让太阳直晒。大家多用竹器来装茶，虽然加上了竹叶来保护，但是竹叶有力道，不会服帖，风和湿气容易侵入。至于放在地炉里，那就更不可取了。有的人用竹器来装茶，放在笼中，用火烤就会变黄，没有火就会潮，千万不要！千万不要！"

闻龙在《茶笺》中说："曾经考证《茶经》，里面详细地介绍焙茶的方法。我认为现在不必完全按照这个方法。我盖了一间用来烘茶的房，高不超过八尺，长不过一丈，纵深和长相同。四周和顶部用绵纸糊得很细密，没有一点缝隙，放进三四个火缸，把新的竹筛放在缸里，预先洗一片新的麻布放在上面。将炒的茶叶散放在上面，关上窗户进行烘焙。上面不能盖东西，因为茶叶还很湿润，一旦盖上就会气息不通、颜色变黄，必须烘焙两三个小时，等到湿润的气息尽了的时候，再盖上竹箕。直到烘焙得非常干的时候再取出，冷却以后放进器具里面收藏。日后再进行烘焙，也用这个办法，那么香气和味道就不会有太大的变化。""各种名茶大多用炒，只有罗岕适合蒸焙，味道蕴藉在里面，人们竞相珍藏它。即使顾渚、阳羡、密迩洞山，也不再效仿这种制茶方法。我想这种方法只适宜岕茶吧，不可把它使用在其他的茶叶上面。《茶经》上已经说了：'蒸之焙之'，就说明这种说法已经有很长时间了。""吴地的人特别重视岕茶，经常将黑色的竹叶夹杂在里面，这是个非常严重的错误。我每次收藏茶叶的时候，一定要让年轻的樵民到山里面去采摘箭竹的叶子，擦拭干净后烘干，围在茶缸的四周，留一半剪细了拌进茶叶的里面。过了一年再打开，茶叶还像刚摘的时候一样青翠。""吴兴的姚叔度说，茶多烘焙一次，香味就会减一次。我验证以后果然是这样。但是开始烘焙的时候，要把茶叶烘焙得特别干燥，多用炭和竹叶，按照上面的办法牢固封存，即使在梅雨连连的时候，仍然会非常干燥。只有经常打开坛子取茶叶，才容易使它受潮，只好再次烘焙了。四月到八月，最容易出现这样的事情。九月以后，天气渐渐干爽，就不怕打开了。即使是这样，如果不经常开取就更好了。""炒茶的时候需要一个人在旁边扇风，可以去除热气，否则茶的颜色和香味都会受到损害，这是我亲自试验过的。扇了的话，颜色是青翠的，如果不扇的话颜色就是黄的。炒好出锅以后，放进大的瓷盆里，仍然需要用力地扇，这样热气能够稍微减少一些。再用手揉它，然后放入锅里，用文火干炒。因为揉的话茶叶中的精华就容易上浮，烹茶的时候香味就容易散发出来。田子艺认为生晒不炒不揉的茶叶最好，这个办法还没有试过。"

《群芳谱》里说：用花来拌茶，会很别致。像梅花、桂花、茉莉、玫瑰、蔷薇、兰花、蕙、金橘、栀子、木香这些，都适合拌进茶里。应在这些花的香气浓的时候摘下来同茶拌在一起，三份茶叶，一份花，收起来放进瓷罐里，一层茶叶一层花间隔着填满，用纸和竹片封好放进干净的锅里，再放进汤里煮，取出来等冷却了以后，再用纸封裹起来，放在火上焙干储存起来待用。但是上好的细芽茶，不能用花香，否则会夺走它本来的味道。只有一般的茶叶才适合。

《云林遗事》中记载：莲花茶：生长在池沼里，在早饭之前、太阳刚出来的时候选择刚刚绽放的莲花蕊，用手指拨开，往里面放满茶叶，用麻丝捆扎起来。过一夜，第二天早上同花一起采摘，用茶叶纸包起来晾晒，像这样反复三次。再用锡制的罐子装起来，把口封好收藏。

邢士襄在《茶说》中记载：清晨踏着露水又没有云的时候，是采摘的最好时机。太阳出来很暖和的话，采摘的时机就稍差一点。阴雨连绵或阴天多云，适合采茶。

田艺蘅在《煮泉小品》里记载：茶芽用火烘焙的不算好，晒干的茶叶最好，也更接近自然的本色，而且没有烟火的气味。况且茶工的手和器具不干净，火候不合适，都会破坏茶叶的香味和颜色。把生晒的茶叶放在瓯里，那样旗枪就显得舒畅，青翠鲜明，又香又干净比火炒的好，更加可爱。

《洞山茶系》载：岕茶摘下后烘焙的时间定在立夏后的第三天，如果遇到阴雨就需要多等几天。人们都说"雨前真岕"，也许并不知道有关茶的事情。茶园开了以后，到山里面卖草枝的，每天不少于两三百石。山里的农民收下，用来以假乱真。谨慎的人家亲自去看护，采摘和烘焙的时候看得很认真，大多能得到真正的茶叶。人们竞相用高价采买，一家不过两三斤。最近有把采摘的嫩叶去掉叶尖和叶蒂、抽出细筋来烘焙的，也被称为片茶。如果不去掉尖和筋，炒完再烘焙，就会像叶子一样干枯，被称为摊茶，也很少见。还有在茶市快完的时候，采摘剩下的叶子来烘焙，又叫修山茶，虽然香味很浓但是颜色会很老，就像现在各地卖的岕片，大多是南岳的片子，可以把它叫作"骗茶"了。茶商为了掩人耳目，纷纷以长潮等地的茶叶充数，没有办法得到真正的岕茶了。唉！怎么对得起陆龟蒙在九京的时候，跟之赓做的《茶人》诗呢？茶人都有卖钱的心理，现在我们只能仰望着真茶了。所以我在烦闷的时候，就念着姚合的《乞茶诗》。

《月令广义》中说："炒茶的时候一锅茶不能超过半斤，先干炒，再往上面洒水，用布卷起来揉。""挑出干净的茶叶稍微蒸一下，等到颜色变了再摊开，把湿气、热气扇去。揉好后，用火将湿气烘焙干净，再用竹叶包起来。有人说：'会蒸不如会炒，会晒不如会烘焙。'茶叶炒后烘焙是最好的。"

《农政全书》说："采茶的时间在四月。嫩茶对人有益，过于粗糙的茶对人有害。茶的作用是去除内脏里滞留的东西，可以让人少睡消除疲劳，功效非常明显。如果采摘、制造、贮藏方法不当，碾细煎煮又没有把握好分寸，即使是建茶、浙茗，也只能成为很平常的品种。这种制作方法，真应该多讲。"

冯梦桢在《快雪堂漫录》中记载："炒茶的锅要非常干净。茶叶要少，火势要猛烈，用手去拌炒，等茶软了再取出来摊开，放进匾里，用手轻轻揉茶。揉去已经变焦的茶梗，冷却以后再炒，炒到完全干燥为止。炒完不要马上放进瓶子里，放在干净且远离潮湿的地方。一两天后再放进锅里炒，等干燥、冷却以后再收藏。""贮藏茶叶的瓶子，先用水煮再烘干。把烧红的栗炭放进瓶面，盖上之后让它变黑。再去掉炭和灰，倒进一半茶叶，将冷炭放进去，再放茶叶，快满的时候再装进干竹叶塞实，用很厚的纸封住瓶口。再包上干燥而且没有气味的砖石压在瓶口，放在干燥通风的高处，不能靠着墙壁和有泥土的地方。"

屠长卿《考槃余事》中记载："茶叶适合用竹叶包而忌讳用香料，喜欢温暖干燥而忌讳阴冷潮湿的地方。所以收藏的办法是，先在清明的时候买一些竹叶，拣最青的预先烘焙干燥，用竹丝编起来，每四片编成一块，留着待用。再买来宜兴新坚可盛十斤以上茶叶的大瓶，洗干净烘干后备用。从山里采来焙过的茶叶，回来后再烘焙一次，去掉里面的茶子、老叶、梗屑和焦枯的东西，用大盆装生炭，放进灶里敲细后点起火，火焰既不生烟，又不容易使火过大。把火放在茶焙下面烘焙，一次大约烘焙两斤。另将炭火放进大炉里，把瓶架在上面，烘到干燥为止。先把编好的竹叶放在下面，茶叶烘焙干燥后扇冷，再放进去。以捻起成粉末为茶叶的干燥标准。焙好后马上放进去，满了以后将竹叶盖在茶叶的上面，每一斤茶叶大约要用二两竹叶。瓶口用八尺大小的干燥纸封紧，大约有六七层，压上一块白色的木板，也必须是烘干了的。然后放在明亮的净室或高阁上面。用的时候用干燥的宜兴小瓶子，大约可放四五两茶叶，另外储存。取用以后马上包起来整理好。夏至过后三天再烘焙一次，秋分后三天再焙一次，重阳后三天又焙一次，连山中总共焙了五次。此后直到新茶到来的时候，颜色和味道会始终如一。如果瓶子里的茶不满，应用干燥的竹叶填满，存放很长时间也不会潮湿。""还有一个办法，用中等大的坛子盛茶，一瓶大约能盛十斤。每年把烧的稻草灰放进大桶里，将茶瓶放进大桶，将桶的四周填满灰，瓶子的上面也用灰压实。用的时候拨开灰打开瓶子，取出少量的茶叶，再封好茶瓶盖上灰，那样就没有蒸坏的顾虑了。第二年再换上新灰。""还有一个办法，在空楼里悬上一个架子，将茶瓶口朝下放，那样就不会有蒸热的问题。因为蒸汽是从上往下走的。""采茶的时候自己带锅进山，另外租用一间房子，挑选采茶技术好的工人，用双倍的工钱雇用。告诫他们采茶时不要用手揉搓，制茶时不要让茶叶生硬，也要避免过焦。慢慢地将茶叶炒干，将茶叶扇冷后再贮藏到瓶中。""采的茶不能过细，太细是因为茶芽刚长出来味道还不足。不能太青，青就说明叶子已经老了味道欠嫩。必须在谷雨的前后，找带叶子的成梗，微绿色团状而且很厚的为最好。天色晴朗的时候采摘才好。像闽广岭南多有瘴疠之气，必须要等到太阳出山，雾瘴之气散尽后，才可以采摘。"

冯可宾在《岕茶笺》中说："茶叶，雨水之前还没有长好，夏至以后梗叶就会太粗了。所以要采到细嫩的好茶叶，必须等到春夏交替之际。在风和日丽的时候，露水刚开始收敛，亲自监督采摘到篮子里。如果是在烈日下，应该避免篮子里闷热，需要用伞遮盖，到家以后马上倒进干净的匾里薄薄地摊开，仔细挑出枯枝、病叶、蜻丝、青牛这些东西，一一去掉，才能称为干净。""蒸茶时要根据叶子的老嫩，来决定蒸的时间，以皮梗破碎而颜色带一点赤红为标准。如果太熟，就不新鲜了。锅里的水必须时常更换，因为热水会夺走茶叶的味道。"

陈眉公《太平清话》中记载：吴地的人在十月的时候采摘小春茶，这时不仅花枝逗漏，而且阳光晴暖。如果错过这个时候，就是霜凄雁冻，不再适合采摘。

眉公说：采摘茶叶时要精细，贮藏茶叶应该干燥，烹制茶水应该清洁。

吴拭说：山中的采茶歌凄清委婉，声音悠长，声音好像是从云际里飘来的，让人潸然泪下。即使是吴歌也不能让人这样感动。

熊明遇在《岕山茶记》中说：储存茶叶的器具，先用生炭火煅烧，在烈日下晒过，火灭后，再把茶叶倒进里面。将瓶口封好，在上面压上新砖块，放在高处清爽易接近人的地方。下雨天千万不要打开，一定要等到天晴的时候再打开。取完茶后瓶子会不满，应用竹叶填满，像以前一样封闭起来，这样才能使茶保存的时间更长。

《雪蕉馆记谈》记载：明玉珍的儿子昇，在重庆用涪江青蟆石做成茶磨，让宫人用武隆雪锦茶碾，加进大足县香霏亭的海棠花烘焙，焙出的茶味道比平常的茶要好得多。海棠本来没有香味，只有这个地方的海棠花香，用它来焙茶最好。

《诗话》记载：顾渚有涌金泉，每年造茶的时候，太守先祭拜，水才冒出来。造完了贡茶，水就变少了，到供堂的茶造完了的时候，水流已经减少了大半。太守造好茶后，水就干涸了。北苑的龙焙泉也是这样。

《紫桃轩杂缀》中说："天下本来有好茶，却被一些普通人焙坏了。有好的山水，却被凡夫俗子玷污了。有好的子弟，却被平庸的老师教坏了。真是无可奈何啊！""匡庐的山顶出产茶叶，在云雾的衬托下，别有韵致，但和尚烘焙的技术太糟糕，泡出的茶像红卤，哪里还有好茶呢？戊戌的春天我在东林住了一段时间，同门的董献可、曹不随、万南仲亲自烘焙茶叶，有'浅碧从教如冻柳，清芬不遣杂花飞'的句子。制成以后，色香味都非常好。""顾渚是前朝茶叶中著名的品种，正是因为采摘初芽的进行加工，所谓的'馨一亩之入，仅充半环'，取的多是精华，自然美妙。今天众多的茶叶却很普通，都像菜蔬一样，怎么能让人看重呢？""金华仙洞与闽中的武夷，都是很好的原料，却被烘焙坏了。""埭头的本草卖溪庵施舍的品种，最近有苏焙的人，以颜色稍青为借口，同一般的价格一样了。"

《岕茶汇钞》中记载："岕茶叶不炒，放在甑中蒸熟，然后再烘焙。这是因为它摘取的时间比较晚，枝叶有一点老，炒了以后不能变软，只会变得枯碎。也有一种细炒岕茶，是用别的山上的茶叶炒焙的，用来欺骗好奇的人。岕中的人爱惜茶叶，绝对不忍心采嫩叶而伤了树的根本。我认为从其他山采的茶，也应该像岕茶一样摘迟一点蒸老一些，好像也没有什么不可以。只是没有经过尝试，不敢随便说。""茶叶在雨水前刚刚出来的为最好，只有罗岕在立夏的时候开园。吴地喜欢叶子粗厚的茶叶，有竹叶的气息，还是在立夏前六七天的时候出的，像雀舌这样的品种，最不容易得到。"

《檀几丛书》记载：岳南的贡茶，是专门供天子用的，不敢买来品用。县官选好贡期在清明的时候到山里面祭祀，这时才开园采造。像松萝、虎丘颜色和香味都很丰美，自然是天家清供的，起名片茶。开始的时候也是按照岕茶的方法制作，万历年间丙辰的时候，和尚稠荫游览到松萝，才开始仿制成片。

冯时可在《滇行纪略》中记载：云南城外的石马井水，跟惠泉没有什么区别。感通寺的茶叶不比天池、伏龙茶差，只是这里的人不善焙制罢了。徽州松萝以前没听说过制茶，偶然一次机会，虎丘一位僧人到松萝庵，按照虎丘的方法焙制，才让天下的人喜欢松萝茶。只是可惜这里的石马井泉水没有碰到陆羽，这里的感通寺茶叶没有遇上虎丘和尚啊。

《湖州志》记载：长兴县城啄木岭的金沙泉，是唐朝每年制造茶叶的地方。在湖、常两郡交界的地方，泉水在沙中，平常没有水。在造茶的时候，两郡的太守到齐后，举行仪式，拜祭泉水，泉水马上就会出现。泉水在傍晚时分清澈溢出，供皇上用的茶造好后，水就会减少；等供堂茶叶造好后，水只有一半了；太守造完茶后，水就干了。太守延长制茶的日期，就会出现风雷这样的警示，有时会出现蛰伏的野兽、毒蛇、木魅、阳睒这类的东西。商家也多半用顾渚的水来造茶，无法沾染金沙泉的恩惠的。今天的紫笋，就是用顾渚水来制造的，也非常不错。

高濂在《八笺》中说：储藏茶叶的方法，是用箬竹叶封裹起来放进茶焙里，两三天焙一次，火的温度应该接近人的体温，湿气就会去掉了。如果火太大，茶叶就会变得焦枯而且不能饮用。

陈眉公的《太平清话》记载："武夷㔉、紫帽、龙山都出产茶叶。但是和尚不善于烘焙，采来茶叶先蒸再烘焙，所以茶叶会显出紫红色，只能供宫里洗漱用了。最近有用松萝的办法制造的，试了以后，颜色和香味也很充足，但过十几天后仍然和以前一样出现紫红色。原来制茶的是几个当地和尚。告诉他们三吴的方法，他们相互转告相互效仿，又恢复了原来的样子。就像前人说的弹琵琶的方法一样，让他多年都不弹奏，就完全忘掉以前的调子了，再用三吴的方法来做，也许还行。""徐茂吴说：'把茶叶放在坛子的底下，把竹叶放在坛口，封闭以后倒放，过了夏天也不会变黄，它的气味也不会往外泄露。'子晋说：'应该倒放在有盖的缸里。缸应该是砂底，那样就不会发潮而且保持干燥。密封起来储存，不应见到太阳，见到太阳就容易变质而会损害味道。储藏又不应该放在很热的地方。新茶不适合马上享用，储藏过了梅雨季节，它的味道才好。'"

张大复的《梅花笔谈》记载：松萝的香味很浓，庙后的味道清淡，顾渚的香气扑鼻，牙颊间感受不同，很长时间都不能忘记。但是茶精妙的地方在于制造，大凡天下正宗的产品，性质都非常相似，但是习性却不同。我深夜的时候醉酒，于是打开张震封留下的顾渚，连喝几杯就清醒了。

宗室文昭《古瓻集》记载：桐花味道很清新，所以用它的花来熏茶，称为桐茶。有"长泉细火夜煎茶，觉有桐香入齿牙"这样的句子。

　　王草堂的《茶说》记载：武夷的茶叶从谷雨的时候采摘到立夏，被称为头春；大约过了两旬以后再采摘，就称为二春；又隔两旬再采摘，称为三春。头春的茶叶粗壮味道浓，二春三春的茶叶渐渐变细，味道渐渐变淡，而且带有苦味。夏末秋初的时候再采摘一次，名为秋露，香气更加浓郁，味道也就更好了，但是为了来年打算，不能摘得太多。茶叶采摘以后，均匀地铺在竹筐上面，架在风口中，叫晒青。青色渐渐变淡，然后再炒焙。阳羡的芥片只蒸不炒，用火烘焙而成。松萝、龙井都是用炒而不用烘焙，所以颜色很纯。只有武夷的茶叶用烘焙和炒两种方法，烹制出来的时候半青半红，青的是炒的颜色，红的是烘焙成的颜色。采摘茶叶要摊开，摊开以后用手搅弄，香气散发出来以后马上炒，过了或者没到都不可以。炒了或者烘焙了以后，再拣去老叶和枝蒂，使茶的品质统一。释超全诗中说："如梅斯馥兰斯馨，心闲手敏工夫细。"形容得很贴切。

　　王草堂的《节物出典》记载：《养生仁术》中说："谷雨的时候采摘茶叶，炒制和贮藏的方法得当，可以祛痰和医治百病。"

　　《随见录》记载："茶叶见了太阳就会失去它的味道，只有武夷的茶叶喜欢日晒。""武夷制造茶叶，岩茶以寺庙里的制造方法为最佳。茶叶采摘回来的时候，把背上有白毛的茶叶逐个挑出来，另外炒焙，称为白毫，又叫寿星眉。采摘刚发出的茶芽，一旗没有展开的，被称为连子心。和两寸长的枝条一起剪下来烘焙的，被称为凤尾、龙须。总之都是追求制作方法的新奇，为了欺人谋利，实在是不可取。"

四 茶 之 器

※ 原文

《御史台记》：唐制：御史有三院：一曰台院，其僚为侍御史；二曰殿院，其僚为殿中侍御史；三曰察院，其僚为监察御史。察院厅居南。会昌初，监察御史郑路所葺礼察厅，谓之松厅，以其南有古松也。刑察厅谓之魇厅，以寝于此者多梦魇也。兵察厅主掌院中茶，其茶必市蜀之佳者，贮于陶器，以防暑湿。御史辄躬亲缄启，故谓之茶瓶厅。

《资暇集》："茶托子，始建中蜀相崔宁之女，以茶杯无衬，病其熨指，取楪子承之。既啜而杯倾。乃以蜡环楪子之央，其杯遂定，即命工匠以漆代蜡环，进于蜀相。蜀相奇之，为制名而话于宾亲，人人为便，用于当代。是后传者更环其底，愈新其制，以至百状焉。""贞元初，青郓油缯为荷叶形，以衬茶碗，别为一家之楪。今人多云托子始此，非也。蜀相即今升平崔家，讯则知矣。"

《大观茶论·茶器》："罗、碾。碾以银为上，熟铁次之。槽欲深而峻，轮欲锐而薄。罗欲细而面紧，碾必力而速。惟再罗，则入汤轻泛，粥面光凝，尽茶之色。""盏须度茶之多少，用盏之大小。盏高茶少，则掩蔽茶色；茶多盏小，则受汤不尽。惟盏热，则茶发立耐久。""筅以觔竹老者为之，身欲厚重，筅欲疏劲，本欲壮而末必眇，当如剑脊之状。盖身厚重，则操之有力而易于运用。筅疏劲如剑脊，则击拂虽过，而浮沫不生。""瓶宜金银，大小之制惟所裁给。注汤利害，独瓶之口嘴而已。嘴之口差大而宛直，则注汤力紧而不散。嘴之末欲圆小而峻削，则用汤有节而不滴沥。盖汤力紧则发速有节，不滴沥则茶面不破。""勺之大小，当以可受一盏茶为量。有余不足，倾勺烦数，茶必冰矣。"

蔡襄《茶录·茶器》："茶焙，编竹为之，裹以箬叶。盖其上以收火也，隔其中以有容也。纳火其下，去茶尺许，常温温然，所以养茶色香味也。""茶笼，茶不入焙者，宜密封裹，以箬笼盛之，置高处，切勿近湿气。""砧椎，盖以碎茶。砧，以木为之，椎则或金或铁，取于便用。""茶钤，屈金铁为之，用以炙茶。""茶碾，以银或铁为之。黄金性柔，铜及石皆能生铒〔音星〕，不入用。""茶罗，以绝细为佳。罗底用蜀东川鹅溪绢之密者，投汤中揉洗以罩之。""茶盏，茶色白，宜黑盏。建安所造者绀黑，纹如兔毫，其坯微厚，熁之久热难冷，最为要用。出他处者，或薄或色紫，不及也。其青白盏，斗试自不用。""茶匙要重，击拂有力。黄金为上，人间以银铁为之。竹者太轻，建茶不取。""茶瓶要小者，易于候汤，且点茶注汤有准。黄金为上，若人间以银铁或瓷石为之。若瓶大啜存，停久味过，则不佳矣。"

孙穆《鸡林类事》：高丽方言，茶匙曰茶戌。

《清波杂志》：长沙匠者，造茶器极精致，工直之厚，等所用白金之数，士大夫家多有之，置几案间，但知以侈靡相夸，初不常用也。凡茶宜锡，窃意以锡为合，适用而不侈。贴以纸，则茶味易损。张芸叟云：吕申公家有茶罗子，一金饰，一棕栏。方接客索银罗子，常客也；金罗子，禁近也；棕栏，则公辅必矣。家人常挨排于屏间以候之。

《黄庭坚集·同公择咏茶碾》诗：要及新香碾一杯，不应传宝到云来。碎身粉骨方余味，莫厌声喧万壑雷。

陶谷《清异录》：富贵汤当以银铫煮之，佳甚。铜铫煮水，锡壶注茶，次之。

《苏东坡集·扬州石塔试茶》诗：坐客皆可人，鼎器手自洁。

《秦少游集·茶臼》诗：幽人耽茗饮，刳木事捣撞。巧制合臼形，雅音伴枳桩。

《文与可集·谢许判官惠茶器图》诗：成图画茶器，满幅写茶诗。会说工全妙，深谙句特奇。

谢宗可《咏物诗·茶筅》：此君一节莹无瑕，夜听松声漱玉华。万里引风归蟹眼，半瓶飞雪起龙芽。香凝翠发云生脚，湿满苍髯浪卷花。到手纤毫皆尽力，多因不负玉川家。

《乾淳岁时记》：禁中大庆会，用大镀金镲，以五色果簇钉龙凤，谓之绣茶。

《演繁露》：《东坡后集二·从驾景灵宫》诗云："病贪赐茗浮铜叶。"按今御前赐茶皆不用建盏，用大汤整，色正白，但其制样似铜叶汤整耳。铜叶色黄褐色也。

周密《癸辛杂志》：宋时长沙茶具精妙甲天下。每副用白金三百星或五百星，凡茶之具悉备。外则以大缨银合贮之。赵南仲丞相帅潭，以黄金千两为之，以进尚方。穆陵大喜，盖内院之工所不能为也。

杨基《眉庵集·咏木茶炉》诗：绀绿仙人炼玉肤，花神为曝紫霞腴。九天清泪沾明月，一点劳心讬鹧鸪。肌骨已为香魄死，梦魂犹在露团枯。媚娥莫怨花零落，分付余醺与酪奴。

张源《茶录》："茶铫，金乃水母，银备刚柔，味不咸涩，作铫最良。制必穿心，令火气易透。""茶瓯以白瓷为上，蓝者次之。"

闻龙《茶笺·茶镬》：山林隐逸，水铫用银尚不易得，何况镬乎。若用之恒，归于铁也。

罗廪《茶解》："茶炉，或瓦或竹皆可，而大小须与汤铫称。凡贮茶之器，始终贮茶，不得移为他用。"

李如一《水南翰记》：韵书无甕字，今人呼盛茶酒器曰甕。

《檀几丛书》：品茶用瓯，白瓷为良，所谓"素瓷传静夜，芳气满闲轩"也。制宜弇口邃肠，色浮浮而香不散。

《茶说》：器具精洁，茶愈为之生色。今时姑苏之锡注，时大彬之砂壶，汴梁之锡铫，湘妃竹之茶灶，宣成窑之茶盏，高人词客、贤士大夫，莫不为之珍重。即唐宋以来，茶具之精，未必有如斯之雅致。

《闻雁斋笔谈》：茶既就筐，其性必发于日，而遇知己于水。然非煮之茶灶、茶炉，则亦不佳。故曰饮茶富贵之事也。

《雪庵清史》："泉洌性驰，非扃以金银器，味必破器而走矣。有馈中泠泉于欧阳文忠者，公讶曰：'君故贫士，何为致此奇赆？'徐视馈器，乃曰：'水味尽矣。'噫！如公言，饮茶乃富贵事耶。尝考宋之大小龙团，始于丁谓，成于蔡襄。公闻而叹曰：'君谟士人也，何至作此事！'东坡诗曰：'武夷溪边粟粒芽，前丁后蔡相笼加，吾君所乏岂此物，致养口体何陋耶。'此则二公又为茶败坏多矣。故余于茶瓶而有感。""茶鼎，丹山碧水之乡，月涧云龛之品，涤烦消渴，功诚不在艺术下。然不有似泛乳花浮云脚，则草堂暮云阴，松窗残雪明，何以勺之野语清。噫！鼎之有功于茶大矣哉。故日休有'立作菌蠢势，煎为潺湲声'，禹锡有'骤雨松风入鼎来，白云满碗花徘徊'，居仁有'浮花原属三昧手，竹斋自试鱼眼汤'，仲淹有'鼎磨云外首山铜，瓶携江上中泠水'，景纶有'待得声闻俱寂后，一瓯春雪胜醍醐'。噫！鼎之有功于茶大矣哉。虽然，吾犹有取卢仝'柴门反关无俗客，纱帽笼头自煎吃'，杨万里'老夫平生爱煮茗，十年烧穿折脚鼎'。如二君者，差可不负此鼎耳。"

冯时可《茶录》：苊莉，一名筹箕，茶笼也。牺，木勺也，瓢也。

《宜兴志·茗壶》：陶穴环于蜀山，原名独山，东坡居阳羡时，以其似蜀中风景，改名蜀山。今山椒建东坡祠以祀之，陶烟飞染，祠宇尽黑。

冒巢民云：茶壶以小为贵，每一客一壶，任独斟饮，方得茶趣。何也？壶小则香不涣散，味不耽迟。况茶中香味，不先不后，恰有一时。太早或未足，稍缓或已过，个中之妙，清心自饮，化而裁之，存乎其人。

周高起《阳羡茗壶系》："茶至明代，不复碾屑和香药制团饼，已远过古人。近百年中，壶黜银锡及闽豫瓷，而尚宜兴陶，此又远过前人处也。陶曷取诸？取其制以本山土砂，能发真茶之色香味，不但杜工部云'倾金注玉惊人眼'，高流务以免俗也。至名手所作，一壶重不数两，价每一二十金，能使土与黄金争价。世日趋华，抑足感矣。考其创始，自金沙寺僧，久而逸其名。又提学颐山吴公读书金沙寺中，有青衣供春者，仿老僧法为之。栗色暗暗，敦庞周正，指螺纹隐隐可按，允称第一，世作龚春，误也。""万历间，有四大家：董翰、赵梁、玄锡、时朋。朋即大彬父也。大彬号少山，不务妍媚，而朴雅坚栗，妙不可思，遂于陶人擅空群之目矣。此外则有李茂林、李仲芳、徐友泉；又大彬徒欧正春、邵文金、邵文银、蒋伯荂四人；陈用卿、陈信卿、闵鲁生、陈光甫；又婺源人陈仲美，重镂叠刻，细极鬼工；沈君用、邵盖、周后溪、邵二孙、陈俊卿、周季山、陈和之、陈挺生、承云从、沈君盛、陈辰辈，各有所长。徐友泉所自制之泥色，有海棠红、朱砂紫、定窑白、冷金黄、淡墨、沉香、水碧、榴皮、葵黄、闪色、梨皮等名。大彬镌款，用竹刀画之，书法娴雅。""茶洗，式如扁壶，中加一盏鬲而细窍其底，便于过水漉沙。茶藏，以闭洗过之茶者。陈仲美、沈君用各有奇制。水杓、汤铫，亦有制之尽美者，要以椰瓢锡缶为用之恒。""茗壶宜小不宜大，宜浅不宜深。壶盖宜盎不宜砥。汤力茗香俾得团结氤氲，方为佳也。""壶若有宿杂气，须满贮沸汤涤之，乘热倾去，即没于冷水中，亦急出水泻之，元气复矣。"

许次杼《茶疏》："茶盒以贮日用零茶，用锡为之，从大坛中分出，若用尽时再取。""茶壶，往时尚龚春，近日时大彬所制，极为人所重。盖是粗砂制成，正取砂无土气耳。"

瞿仙云：茶瓯者，予尝以瓦为之，不用瓷。以笋壳为盖，以槲叶赞覆于上，如箬笠状，以蔽其尘。用竹架盛之，极清无比。茶匙以竹编成，细如筅篱样，与尘世所用者大不凡矣，乃林下出尘之物也。煎茶用铜瓶不免汤锃，用砂铫亦嫌土气，惟纯锡为五金之母，制铫能益水德。

谢肇淛《五杂俎》：宋初闽茶，北苑为最。当时上供者，非两府禁近不得赐，而人家亦珍重爱惜。如王东城有茶囊，惟杨大年至，则取以具茶，他客莫敢望也。

《支廷训集》有《汤蕴之传》，乃茶壶也。

文震亨《长物志》：壶以砂者为上，既不夺香，又无熟汤气。锡壶有赵良璧者亦佳。吴中归锡，嘉禾黄锡，价皆最高。

《遵生八笺》："茶铫、茶瓶，瓷砂为上，铜锡次之。瓷壶注茶，砂铫煮水为上。茶盏惟宣窑坛为最，质厚白莹，样式古雅有等，宣窑印花白瓯，式样得中，而莹然如玉。次则嘉窑，心内有茶字小盏为美。欲试茶，色黄白，岂容青花乱之。注酒亦然，惟纯白色器皿为最上乘，余品皆不取。""试茶以涤器为第一要。茶瓶、茶盏、茶匙生锃，致损茶味，必须先时洗洁则美。"

曹昭《格古要论》：古人吃茶汤用擎，取其易干不留滞。

陈继儒《试茶》诗，有"竹炉幽讨""松火怒飞"之句。［竹茶炉出惠山者最佳。］

《渊鉴类函·茗碗》：韩诗"茗碗纤纤捧。"

徐葆光《中山传信录》：琉球茶瓯，色黄，描青绿花草，云出土噶喇。其质少粗无花，但作水纹者，出大岛。瓯上造一小木盖，朱黑漆之，下作空心托子，制作颇工。亦有茶托、茶帚。其茶具、火炉与中国小异。

葛万里《清异论录》：时大彬茶壶，有名钓雪，似带笠而钓者。然无牵合意。

《随见录》：洋铜茶铫，来自海外。红铜荡锡，薄而轻，精而雅，烹茶最宜。

※ 译文

《御史台记》记载：唐代将御史分为三院：一是台院，这里的官位是侍御史；二是殿院，这里的官位是殿中侍御史；三是察院，这里的官位是监察御史。察院大厅在南面。会昌初年，监察御史郑路修建的礼察厅被称为松厅，这是因为它的南面有古松。刑察厅被称为魇厅，因为大多数在这里睡觉的人大都会做噩梦。兵察厅主要管理院中的茶叶，这里的茶叶必须是蜀地市场上最好的，把它们储存在陶器里，避免高温潮湿。御史曾经亲自为它封口，所以称这里为茶瓶厅。

《资暇集》记载："茶托是建中年间蜀国丞相崔宁的女儿发明的，因为茶杯没有什么东西可以托住拿稳的，所以烫伤了她的手指，拿板子托住，再喝茶的时候杯子却倒了。把它放在蜡黄色的圆形木板中间，她的杯子才稳定下来，随即让工匠用油漆代替蜡黄色，献给丞相。丞相非常惊奇，为它取名并且告诉了宾客亲友，每个人都认为它很方便，从那时就开始用了。只是后来继承者将它的底部弄得更圆，做法更加新奇，甚至有上百种形状。""贞元初年，青郓人把缯布加油漆装饰成荷叶的形状，用来衬托茶碗，成为独一无二的风格。现在的人大多认为托盘从这里开始，其实不是。蜀国的丞相就是今天的崔升家，一问就知道了！"

《大观茶论·茶器》记载："罗、碾。碾用银制的最好，熟铁差一点。槽内应尽量深一些，轮子最好薄而且锋利。罗筛适合小巧细密，碾的时候必须用力并且速度快。只有经过两次筛罗，茶放进开水的时候才会浮在水面上，色泽光艳，极近茶的颜色。""一杯茶所用茶叶的多少取决于茶杯的大小。杯子高茶少，就会掩盖茶叶的颜色，茶叶多而杯子小，就会只有杯子是热的而茶叶不能完全接受热量。如果只是杯子热了，那么泡开茶叶就需要很长时间。""刷洗工具应该用老竹，竹子要厚实，刷子要扎结实，上粗下细，就像剑脊一样。因为刷子厚重，需要用力拿它，用起来更得手。刷子疏劲有力跟剑背一样，那样的话，即使用力拂过也不会产生泡沫。""瓶子应用金银铸造，至于大小，要根据实际情况而定。倒茶的关键只是瓶口而已。瓶嘴大而且近于直的话，倒茶力道紧凑就不容易泼掉。嘴小而且峻削，倒茶时不会滴沥。这是因为倒茶时茶水的力量集中那么茶叶的香味能迅速发挥，茶水不滴沥就不会破坏茶水表层""勺子的大小应当以倒满一杯茶为标准。有的太小，多次用勺，茶就容易凉了。"

蔡襄在《茶录·茶器》中记载："茶焙，用竹子编织成的，在外面裹上一层竹叶。盖在上面，是为了让它更耐火，将它的中间隔开，是为了增大里面的空间。在它的下面烧火，放上一定的茶水，可以保持它温热的状态，这是为了保持茶清香的本色。""茶笼，茶叶如果不焙烤，就应该密封包裹起来，装进竹笼里，放在高处，千万不要靠近潮湿的地方。""椎和砧板，是用来碾碎茶叶的。砧板，是用木头制成的，椎可以是金可以是铁，取决于哪种使用更方便。""茶钤，可以用弯曲的金铁来做，是用来焙茶的。""茶碾，用银或铁做成。黄金是柔性的，铜和石又容易生锈，所以不能用。""茶罗，越细密越好。罗底用蜀地东川细密的鹅溪绢，把它放进水里洗完再罩在上面。""茶杯，茶色浅白，适合黑色的茶杯。建安年间制造的都是黑色的，上面的纹理就像兔毛一样，它的内壁有点厚，能够保持温度不会很快冷却，最适合饮茶。其他地方出产的，不是太薄了就是颜色太深了，不能同它比。青白色的杯子，斗试的时候不能用。""茶匙要重，这样方便用力。黄金最好，普通的是用银铁制造。竹子太轻了，建茶不提倡用。""茶瓶要小的，容易煮茶，而且往杯子里面倒茶的时候要非常准确地把握分寸。黄金的最好，不过大家都用银铁或瓷器来做。如果瓶子大了就会留有剩余，放置过久味道就会变，那就不好了。"

孙穆《鸡林类事》：高丽的方言，把茶匙说成茶戌。

《清波杂志》：长沙的工匠制作的茶器非常精致，工钱之高也同所用的黄金白银数量差不多，仕宦人家大多有这种收藏品，把它放在茶几案头，只是用来炫耀财富，并不常用。一般来说茶器都应该用锡，因为这样既适用又不显得太奢侈。贴上纸的话，茶味就容易受损。张云老先生说：吕申家里有两茶罗子，一个是金的，一个是棕榈的。如果用银罗子接待客人，说明这只是一位普通的朋友；如果用金罗子，那就表示是皇帝身边的人；如果用棕榈的话，就一定是公辅大臣。家里的下人都在屏风的后面等待上前伺候。

《黄庭坚集·同公择咏茶碾》有诗云：要及新香碾一杯，不应传宝到云来。碎身粉骨方余味，莫厌声喧万壑雷。

陶谷《清异录》：富贵汤应该用银制的铫子煮，那就非常好了。如果用铜铫子煮水，锡壶用来倒茶的话，就要差一点。

《苏东坡集·扬州石塔试茶》诗云：坐客皆可人，鼎器手自洁。

《秦少游集·茶臼》诗云：幽人耽茗饮，刳木事捣撞。巧制合臼形，雅音伴枕栊。

《文与可集·谢许判官惠茶器图》诗云：成图画茶器，满幅写茶诗。会说工全妙，深谙句特奇。

谢宗可《咏物诗·茶筅》：此君一节莹无瑕，夜听松声漱玉华。万里引风归蟹眼，半瓶飞雪起龙芽。香凝翠发云生脚，湿满苍髯浪卷花。到手纤毫皆尽力，多因不负玉川家。

《乾淳岁时记》：皇宫里举行重大庆祝活动的时候都会用镀金的大氅，摆放五色果，中间放龙凤团茶，叫作绣茶。

《演繁露》：《东坡后集二·从驾景灵宫》诗中写道："病贪赐茗浮铜叶。"但是现在御赐的茶水都不用建安时期的茶杯，用大的汤，颜色纯白，只是它的式样同铜叶汤氅一样。铜叶色，就是黄褐色。

周密在《癸辛杂志》中记载：宋朝时期，湖南长沙的茶具是天下最精致的。每副茶具用三百星或者五百星的白金，只要是茶器都备齐。用大银盒子装起来。丞相赵南仲曾经用上千两黄金制作，然后把它进献给皇上。皇上非常喜欢，因为这些都是宫里的工匠做不出来的。

杨基《眉庵集·咏木茶炉》诗：绀绿仙人炼玉肤，花神为曝紫霞腴。九天清泪沾明月，一点芳心托鹧鸪。肌骨已为香魄死，梦魂犹在露团枯。嫦娥莫怨花零落，分付余醺与酪奴。

张源《茶录》记载："茶铫子，金是水之母，银就刚柔相济，味道也不会咸涩，用它来做铫子最好。制作的时候必须在中间打眼，这样火气就容易穿透。""茶瓯用白色的瓷器最好，蓝色就要差一点。"

闻龙在《茶笺·茶鍑》中记载：隐居在山林里面的隐士，不容易得到银制的水铫子，何况是金呢？如果要用，只能用铁制的了。

罗廪在《茶解》中说："茶炉，瓦制的和竹制的都可以，大小要同汤铫子相配套。用来装茶的器具，只能装茶，不能有其他的用途。"

李如一在《水南翰记》中写道：韵书里面没有氅这个字，现在的人把装茶和酒的器具称为氅。

《檀几丛书》：品茶用的瓯，白瓷的最好，正所谓"素瓷传静夜，芳气满闲轩"。样子应该是口小腹大，颜色浮浮而且香气不会轻易散去。

《茶说》：如果器具洁净，那么茶的味道也会更加出色。今天姑苏的锡具，当时大彬的砂壶，汴梁的锡铫子，湘妃竹做成的茶灶，宣成窑里的茶杯，文人墨客、仕宦官员没有不珍惜的。唐宋以来，茶具的精妙之处，都没有这样雅致的。

《闻雁斋笔谈》：把茶叶采摘了装进筐里，它的自然之性要在阳光下发散，并且茶的知己是水。但是如果不是用煮茶的灶、炉来煮，那也不会好。所以说，饮茶是富贵的事情。

《雪庵清史》："泉水甘冽容易走味，如果不用金银器具封存，味道很快就散失了。有人送中泠泉水给欧阳修，他惊讶地说：'您本来就贫穷，为什么还要送这样贵重的礼啊！'看到送水的器具，说：'水味已经没有了。'哎！如果像他这样说的话，喝茶真是一件富贵的事情。有人考证宋朝的茶叶大龙团和小龙团都是从丁谓开始，到蔡襄时期才渐渐成熟。欧阳修听说后叹息道：'君谟是贤士，为什么做出这样的事情？'东坡也在诗中说：'武夷溪边粟粒芽，前丁后蔡相笼加，吾君所乏岂此物，致养口体何陋耶。'可见丁、蔡两人对茶的声誉影响很坏呀！因此我对着茶瓶发出感慨。""茶鼎，炼丹煮水的地方，出产月涧云龛的茶叶，能够消除疲劳解除饥渴，功效不在灵芝、白术之下。如果没有飘着乳花、浮着云脚的香茶，那么草堂暮色里，松窗残雪的月夜，又哪来的野语清谈的雅兴呢。哎！对于茶来说，鼎的功劳实在是太大了。所以皮日休有'立作菌蠢势，煎为潺湲声'，刘禹锡有'骤雨松风入鼎来，白云满碗花徘徊'，居仁有'浮华原属三昧手，竹斋自试鱼眼汤'，范仲淹有'鼎磨云外首山铜，瓶携江上中泠水'，景纶有'待得声闻俱寂后，一瓯春雪胜醍醐'。哎，鼎对于茶的功劳多大呀。现在我仍然记得卢仝的那句'柴门反关无俗客，纱帽笼头自煎吃'，杨万里'老夫平生爱煮茗，十年烧穿折脚鼎'。像这两人一样，才算是不辜负这个鼎啊。"

据冯时可《茶录》记载：芘莉，又叫筹筤，就是茶笼。牺，就是木勺或叫作瓢。

《宜兴志·茗壶》：陶穴在蜀山周围。原名是独山，苏东坡在阳羡的时候，因为它跟蜀中的风景很像，所以将它改名为蜀山。现在山椒建有东坡祠堂可以祭祀苏东坡，因为被制陶的黑烟熏染，祠堂里都变黑了。

冒巢民说：茶壶越小越好，每一位客人一壶，任凭你独自斟饮，才能得到其中的乐趣。这是为什么呢？因为茶壶小香气就不容易散失，味道就不容易改变。何况茶中的香气不早不晚，只能保持一个时辰。太早就会显得不足，稍微慢点就可能过了最好的时刻，静下心来自斟自饮，品味消化都在个人了。

周高起《阳羡茗壶系》："茶到了明代，不再碾成细屑和着香料制成饼状了，这比以前的人先进。最近百年来，壶淘汰了银、锡壶和福建、河南的瓷壶，开始崇尚宜兴陶器，这又比古人先进多了。陶壶有什么好处？陶壶是用本山的沙土制造的，能够保持茶叶真正的香味，不但杜工部说'倾金注玉惊人眼'，高雅的人士也免不了落入俗套啊！著名的手艺人所做的壶，不过几两重，每个壶就值一二十两黄金，能让土变得和黄金一样贵重。现在的生活越来越奢华，也足以让人感叹了。考究壶的创始，是由金沙寺的和尚发明的，时间长了名字无从查证了。另一种说法是提学吴颐山在金沙寺里读书，青色的供春茶壶，按照老和尚的方法做的。颜色很暗，沉实端正，隐隐约约的螺纹可以用手指按，称得上第一，人们把它叫作龚春，这可能是错误的叫法。""万历年间，有四大家：董翰、赵梁、玄锡、时朋。时朋就是大彬的父亲。大彬号少山，不喜欢妍媚却崇尚朴雅，制作的陶器非常巧妙，擅长制陶的人也没有见过。此外还有李茂林、李仲芳、徐友泉；大彬的徒弟欧正春、邵文金、邵文银、蒋伯荂四个人；陈用卿、陈信卿、闵鲁生、陈光甫；还有婺源人陈仲美善于雕刻，细致得如鬼斧神工；沈君用、邵盖、周后溪、邵二孙、陈俊卿、周季山、陈和之、陈挺生、承云从、沈君盛、陈辰之辈，都有自己的长处。徐友泉自制茶壶的泥色，有海棠红色、朱砂紫色、定窑白色、冷金黄色、淡墨色、沉香色、水碧色、榴皮色、葵黄色、闪色、梨皮等色。大彬镌刻落款，用竹刀在上刻面，书法娴熟高雅。"茶洗，样子像扁壶，中间有一个盉鬲底部有细孔，可以过水滤沙。茶藏，用来装洗过的茶叶。陈仲美、沈君用各有自己的奇特制品处。水勺、汤铫子也有制作得特别好的，如果用椰瓢和锡制作就能用得更长久。"茶壶宜小不宜大，宜浅不宜深。壶盖应该满而不应该平。这样茶水清香馥郁氤氲，才是好的。""壶里面如果留有其他的杂气，就需要倒满热水清洗，乘热倒掉，马上放到冷水里，再马上拿出把水倒掉，气味就不会再有了。"

许次杼《茶疏》："茶盒是用来放置每天所用的少量茶叶的，用锡做的，从大坛中取出少量的茶，如果用完了可以再去取。""过去崇尚龚春做的茶壶，现在大彬做的茶壶特别被人们重视。那是用粗砂做成的，因为粗砂没有泥土的气息。"

曜仙说：茶瓯，我曾经尝试用瓦制作，而不用瓷。用笋壳做盖子，把榭叶聚拢放在上面，像斗笠一样，可以遮挡灰尘。再用竹架支起来，清幽无比。茶匙是用竹子编成的，像笊篱一样细小，与一般人用的有很大区别，因为它是林子里面的东西。煎茶的时候，用铜瓶汤会有异味，如果用砂铫子，又会显得土气，只有纯锡才是五金之母，做出的铫子对茶水有好处。

谢肇淛《五杂俎》：宋朝初年时候的闽茶，北苑的最好。是当时向皇上进贡的茶叶，不是两府的亲信就不可能得到赏赐，所以他们也更加珍重爱惜，像王东城有茶囊，只在杨大年到了的时候，才拿出来烹茶招待，其他的客人就不可能受到这样的待遇。

《支廷训集》里有《汤蕴之传》，就是茶壶。

文震亨《长物志》中记载：茶壶中砂壶是上品，既不会夺走茶的香气，也没有热水的味道。锡壶有赵良璧的也很好，吴中归锡、嘉禾黄锡的锡器，价钱都很高。

《遵生八笺》中记载："制造茶铫子、茶瓶，用瓷砂造的是最好的，铜锡就差一点。瓷壶泡茶，砂铫子煮茶最好。茶杯只有宣窑坛的最好，内壁厚实洁白，样式古雅有致。宣窑里有白色印花的茶瓯，样式一般，但也像玉一样光洁。差一点的还有嘉窑，里面写上小字的茶杯是非常美的。如果想试茶，茶色黄白，怎么能让青色、花色在里面掺和。倒酒也是这样，只有纯白色的器皿才是最好的，其他的都不应该用。""试茶时洗净器具是最重要的。茶瓶、茶杯、茶匙这些容易产生异味，会损害茶的香味，必须先洗干净，茶的味道才会比较好。"

曹昭《格古要论》：古时候的人喝茶、汤用擎，因为它容易变干而且不留滞。

陈继儒《试茶》诗中有"竹炉幽讨""松火怒飞"的句子。［竹茶炉惠山出产的最好。］

《渊鉴类函·茗碗》中记有韩诗："茗碗纤纤捧。"

徐葆光的《中山传信录》记载：琉球的茶瓯，是黄色的，上面画着青绿的花草，说是从噶喇那里出土的。它没有粗糙的花纹的质地，如果有水纹，那是出自大岛上的。瓯上造一木盖，漆成深红色，下面是一个空心托子，制作精致。还有茶托、茶帚等小配件。它的茶具和火炉与中国其他地方稍有差异。

葛万里《清异论录》：时大彬的茶壶，有个名字叫钓雪的，就像是戴着斗笠的钓鱼人。没有一点牵强的感觉。

《随见录》：洋铜茶铫，是从海外传过来的。红铜外包着锡，又薄又轻巧，又精致又典雅，最适合煮茶了。

五 茶之煮

※ 原文

唐陆羽《六羡歌》：不羡黄金罍，不羡白玉杯；不羡朝入省，不羡暮入台；千羡万羡西江水，曾向竟陵城下来。

唐张又新《水记》："故刑部侍郎刘公讳伯刍，于又新丈人行也。为学精博，有风鉴称。较水之与茶宜者，凡七等：扬子江南零水第一；无锡惠山寺石水第二；苏州虎丘寺石水第三；丹阳县观音寺井水第四；大明寺井水第五；吴淞江水第六；淮水最下第七。余尝具瓶于舟中，亲挹而比之，诚如其说也。客有熟于两浙者，言搜访未尽，余尝志之。及刺永嘉，过桐庐江，至严濑，溪色至清，水味甚冷，煎以佳茶，不可名其鲜馥也。愈于扬子、南零殊远。及至永嘉，取仙岩瀑布用之，亦不下南零，以是知客之说信矣。""陆羽论水次第凡二十种：庐山康王谷水帘水第一；无锡惠山寺石泉水第二；蕲州兰溪石下水第三；峡州扇子山下虾蟆口水第四；苏州虎丘寺石泉水第五；庐山招贤寺下方桥潭水第六；扬子江南零水第七；洪州西山瀑布泉第八；唐州桐柏县淮水源第九；庐州龙池山岭水第十；丹阳县观音寺水第十一；扬州大明寺水第十二；汉江金州上游中零水第十三［水苦。］；归州玉虚洞下香溪水第十四；商州武关西洛水第十五；吴淞江水第十六；天台山西南峰千丈瀑布水第十七；柳州圆泉水第十八；桐庐严陵滩水第十九；雪水第二十［用雪不可太冷。］。"

唐顾况《论茶》：煎以文火细烟，煮以小鼎长泉。

苏廙《仙芽传》第九卷载"作汤十六法"谓：汤者，茶之司命。若名茶而滥汤，则与凡味同调矣。煎以老嫩言，凡三品；注以缓急言，凡三品；以器标者，共五品；以薪论者，共五品。一得一汤，二婴汤，三百寿汤，四中汤，五断脉汤，六大壮汤，七富贵汤，八秀碧汤，九压一汤，十缠口汤，十一减价汤，十二法律汤，十三一面汤，十四宵人汤，十五贱汤，十六魔汤。

丁用晦《芝田录》：唐李卫公德裕，喜惠山泉，取以烹茗。自常州到京，置驿骑传送，号曰"水递"。后有僧某曰："请为相公通水脉。盖京师有一眼井与惠山泉脉相通，汲以烹茗，味殊不异。"公问："井在何坊曲？"曰："昊天观常住库后是也。"因取惠山、昊天各一瓶，杂以他水八瓶，令僧辨晰。僧止取二瓶井泉，德裕大加奇叹。

《事文类聚》：赞皇公李德裕居廊庙日，有亲知奉使于京口，公曰："还日，金山下扬子江南零水与取一壶来。"其人敬诺。及使回举棹日，因醉而忘之，泛舟至石头城下方忆，乃汲一瓶于江中，归京献之。公饮后，叹讶非常，曰："江表水味有异于顷岁矣，此水颇似建业石头城下水也。"其人即谢过，不敢隐。

《河南通志》：卢仝茶泉在济源县。仝有庄，在济源之通济桥二里余，茶泉存焉。其诗曰："买得一片田，济源花洞前。自号玉川子，有寺名玉泉。"汲此寺之泉煎茶。有《玉川子饮茶歌》，句多奇警。

《黄州志》：陆羽泉在蕲水县凤栖山下，一名兰溪泉，羽品为天下第三泉也。尝汲以烹茗，宋王元之有诗。

无尽法师《天台志》：陆羽品水，以此山瀑布泉为天下第十七水。余尝试饮，比余幽溪、蒙泉殊劣。余疑鸿渐但得至瀑布泉耳。苟遍历天台，当不取金山为第一也。

《海录》：陆羽品水，以雪水第二十，以煎茶滞而太冷也。

陆平泉《茶寮记》：唐秘书省中水最佳，故名秘水。

《檀几丛书》：唐天宝中，稠锡禅师名清晏，卓锡南岳涧上，泉忽进石窟间，字曰真珠泉。师饮之清甘可口，曰："得此瀹吾乡桐庐茶，不亦称乎！"

《大观茶论》：水以轻清甘洁为美，用汤以鱼目、蟹眼连络迸跃为度。

《咸淳临安志》：栖霞洞内有水洞深不可测，水极甘洌。魏公尝调以瀹茗。又莲花院有三井，露井最良，取以烹茗，清甘寒洌，品为小林第一。

王氏《谈录》：公言茶品高而年多者，必稍陈。遇有茶处，春初取新芽轻炙，杂而烹之，气味自复在。襄阳试作甚佳，尝语君谟，亦以为然。

欧阳修《浮槎山水记》：浮槎与龙池山皆在庐州界中，较其味不及浮槎远甚。而又新所记，以龙池为第十，浮槎之水弃而不录，以此知又新所失多矣。陆羽则不然，其论曰："山水上，江次之，井为下，山水乳泉石池漫流者上。"其言虽简，而于论水尽矣。

蔡襄《茶录》："茶或经年，则香色味皆陈。煮时先于净器中以沸汤渍之，刮去膏油，一两重即止。乃以钤钳之，用微火炙干，然后碎碾。若当年新茶，则不用此说。碾时，先以净纸密裹捶碎，然后熟碾。其大要旋碾则色白，如经宿则色昏矣。""碾毕即罗。罗细则茶浮，粗则沫浮。""候汤最难，未熟则沫浮，过熟则茶沉。前世谓之蟹眼者，过熟汤也。沉瓶中煮之不可辨，故曰候汤最难。""茶少汤多则云脚散，汤少茶多则粥面聚。〔建人谓之云脚、粥面。〕钞茶一钱七，先注汤，调令极匀。又添注入，环回击拂。汤上盏，可四分则止，观其面色鲜白，著盏无水痕为绝佳。建安斗试，以水痕先退者为负，耐久者为胜，故校胜负之说曰，相去一水两水。""茶有真香，而入贡者微以龙脑和膏，欲助其香。建安民间试茶，皆不入香，恐夺其真也。若烹点之际，又杂以珍果香草，其夺益甚，正当不用。"

陶谷《清异录》："馔茶而幻出物像于汤面者，茶匠通神之艺也。沙门福全生于金乡，长于茶海，能注汤幻茶成一句诗，如并点四瓯，共一首绝句，泛于汤表。小小物类，唾手办尔。檀越日造门，求观汤戏。全自咏诗曰：'生成盏里水丹青，巧画工夫学不成，却笑当时陆鸿渐，煎茶赢得好名声。'""茶至唐而始盛。近世有下汤运匕，别施妙诀，使汤纹水脉成物像者，禽兽、虫鱼、花草之属，纤巧如画，但须臾即就散灭，此茶之变也。时人谓之'茶百戏'。""又有漏影春法。用缕纸贴盏，糁茶而去纸，伪为花身。别以荔肉为叶，松实、鸭脚之类珍物为蕊，沸汤点搅。"

《煮茶泉品》：予少得温氏所著《茶说》，尝识其水泉之目有二十焉。会西走巴峡，经虾蟆窟；北憩芜城，汲蜀冈井；东游故都，绝扬子江，留丹阳酌观音泉，过无锡酌惠山水。粉枪禾旗，苏兰薪桂，且鼎且缶，以饮以饮，莫不和气涤虑，蠲病析酲，祛鄙吝之生心，招神明而还观。信乎！物类之得宜，臭味之所感，幽人之佳尚，前贤之精鉴，不可及已。昔郦元善于《水经》，而未尝知茶；王肃癖于茗饮，而言不及水，表是二美，吾无愧焉。

魏泰《东轩笔录》：鼎州北百里有甘泉寺，在道左，其泉清美，最宜瀹茗。林麓回抱，境亦幽胜。寇莱公谪守雷州，经此酌泉，志壁而去。未几，丁晋公窜朱崖，复经此，礼佛留题而行。天圣中，范讽以殿中丞安抚湖外，至此寺睹二相留题，徘徊慨叹，作诗以志其旁曰："平仲酌泉方顿辔，谓之礼佛继南行。层峦下瞰岚烟路，转使高僧薄宠荣。"

张邦基《墨庄漫录》："元祐六年七夕日，东坡时知扬州，与发运使晁端彦、吴倅晁无咎，大明寺汲塔院西廊并，与下院蜀井二水校其高下，以塔院水为胜。""华亭县有寒穴泉，与无锡惠山泉味相同，并尝之不觉有异，邑人知之者少。王荆公尝有诗云：'神震冽冰霜，高穴雪与平。空山淳千秋，不出鸣咽声。山风吹更寒，山月相与清。北客不到此，如何洗烦醒。'"

罗大经《鹤林玉露》：余同年友李南金云：《茶经》以鱼目、涌泉连珠为煮水之节。然近世瀹茶，鲜以鼎镬，用瓶煮水，难以候视。则当以声辨一沸、二沸、三沸之节。又陆氏之法，以末就茶镬，故以第二沸为合量而下末。若今以汤就茶瓯瀹之，则当用背二涉三之际为合量也。乃为声辨之诗曰："砌虫唧唧万蝉催，忽有千车捆载来。听得松风并涧水，急呼缥色绿磁杯。"其论固已精矣。然瀹茶之法，汤欲嫩而不欲老。盖汤嫩则茶味甘，老则过苦矣。若声如松风涧水而遽瀹之，岂不过于老而苦哉。惟移瓶去火，少待其沸止而瀹之，然后汤适中而茶味甘。此南金之所未讲也。因补一诗云："松风桂雨到来初，急引铜瓶离竹炉。待得声闻俱寂后，一瓯春雪胜醍醐。"

赵彦卫《云麓漫钞》：陆羽别天下水味，各立名品，有石刻行于世。《列子》云：孔子："淄渑之合，易牙能辨之。"易牙，齐威公大夫。淄渑二水，易牙知其味，威公不信，数试皆验。陆羽岂得其遗意乎？

《黄山谷集》：泸州大云寺西偏崖石上，有泉滴沥，一州泉味皆不及也。

林逋《烹北苑茶有怀》：石碾轻飞瑟瑟尘，乳花烹出建溪春。人间绝品应难识，闲对《茶经》忆古人。

《东坡集》："予顷自汴入淮泛江，溯峡归蜀，饮江淮水盖弥年。既至，觉井水腥涩，百余日然后安之。以此知江水之甘于井也，审矣。今来岭外，自扬子始饮江水，及至南康，江益清驶，水益甘，则又知南江贤于北江也。近度岭入清远峡，水色如碧玉，味益胜。今游罗浮，酌泰禅师锡杖泉，则清远峡水又在其下矣。岭外惟惠州人喜斗茶，此水不虚出也。""惠山寺东为观泉亭，堂曰漪澜，泉在亭中，二井石甃相去咫尺，方圆异形。汲者多由圆井，盖方动圆静，静清而动浊也。流过漪澜，从石龙口中出，下赴大池者，有土气，不可汲。泉流冬夏不涸，张又新品为天下第二泉。"

《避暑录话》：裴晋公诗云："饱食缓行初睡觉，一瓯新茗侍儿煎。脱巾斜倚绳床坐，风送水声来耳边。"公为此诗必自以为得意，然吾山居七年，享此多矣。

冯璧《东坡海南烹茶图》诗：讲筵分赐密云龙，春梦分明觉亦空。地恶九钻黎火洞，天游两腋玉川风。

《万花谷》："黄山谷有《井水帖》云：'取井傍十数小石，置瓶中，令水不浊。'故《咏慧山泉》诗云'锡谷寒泉椭石俱'［音妥］是也。石圆而长曰椭，所以澄水。""茶家碾茶，须碾着眉上白，乃为佳。曾茶山诗云：'碾处须看眉上白，分时为见眼中青。'"

《舆地纪胜》：竹泉，在荆州府松滋县南。宋至和初，苦竹寺僧浚井得笔。后黄庭坚谪黔过之，视笔曰："此吾虾蟆碚所坠。"因知此泉与之相通。其诗曰："松滋县西竹林寺，苦竹林中甘井泉。巴人谩说虾蟆碚，试裹春茶来就煎。"

周辉《清波杂志》：余家惠山，泉石皆为几案间物。亲旧东来，数问松竹平安信。

且时致陆子泉，茗碗殊不落寞。然顷岁亦可致于汴都，但未免瓶盎气。用细砂淋过，则如新汲时，号拆洗惠山泉。天台竹沥水，彼地人断竹梢屈而取之盈瓮，若杂以他水则亟败。苏才翁与蔡君谟比茶，蔡茶精用惠山泉煮。苏茶劣用竹沥水煎，便能取胜。此说见江邻几所著《嘉祐杂志》。果尔，今喜击拂者，曾无一语及之何也？双井因山谷乃重，苏魏公尝云："平生荐举不知几何人，惟孟安序朝奉岁以双井一瓮为饷。"盖公不纳苞苴，顾独受此，其亦珍之耶。

《东京记》：文德殿两掖有东西上阁门，故杜诗云："东上阁之东，有井泉绝佳。"山谷《忆东坡烹茶》诗云："阁门井不落第二，竟陵谷帘空误书。"

陈舜俞《庐山记》：康王谷有水帘，飞泉破岩而下者二三十派。其广七十余尺，其高不可计。山谷诗云："谷帘煮甘露"是也。

孙月峰《坡仙食饮录》：唐人煎茶多用姜，故薛能诗云："盐损添常戒，姜宜著更夸。"据此，则又有用盐者矣。近世有此二物者，辄大笑之。然茶之中等者，用姜煎，信佳。盐则不可。

冯可宾《岕茶笺》：茶虽均出于岕，有如兰花香而味甘，过霉历秋，开坛烹之，其香愈烈，味若新沃。以汤色尚白者，真洞山也。他嶰初时亦香，秋则索然矣。

《群芳谱》：世人情性嗜好各殊，而茶事则十人而九。竹炉火候，茗碗清缘。煮引风之碧云，倾浮花之雪乳。非借汤勋，何昭茶德。略而言之，其法有五：一曰择水，二曰简器，三曰忌混，四曰慎煮，五曰辨色。

《吴兴掌故录》：湖州金沙泉，至元中，中书省遣官致祭，一夕水溢，溉田千亩，赐名瑞应泉。

《职方志》：广陵蜀冈上有井，曰蜀井，言水与西蜀相通。《茶品》天下水有二十种，而蜀冈水为第七。

《遵生八笺》：凡点茶，先须燲盏令热，则茶面聚乳，冷则茶色不浮。〔燲音胁，火迫也。〕

陈眉公《太平清话》："余尝酌中泠，劣于惠山，殊不可解。后考之，乃知陆羽原以庐山谷帘泉为第一。《山疏》云：'陆羽《茶经》言，瀑泻湍激者勿食。今此水瀑泻湍激无如矣，乃以为第一，何也？'又云'液泉在谷帘侧，山多云母，泉其液也，洪纤如指，清冽甘寒，远出谷帘之上，乃不得第一，又何也？'又'碧琳池东西两泉，皆极甘香，其味不减惠山，而东泉尤冽。'""蔡君谟'汤取嫩而不取老'，盖为团饼茶言耳。今旗芽枪甲，汤不足则茶神不透，茶色不明。故茗战之捷，尤在五沸。"

徐渭《煎茶七类》："煮茶非漫浪，要须其人与茶品相得，故其法每传于高流隐逸，有烟霞泉石磊魂于胸次间者。""品泉以井水为下。井取汲多者，汲多则水活。""候汤眼鳞鳞起，沫饽鼓泛，投茗器中。初入汤少许，俟汤茗相投即满注，云脚渐开，乳花浮面，则味同。盖古茶用团饼碾屑，味易出。叶茶骤则乏味，过熟则味昏底滞。"

张源《茶录》："山顶泉清而轻，山下泉清而重，石中泉清而甘，砂中泉清而冽，土中泉清而厚。流动者良于安静，负阴者胜于向阳。山削者泉寡，山秀者有神。真源无味，真水无香。流于黄石为佳，泻出青石无用。""汤有三大辨：一曰形辨，二曰声辨，三曰捷辨。形为内辨，声为外辨，捷为气辨。如虾眼、蟹眼、鱼目、连珠，皆为萌汤，直至涌沸如腾波鼓浪，水气全消，方是纯熟；如初声、转声、振声、骇声，皆为萌汤，直至无声，方是纯熟；如气浮一缕、二缕、三缕，及缕乱不分，氤氲缭绕，皆为萌汤，直至气直冲贯，方是纯熟。""蔡君谟因古人制茶碾磨作饼，则见沸而茶神便发。此用嫩而不用老也。今时制茶，不假罗碾，全具元体，汤须纯熟，元神始发也。""炉火通红，茶铫始上。扇起要轻缓，待汤有声，稍稍重疾，斯文武火候也。若过乎文，则水性柔，柔则水为茶降；过于武，则火性烈，烈则茶为水制，皆不足于中和，非茶家之要旨。""投茶有序，无失其宜。先茶后汤，曰下投；汤半下茶，复以汤满，曰中投；先汤后茶，曰上投。夏宜上投，冬宜下投，春秋宜中投。""不宜用恶木、敝器、铜匙、铜铫、木桶、柴薪、烟煤、麸炭、粗童、恶婢、不洁巾帨，及各色果实香药。"

谢肇淛《五杂俎》："唐薛能《茶诗》云：'盐损添常戒，姜宜著更夸'。煮茶如是，味安佳？此或在竟陵翁未品题之先也。至东坡《和寄茶》诗云：'老妻稚子不知爱，一半已入姜盐煎。'则业觉其非矣。而此习犹在也。今江右及楚人，尚有以姜煎茶者，虽云古风，终觉未典。""闽人苦山泉难得，多用雨水，其味甘不及山泉，而清过之。然自淮而北，则雨水苦黑，不堪煮茗矣。惟雪水，冬月藏之，入夏用，乃绝佳。夫雪固雨所凝也，宜雪而不宜雨，何哉？或曰：北方瓦屋不净，多用秽泥涂塞故耳。""古时之茶，曰煮，曰烹，曰煎。须汤如蟹眼，茶味方中。今之茶惟用沸汤投之，稍著火即色黄而味涩，不中饮矣。乃知古今煮法亦自不同也。""苏才翁斗茶用天台竹沥水，乃竹露，非竹沥也。若今医家用火逼竹取沥，断不宜茶矣。"

顾元庆《茶谱》：煎茶四要：一择水，二洗茶，三候汤，四择品。点茶三要：一涤器，二熁盏，三择果。

熊明遇《岕山茶记》：烹茶，水之功居大。无山泉则用天水，秋雨为上，梅雨次之。秋雨冽而白，梅雨醇而白。雪水，五谷之精也，色不能白。养水须置石子于瓮，不惟益水，而白石清泉，会心亦不在远。

《雪庵清史》："余性好清苦，独与茶宜。幸近茶乡，恣我饮啜。乃友人不辨三火三沸法，余每过饮，非失过老，则失之太嫩，致令甘香之味荡然无存，盖误于李南金之说耳。如罗玉露之论，乃为得火候也。友曰：'吾性惟好读书，玩佳山水，作佛事，或时醉花前，不爱水厄，故不精于火候。昔人有言：释滞消壅。一日之利暂佳；

瘠气耗精，终身之害斯大。获益则归功茶力，贻害则不谓茶灾。甘受俗名，缘此之故。'噫！茶冤甚矣。不闻秃翁之言：释滞消壅，清苦之益实多；瘠气耗精，情欲之害最大。获益则不谓茶力，自害则反谓茶殃。且无火候，不独一茶。读书而不得其趣，玩山水而不会其情，学佛而不破其宗，好色而不饮其韵，皆无火候者也。岂余爱茶而故为茶吐气哉？亦欲以此清苦之味，与故人共之耳！'"煮茗之法有六要：一曰别，二曰水，三曰火，四曰汤，五曰器，六曰饮。有粗茶，有散茶，有末茶，有饼茶；有研者，有熬者，有炀者，有舂者。余幸得产茶方，又兼得烹茶六要，每遇好朋，便手自煎烹。但愿一瓯常及真，不用撑肠拄腹文字五千卷也。故曰饮之时，义远矣哉。"

田艺蘅《煮泉小品》："茶，南方嘉木，日用之不可少者。品固有嫩恶，若不得其水，且煮之不得其宜，虽佳弗佳也。但饮泉觉爽，啜茗忘喧，谓非膏粱纨绔可语。爰著《煮泉小品》，与枕石漱流者商焉。""陆羽尝谓：'烹茶于所产处无不佳，盖水土之宜也'。此论诚妙。况旋摘旋瀹，两及其新耶！故《茶谱》亦云'蒙之中顶茶，若获一两，以本处水煎服，即能祛宿疾'，是也。今武林诸泉，惟龙泓入品，而茶亦惟龙泓山为最。盖兹山深厚高大，佳丽秀越，为两山之主。故其泉清寒甘香，雅宜煮茶。虞伯生诗：'但见瓢中清，翠影落群岫；烹煎黄金芽，不取韵雨后。'姚公绶诗：'品尝顾渚风斯下，零落《茶经》奈尔何。'则风味可知矣，又况为葛仙翁炼丹之所哉。又其上为老龙泓，寒碧倍之，其地产茶为南北两山绝品。鸿渐第钱塘天竺灵隐者为下品，当未识此耳。而《郡志》亦只称宝云、香林、白云诸茶，皆未若龙泓之清馥隽永也。""有水有茶，不可以无火，非谓其真无火也，失所宜也。李约云：'茶须活火煎'，盖谓炭火之有焰者。东坡诗云'活水仍将活火烹'，是也。余则以为山中不常得炭，且死火耳，不若枯松枝为妙。遇寒月，多拾松实房蓄，为煮茶之具，更雅。""人但知汤候，而不知火候。火然则水干，是试火当先于试水也。《吕氏春秋》伊尹说汤五味，'九沸九变，火为之纪'。"

许次杼《茶疏》："甘泉旋汲，用之斯良，丙舍在城，夫岂易得。故宜多汲，贮以大瓮，但忌新器，为其火气未退，易于败水，亦易生虫。久用则善，最嫌他用。水性忌木，松杉为甚。木桶贮水，其害滋甚，挈瓶为佳耳。""沸速，则鲜嫩风逸。沸迟，则老熟昏钝。故水入铫，便须急煮。候有松声，即去盖，以息其老钝。蟹眼之后，水有微涛，是为当时。大涛鼎沸，旋至无声，是为过时。过时老汤，决不堪用。""茶注、茶铫、茶瓯，最宜荡涤。饮事甫毕，余沥残叶，必尽去之。如或少存，夺香败味。每日晨兴，必以沸汤涤过，用极熟麻布向内拭干，以竹编架覆而庋之燥处，烹时取用。""味若龙泓，清馥隽永甚。余尝一一试之，求其茶泉双绝，两浙罕伍云。""山厚者泉厚，山奇者泉奇，山清者泉清，山幽者泉幽，皆佳品也。不厚则薄，不奇则蠢，不清则浊，不幽则喧，必无用矣。""江，公也，众水共入其中也。水共则味杂，故曰江水次之。

其水取去人远者，盖去人远，则湛深而无荡漾之漓耳。""严陵濑，一名七里滩，盖沙石上曰濑、曰滩也，总谓之浙江。但潮汐不及，而且深澄，故入陆品耳。余尝清秋泊钓台下，取囊中武夷、金华二茶试之，固一水也，武夷则黄而燥洌，金华则碧而清香，乃知择水当择茶也。鸿渐以婺州为次，而清臣以白乳为武夷之石，今优劣顿反矣。意者所谓离其处，水功其半者耶。""去泉再远者，不能日汲。须遣诚实山僮取之，以免石头城下之伪。苏子瞻爱玉女河水，付僧调水符以取之，亦惜其不得枕流焉耳。故曾茶山《谢送惠山泉》诗有'旧时水递费经营'之句。""汤嫩则茶味不出，过沸则水老而茶乏。惟有花而无衣，乃得点瀹之候耳。""三人以上，止热一炉。如五六人，便当两鼎炉，用一童，汤方调适。若令兼作，恐有参差。""火必以坚木炭为上。然木性未尽，尚有余烟，烟气入汤，汤必无用。故先烧令红，去其烟焰，兼取性力猛炽，水乃易沸。既红之后，方授水器，乃急扇之。愈速愈妙。毋令手停。停过之汤，宁弃而再烹。""茶不宜近阴室、厨房、市喧、小儿啼、野性人、僮奴相哄、酷热斋舍。"

罗廪《茶解》："茶色白，味甘鲜，香气扑鼻，乃为精品。茶之精者，淡亦白，浓亦白，初泼白，久贮亦白。味甘色白，其香自溢，三者得则俱得也。近来好事者，或虑其色重，一注之水，投茶数片，味固不足，香亦窅然，终不免水厄之诮，虽然，尤贵择水。""香以兰花为上，蚕豆花次之。""煮茗须甘泉，次梅水。梅雨如膏，万物赖以滋养，其味独甘。梅后便不堪饮。大瓮满贮，投伏龙肝一块以澄之，即灶中心干土也，乘热投之。""李南金谓，当背二涉三之际为合量。此真赏鉴家言。而罗鹤林惧汤老，欲于松风涧水后，移瓶去火，少待沸止而瀹之。此语亦未中窾。殊不知汤既老矣，虽去火何救哉？""贮水瓮须置于阴庭，覆以纱帛，使昼挹天光，夜承星露，则英华不散，灵气常存。假令压以木石，封以纸箬，暴于日中，则内闭其实，外耗其精，水神敝矣，水味败矣。"

《考槃余事》："今之茶品与《茶经》迥异，而烹制之法，亦与蔡、陆诸人全不同矣。""始如鱼目微微有声为一沸，缘边涌泉如连珠为二沸，奔涛溅沫为三沸。其法非活火不成。若薪火方交，水釜才炽，急取旋倾，水气未消，谓之嫩。若人过百息，水逾十沸，始取用之，汤已失性，谓之老。老与嫩皆非也。"

《夷门广牍》：虎丘石泉，旧居第三，渐品第五。以石泉渟泓，皆雨泽之积，渗窦之潢也。况阖庐墓隧，当时石工多死，僧众上栖，不能无秽浊渗入。虽名陆羽泉，非天然水。道家服食，禁尸气也。

《六砚斋笔记》："武林西湖水，取贮大缸，澄淀六七日。有风雨则覆，晴则露之，使受日月星之气。用以烹茶，甘淳有味，不逊慧麓。以其溪谷奔注，涵浸凝渟，非复一水，取精多而味自足耳。以是知凡有湖陂大浸处，皆可贮以取澄，绝胜浅流阴井，昏滞腥薄，不堪点试也。""古人好奇，饮中作百花熟水，又作五色饮，及冰蜜、糖药种种各殊。余以为皆不足尚。如值精茗，适乏细劚松枝，瀹汤漱咽而已。"

《竹懒茶衡》：处处茶皆有，然胜处未暇悉品，姑据近道日御者：虎丘气芳而味薄，乍入盎，菁英浮动，鼻端拂拂如兰初析，经喉咙亦快然，然必惠麓水，甘醇足佐其寡薄。龙井味极腴厚，色如淡金，气亦沉寂，而咀咽之久，鲜腴潮舌，又必借虎跑空寒熨齿之泉发之，然后饮者，领隽永之滋，无昏滞之恨耳。

松雨斋《运泉约》：吾辈竹雪神期，松风齿颊，暂随饮啄人间，终拟逍遥物外。名山未即，尘海何辞！然而搜奇炼句，液沥易枯；涤滞洗蒙，茗泉不废。月团三百，喜拆鱼缄；槐火一篝，惊翻蟹眼。陆季疵之著述，既奉典刑；张又新之编摩，能无鼓吹。昔卫公宦达中书，颇烦递水；杜老潜居夔峡，险叫湿云。今者，环处惠麓，逾二百里而遥；问渡松陵，不三四日而至。登新捐旧，转手妙若辘轳；取便费廉，用力省于桔槔。凡吾清士，咸赴嘉盟。运惠水：每坛偿舟力费银三分，水坛坛价及坛盖自备不计。水至，走报各友，令人自抬。每月上旬敛银，中旬运水。月运一次，以致清新。愿者书号于左，以便登册，并开坛数，如数付银。某月某日付。松雨斋主人谨订。

《岕茶汇钞》："烹时先以上品泉水涤烹器，务鲜务洁。次以热水涤茶叶，水若太滚，恐一涤味损，当以竹箸夹茶于涤器中，反复洗荡，去尘土、黄叶、老梗既尽，乃以手搦干，置涤器内盖定。少刻开视，色青香冽，急取沸水泼之。夏先贮水入茶，冬先贮茶入水。""茶色贵白，然白亦不难。泉清、瓶洁、叶少、水洌，旋烹旋啜，其色自白，然真味抑郁，徒为目食耳。若取青绿，则天池、松萝及岕之最下者，虽冬月，色亦如苔衣，何足为妙？若余所收真洞山茶，自谷雨后五日者，以汤荡浣，贮壶良久，其色如玉。至冬则嫩绿，味甘色淡，韵清气醇，亦作婴儿肉香。而芝芬浮荡，则虎丘所无也。"

《洞山茶系》：岕茶德全，策勋惟归洗控。沸汤泼叶，即起洗鬲，敛其出液。候汤可下指，即下洗鬲，排荡沙沫。复起，并指控干，闭之茶藏候投。盖他茶欲按时分投，惟岕既经洗控，神理绵绵，止须上投耳。

《天下名胜志》："宜兴县湖汶镇，有于潜泉，窦穴阔二尺许，状如井。其源洑流潜通，味颇甘洌，唐修茶贡，此泉亦递进。""洞庭缥缈峰西北，有水月寺，寺东入小青坞，有泉莹澈甘凉，冬夏不涸。宋李弥大名之曰'无碍泉'。""安吉州碧玉泉为冠，清可鉴发，香可瀹茗。"

徐献忠《水品》："泉甘者，试称之必厚重，其所由来者远大使然也。江中南零水，自岷江发源数千里，始澄于两石间，其性亦重厚，故甘也。""处士《茶经》，不但择水，其火用炭或劲薪。其炭曾经燔为腥气所及，及膏木败器，不用之。古人辨劳薪之味，殆有旨也。""山深厚者，雄大者，气盛丽者，必出佳泉。"

张大复《梅花草堂笔谈》：茶性必发于水，八分之茶遇十分之水，茶亦十分矣。

八分之水试十分之茶，茶只八分耳。

《岩栖幽事》："黄山谷赋：'泅泅乎，如洞松之发清吹；浩浩乎，如春空之行白云。'可谓得煎茶三昧。""扫叶煎茶乃韵事，须人品与茶相得。故其法往往传于高流隐逸，有烟霞泉石磊块胸次者。"

《涌幢小品》："天下第四泉，在上饶县北茶山寺。唐陆鸿渐寓其地，即山种茶，酌以烹之，品其等为第四。邑人尚书杨麒读书于此，因取以为号。""余在京三年，取汲德胜门外水烹茶，最佳。""大内御用井，亦西山泉脉所灌，真天汉第一品，陆羽所不及载。""俗语'芒种逢壬便立霉'，霉后积水烹茶，甚香冽，可久藏，一交夏至便迥别矣。试之良验。""家居苦泉水难得，自以意取寻常水煮滚，入大磁缸，置庭中避日色。俟夜天色皎洁，开缸受露，凡三夕，其清澈底。积垢二三寸，亟取出，以坛盛之，烹茶与惠泉无异。"

闻龙《它泉记》：吾乡四陲皆山，泉水在在有之，然皆淡而不甘。独所谓它泉者，其源出自四明，自洞抵埭，不下三数百里。水色蔚蓝。素沙白石，粼粼见底。清寒甘滑，甲于郡中。

《玉堂丛语》："黄谏尝作《京师泉品》，郊原玉泉第一，京城文华殿东大庖井第一。后谪广州，评泉以鸡爬井为第一，更名学士泉。""吴甡云：'武夷泉出南山者，皆洁冽味短。北山泉味迥别。盖两山形似而脉不同也。'予携茶具共访得三十九处，其最下者亦无硬冽气质。"

王新城《陇蜀余闻》：百花潭有巨石三，水流其中，汲之煎茶，清冽异于他水。

《居易录》：济源县段少司空园，是玉川子煎茶处。中有二泉，或曰玉泉，去盘谷不十里；门外一水曰瀎水，出王屋山。按《通志》，玉泉在泷水上，卢仝煎茶于此，今《水经注》不载。

《分甘余话》：一水，水名也。郦道元《水经注·渭水》："又东会一水，发源吴山。"《地理志》："吴山，古汧山也，山下石穴，水溢石空，悬波侧注。"按此即一水之源，在灵应峰下，所谓"西镇灵湫"是也。余丙子祭告西镇，常品茶于此，味与西山玉泉极相似。

《古夫于亭杂录》：唐刘伯刍品水，以中泠为第一，惠山、虎丘次之。陆羽则以康王谷为第一，而次以惠山。古今耳食者，遂以为不易之论。其实二子所见，不过江南数百里内之水，远如峡中虾蟆碚，才一见耳。不知大江以北如吾郡，发地皆泉，其著名者七十有二。以之烹茶，皆不在惠泉之下。宋李文叔格非，郡人也，尝作《济南水记》，与《洛阳名园记》并传。惜《水记》不存，无以正二子之陋耳。谢在杭品平生所见之水，首济南趵突，次以益都孝妇泉［在颜神镇］、青州范公泉，而尚未见章丘之百脉泉，右皆吾郡之水，二子何尝多见。予尝题王秋史苹"二十四泉草堂"云：

"翻怜陆鸿渐，跬步限江东"，正此意也。

陆次云《湖壖杂记》：龙井泉从龙口中泻出。水在池内，其气恬然。若游人注视久之，忽波澜涌起，如欲雨之状。

张鹏翮《奉使日记》：葱岭乾涧侧有旧二井，从旁掘地七八尺，得水甘洌，可煮茗。字之曰"塞外第一泉。"

《广舆记》："永平滦州有扶苏泉，甚甘洌。秦太子扶苏尝憩此。""江宁摄山千佛岭下，石壁上刻隶书六字，曰：'白乳泉试茶亭'。""钟山八功德水，一清、二冷、三香、四柔、五甘、六净、七不、八蠲疴。""丹阳玉乳泉，唐刘伯刍论此水为天下第四。""宁州双井在黄山谷所居之南，汲以造茶，绝胜他处。""杭州孤山下有金沙泉，唐白居易尝酌此泉，甘美可爱。视其地沙光灿如金，因名。""安陆府沔阳有陆子泉，一名文学泉。唐陆羽嗜茶，得泉以试，故名。"

《增订广舆记》：玉泉山，泉出石罅间，因凿石为螭头，泉从口出，味极甘美。潴为池，广三丈，东跨小石桥，名曰玉泉垂虹。

《武夷山志》：山南虎啸岩语儿泉，浓若停膏，泻杯中鉴毛发，味甘而溥，啜之有软顺意。次则天柱三敲泉，而茶园喊泉可伯仲矣。北山泉味迥别。小桃源一泉，高地尺许，汲不可竭，谓之高泉，纯远而逸，致韵双发，愈啜愈想愈深，不可以味名也。次则接笋之仙掌露，其最下者，亦无硬洌气质。

《中山传信录》：琉球烹茶，以茶末杂细粉少许入碗，沸水半瓯，用小竹帚搅数十次，起沫满瓯面为度，以敬宾。且有以大螺壳烹茶者。

《随见录》：安庆府宿松县东门外，孚玉山下福昌寺旁井，曰龙井，水味清甘，瀹茗甚佳，质与溪泉较重。

※ 译文

唐朝的陆羽在《六羡歌》中写道：不羡慕用黄金做的壶，不羡慕用白玉做的杯子，不羡慕早进官府晚进高台的生活，只羡慕西江的水，曾经在竟陵城下流过。

唐朝张又新在《水记》中记载："以前的刑部侍郎刘公讳，是我尊敬的长辈，学识渊博，有风鉴的称号。他把适合茶的水分为七个等级：扬子江南零的水第一；无锡惠山寺的石水第二；苏州虎丘寺石水第三；丹阳县观音寺井水第四；大明寺的井水第五；吴淞江水第六；淮水最差是第七。我曾经把瓶子带到船上，亲自收集评比，果然同他说的一样。熟悉两浙的人说我搜访得不够全面，我曾经记下来了。后来到了永嘉，经过桐庐江，到达严濑，溪水的颜色非常清，水的味道很冷，用它来煎制茶叶，其清香的韵味难以说清楚。同扬子江南零的水差别很大。到永嘉以后，用仙岩瀑布的水煎茶，也不比南零的水差，这才知道，别人说的是正确的。陆羽论水的等级有二十种：庐山康王谷水第一；无锡惠山寺石泉水第二；蕲州兰溪石下的水为第三；峡州扇子山下虾蟆口的水第四；苏州虎丘寺石泉水第五；庐山招贤寺下方的桥潭水第六；扬子江南零水第七；洪州西山瀑布泉水第八；唐州桐柏县淮水源第九；庐州龙池山岭水第十；丹阳县观音寺水第十一；扬州大明寺水第十二；汉江金州上游中零水第十三［水苦］；归州玉虚洞下面的香溪水第十四；商州武关西面的洛水第十五；吴淞江水第十六；天台山西南峰千丈瀑布水第十七；柳州圆泉水第十八；桐庐严陵滩水第十九；雪水第二十［用雪水煎茶不可以太冷］。"

唐代顾况《论茶》：用文火煎茶，用小鼎长泉煮茶。

苏廙《仙芽传》第九卷中记载"作汤十六法"写道：水是煮茶的关键。如果好茶没有用好水煮，那就跟普通茶的味道没有区别。根据水煮的老嫩分为三种；根据倒入的快慢分，也有三种；根据器具来分，共有五种；根据煮茶用的柴分，为五种。第一叫得一汤，第二是婴汤，第三是百寿汤，第四是中汤，第五是断脉汤，第六是大壮汤，第七是富贵汤，第八是秀碧汤，第九是压一汤，第十是缠口汤，第十一是减价汤，第十二是法律汤，第十三是一面汤，第十四是宵人汤，第十五是贱汤，第十六是魔汤。

丁用晦在《芝田录》中说：唐朝的李卫公，喜欢用惠山的泉水煮茶。从常州运到京城，用驿马传送，被称为"水递"。后来有和尚说："我愿意为您打通水脉。京师里面有一眼井水同惠山泉的水脉是相通的，用来煮茶，味道跟惠山泉一样。"李卫公说："井在什么地方呢？"回答说："昊天观常住的仓库后面就是。"取来惠山和昊天的水各一瓶，加上其他地方的八瓶水，让和尚来辨别。和尚只取出这两瓶水，李卫公非常惊叹。

《事文类聚》中记载：赞皇公李德裕在朝当政的时候，有个朋友奉皇上的圣旨到京口公干，李德裕说："你回来的时候，带一壶金山下的扬子江水回来。"这人答应了。回来时，因为喝醉了酒忘记了，船到了石头城下才想起这件事情，于是这个人取了一瓶江中的水，回到京城献给他。李德裕喝了之后，非常惊讶地说："水的味道同往年的不大一样啊，这个水很像建业石头城下面的水。"这位朋友马上上前谢罪，如实相告，不敢隐瞒。

《河南通志》中记载：卢仝茶泉的水源在济源县。卢仝有一处庄园在离济源县通济桥二里远的地方，泉水就在庄园里。他的诗中说："买得一片田，济源花洞前。自号玉川子，有寺名玉泉。"他汲取寺中的泉水煎茶，有《玉川子饮茶歌》，其中多有奇词警句。

《黄州志》记载：陆羽泉在蕲水县凤栖山下，又叫兰溪泉，陆羽曾取过这里的水煮茶，把它评为天下第三泉水。宋朝的王元之有诗记载。

无尽法师在《天台志》中说：陆羽品水，把这座山上的瀑布水排在天下第十七位。

我曾经试喝过，比我幽溪、蒙泉的水要差一点。我怀疑陆羽只到了瀑布。如果走遍了天台，应该不会把金山的水列为第一吧。

《海录》中记载：陆羽品水，认为雪水可以排在第二十位，可是用它来煎茶太慢太冷了。

陆平泉《茶寮记》中说：唐朝秘书省的水最好，所以又称为秘水。

《檀几丛书》：唐朝天宝年间，叫清晏的稠锡禅师，在南岳山洞上游览时，泉水突然从石窟间迸发出来，名叫真珠泉。禅师喝后感觉清香可口，说："用这个水泡我们家乡的桐庐茶，不是很合适吗？"

《大观茶论》：水是清幽甘甜洁净的最好，把水煮开，滚开的气泡像鱼和蟹子的眼睛一样正好。

《咸淳临安志》：栖霞洞里有水洞深不可测，水的味道非常甘洌。魏公曾用它烹制茶水。另外莲花院里有三口井，露井的水最好，取出来煮茶，感觉清洌甘甜，被评为小林第一。

王氏《谈录》：都说好茶叶时间长了就会陈旧一些。我在产茶的地方看到，春初时取出炒好的新茶叶，同陈茶夹杂在一起煮，气味自然还在。襄阳试过很好，曾经同蔡君谟说，他也这样认为。

欧阳修在《浮槎山水记》中说：浮槎和龙池山都在庐州的境内，但龙池水的味道和浮槎的差距较大。又有新的记载，认为龙池水是第十，浮槎的水没有录入，可见被忽略的地方太多了。陆羽就不一样了，他说："山上的水最好，江水差一点，井水最差，山水乳泉从石池漫流而下的最好。"他的话虽然简单，但是就评水来说已经很全面了。

蔡襄《茶录》："如果茶叶放置的时间超过了一年，香色味就会有些陈旧。煮的时候先放进干净的器具里用开水洗一遍，去掉一两重的膏油就可以了。再用钳子夹着，用小火烘干，再碾碎。如果是当年的新茶，就不需要用这个方法。碾的时候先用干净的纸包起来捣碎，再碾，要碾到颜色变白，如果过夜颜色就会昏暗。""碾完了以后再罗。罗得细冲泡时茶叶就会浮起来，罗得粗茶沫就会浮在上面。""候汤最难，没有熟的话碎末就浮在上面，过熟茶叶就沉下去了。前人所说的蟹眼，就是过熟的汤水。在瓶子里面煮水温变化辨别不出来，所以说候汤最难。""茶叶少水多就会云脚涣散，水少茶叶多就会聚在水面上〔建人称之为云脚、粥面〕。用茶匙取茶一钱七分，先加水，调和均匀。再加开水，来回搅拌。水倒进杯子，只要倒四成满就可以了，看到茶汤颜色鲜白，杯子上没有水的痕迹是最好的。建安时期大家比试，水痕先出现的为输者，坚持很久没有水痕的为胜者，所以论输赢有一说法，叫相去一水两水。""茶叶有真香，但作为贡品的茶叶要稍掺一点龙脑在水里，为了使它的香气更浓。建安民间试茶的时候，都不放进香料，主要是怕夺走了茶叶真正的香味。如果在烹制的时候，加进了果实香草，它们会夺取香味，严格地讲是不应该加的。"

陶谷《清异录》记载："冲茶时在茶水的表面幻化出物体的形象，这是茶匠有精湛的手艺。僧人福全生在金乡，长在茶海，注水入茶时能在水面上幻化成一句诗。如果一起倒上四瓯，那就能组成一首绝句，漂浮在表面。小小的物体，能够清晰地辨认。人们每天登门布施，都希望看到水中的戏，全自咏诗说：'生成盏里水丹青，巧画工夫学不成。却笑当时陆鸿渐，煎茶赢得好名声'。""茶到唐代才开始盛行。最近有在汤水里使用调羹，施加秘诀，使水的纹路形成物体的形象，禽兽、虫鱼、花草这样的东西，精巧得像画卷一样，但一会儿就散失了，这就是茶水的变化。有人称它为'茶百戏'。""还有漏影春法。用镂空的纸贴在茶杯里，加水去纸，现出图案。加上荔枝的肉做叶子，松实、鸭脚之类珍稀的物品做蕊，加进开水搅拌。"

《煮茶泉品》：我少年时候读过温氏的《茶说》，从中知道有名的泉水二十多处。我往西到过巴峡，经过虾蟆窟；往北曾在芜城歇息，汲取过蜀冈井的水；往东游览过故都，一直走到扬子江，在丹阳停留，喝过观音泉的水，还经过无锡品尝过慧山的水。用粉枪禾旗这样的好茶，用兰草桂木这样好的柴火，一边烹煮，一边品尝，那真是回肠荡气，百病全消，抑郁烦躁挥之而去，神清气爽充满全身。这才理解，那美好气息的感染，那幽静的感觉，前辈贤士的精审品鉴，实在是不能达到。过去郦元善著过《水经》，但却不知道茶叶；王肃热衷于喝茶，却没提到过水，要说出茶和水这二者的美好，我可以说当之无愧。

魏泰《东轩笔录》：鼎州往北百里远的地方有一座甘泉寺，在路的左侧有眼泉水清澈美味，最适合泡茶。四周绿荫环抱，环境也很幽雅。寇莱公被贬到雷州时，经过这里喝水，在墙壁上题字后才离去。没过多久，丁晋公又经过这里，拜佛题字后才走。天圣年间，范讽作为殿中丞来到安抚湖外，到这座寺观看了上面题留的文字，徘徊感叹，在旁边作诗说："平仲酌泉方顿辔，谓之礼佛继南行。层峦下瞰岚烟路，转使高僧薄宠荣。"

张邦基《墨庄漫录》中记载："元祐六年七夕的时候，苏东坡在扬州任职，跟发运使晁端彦、吴倅晁无咎等人，汲取大明寺塔院西廊井水同下院蜀井的水比较高下，认为塔院的水比较好。""华亭县有寒穴泉，和无锡惠山泉水的味道相同，放在一起品尝，没觉得有什么不同，当地很少有人知道。王荆公曾经有诗说：'神震洌冰霜，高穴雪与平。空山淳千秋，不出呜咽声。山风吹更寒，山月相与清。北客不到此，如何洗烦醒。'"

罗大经《鹤林玉露》：我的同年好友李南金说：《茶经》里记载水开到像鱼的眼睛、像连珠一样往上冒为标准。但是近来很少用鼎锬煮茶，如果用瓶子煮水，很难看到这些。那就应用声音来分辨水一沸、二沸、三沸的程度。另外还有陆羽的方法，是放茶末在鼎镬里煮，所以在水二沸时放茶叶比较合适。如果像现在这样把开水冲进茶壶泡茶，那就应该在二沸和三沸之间，才算合适。为此赋诗说："砌虫唧唧万蝉催，忽有千车捆载来。听得松风并涧水，急呼缥色绿磁杯。"这种说法已然很精确。但对于茶来说，水应该嫩而不应该老。如果汤嫩的话茶叶的味道就很甜，味道太老就会很苦。如果声音像松风涧水一样再冲茶，不是太老、太苦了吗？只能移掉瓶子去掉火，等它停止沸腾再说，那样水适中，茶叶的味道就会很甜美。这是南金没有讲到的。因此补充一首诗："松风桂雨到来初，急引铜瓶离竹炉。待得声闻俱寂后，一瓯春雪胜醍醐。"

赵彦卫《云麓漫钞》：陆羽将天下水的味道，分别列出了有名的品种，刻在石头上流传后代。《列子》记载：孔子所说的"淄渑之合，易牙能辨之。"易牙，是齐威公的大夫。淄、渑这两种水，易牙知道它们的味道，威公不相信，多次试探都很灵验。陆羽难道也得到了他遗留的意韵吗？

《黄山谷集》：泸州大云寺偏西的崖石上，有泉水往下滴，周围泉水的味道都比不上它。

林逋《烹北苑茶有怀》：石碾轻飞瑟瑟尘，乳花烹出建溪春。人间绝品应难识，闲对《茶经》忆古人。

《东坡集》："我从汴京到淮水，逆流而上到达蜀地，途中喝了整年江淮的水。到了这里，觉得井水的味道非常腥涩，喝了上百天才好一点。由这可知道江水比井水要甜一些。现在来到岭外，从扬子江开始喝江水，到了南康，江水更加清澈，水也更加甘甜，于是又知道南方的江水比北方的江水要好。最近来到清远峡，水的颜色就像碧玉一样，味道更好了。现在游览到了罗浮，喝泰禅师锡杖泉水，清远峡的水又比不上它。岭外只有惠州的人喜欢比试茶水，此水名不虚传。""惠山寺的东面是观泉亭，上面有匾写着"漪澜"，泉水在亭子的中间，二井距离很近，一圆一方两种形状。人们多取圆井里的水，因为方井里的水是流动的而圆井里的水是静的，不动水自然显得清澈，而动就会使水变得浑浊。泉水流过漪澜，从石制的龙口中出来，往下流到大池的水，有泥土的气息，不可汲取。泉水整年都不干涸，张又新称它是天下第二泉。"

《避暑录话》：裴晋公诗中说："饱食缓行初睡觉，一瓯新茗侍儿煎。脱巾斜倚绳床坐，风送水声来耳边。"他作这首诗的时候一定颇为自得，而我在山里居住了七年，已经享受这种生活很长时间了。

冯璧《东坡海南烹茶图》题诗：讲筵分赐密云龙，春梦分明觉亦空。地恶九钻黎火洞，天游两腋玉川风。

《锦绣万花谷》："黄山谷中有《井水帖》说：'把井旁十几颗小石子放在瓶子里，可以让水不浑浊。'所以《咏慧山泉》诗中说'锡谷寒泉椭石俱'。长而圆的石头叫楠，所以能澄清水源。""茶家碾茶，必须碾到上面现出白色，才是最好的。曾茶山诗中说：'碾处须看眉上白，分时为见眼中青。'"

《舆地纪胜》：竹泉，在荆州府松滋县的南面。宋代至和年初，苦竹寺的和尚在淘井时得到一支笔。后来黄庭坚被贬到贵州时经过这里，看到笔说："这是我在虾蟆碚那里丢失的。"可知这两个泉水是相通的。他在诗中说："松滋县西竹林寺，苦竹林中甘井泉。巴人谩说虾蟆碚，试裹春茶来就煎。"

周辉《清波杂志》中记载：我家在惠山，泉水和石头都是几案上摆放的东西。亲戚东来，多次问到松竹的情况。而且经常带来陆子泉水给我，让我能时时品茶而茶碗不会闲置。虽然过去也有人将惠山泉水送到汴京的，但是也会觉得瓶子中水气不够纯。如果把水用细沙滤过，就会像刚取的一样了，被称为拆洗惠山泉。天台山的竹沥水，是那个地方的人将砍断的竹子弄弯把水装进去的，如果夹杂其他的水就不好了。苏才翁和蔡君谟比茶，蔡君谟的茶好，用惠山泉的水煮，苏才翁的茶不好，用竹沥水煮，苏才翁却取胜了。这种说法在江邻几所写的《嘉祐杂志》可以看到。如果真是这样的话，今天喜欢茶事的人，怎么没有提到过一句呢？双井因为黄庭坚的缘故才被重视，苏魏公曾经说："我一生不知荐举了多少人，只有孟安序朝奉的时候送给我一坛双井泉水。"苏魏公从不接受礼物，唯独接受这坛水，可见它的珍贵。

《东京记》：文德殿的两旁有东西上阁门，所以杜诗中说："东上阁之东，有井泉绝佳。"山谷《忆东坡烹茶》诗中说："阁门井不落第二，竟陵谷帘空误书。"

陈舜俞《庐山记》：康王谷里有水帘，泉水从岩石上飞下有二三十个分流。大约有七十多尺宽，水流的高度不可估测。黄庭坚诗中说"谷帘煮甘露"说的就是这里的水。

孙月峰《坡仙食饮录》：唐代的人多用姜煎茶，所以薛能诗中说："盐损添常戒，姜宜著更夸。"根据这种说法，还有用盐煎茶的。如果现在还用这两种东西煎茶，应该会被人笑话。但是中等的茶，用姜煎应该很好，盐就不可以了。

冯可宾《岕茶笺》：茶叶虽然都出自岕，有像兰花一样香甜的味道，过了梅雨季节经历了秋天以后，再打开坛子烹煮，它的香味会更浓烈，味道同新茶一样。如果茶水颜色很白，就是真正的洞山茶。其他的品种刚开始的时候也很香，但是到了秋天就会变得索然无味了。

《群芳谱》：人们喜欢的事物不会相同，但对于茶来说，十个人中有九个人喜欢。不过是竹炉火候适用得当，再加上好茶碗、清水的缘故。煮了以后有水汽上升，上面浮着白色的水花。不借助水的功劳，哪来这么好的茶呢？简单地说，煮茶有五个技巧：一是选择水，二是选用器具，三忌讳混杂，四是小心地蒸煮，五是分辨颜色。

《吴兴掌故录》：湖州的金沙泉，到了元代，中书省派官员祭拜，水一会儿就

溢出来了，灌溉了千亩良田，把它赐名为瑞应泉。

《职方志》：广陵蜀冈上有口井，叫作蜀井，据说井里的水是与西蜀相通的。《茶品》记载的天下水有二十种，而蜀冈的水是第七。

《遵生八笺》：泡茶时，必须先把杯子烘热，那么茶就会在表面聚拢，如果杯子冷，茶的颜色就不能发散出来。〔音胁，就是火烤的意思。〕

陈眉公《太平清话》："我曾经喝中泠水，比惠山的水差，不明白为什么。后来进行考证，才知道陆羽原把庐山谷帘泉的水列为第一。《山疏》中说：'陆羽《茶经》中说，泻下很急的瀑布水不要饮用。但这里的瀑布流得十分湍急，却把它列为第一，这是为什么呢？'又说'液泉在谷帘的旁边，山上有很多云母石，泉水是它的汁水，源头的水流只有手指那么细，清冽甘冷，远胜过谷帘，却不是第一，这是为什么呢？'还有'碧琳池的东西方向有两眼泉水，都非常甘甜清香，味道都不比惠山差，尤其东面的泉水更好'。""蔡君谟所说的'水应该取嫩而不取老'，都是对团饼的茶叶而言。现在的旗芽枪甲，如果汤水不好，茶叶的神韵就不能完全散发出来，茶叶的颜色就会不分明。所以斗茶要取胜，关键在水开的程度。"

徐渭《煎茶七类》："煮茶不是一件随便的事情，需要煮茶人的人品与茶品相当，所以煮茶的方法流传于高人隐士之间，就像是烟霞泉水石块都藏在心中一样。""品水的人认为井水是最差的。应选取经常有人饮用的井水，如果汲水的人多，水就是活水。""把水煮开到起了泡泡，上面泛出泡沫，再将茶叶放进器具里。开始时倒的水要少，等汤茶相融的时候把水注满，云脚就会渐渐开了，上面浮着乳花，味道自然不同一般。其实以前人们把茶叶做成团饼碾成屑来喝，味道容易出来。茶叶少味道就会淡，过熟的话味道就会不清爽，而且容易沉积在底部。"

张源《茶录》："山顶的泉水清而且轻，山下的泉水清而且重，岩石下流出的水清而且甘甜，沙中的泉水清而且冷冽，土中的泉水清而且厚重。流动的水比静止的水好，背阴的水胜过向阳。山势峻峭泉水就会少，山俊秀的有神韵。真源没有味道，真水没有香味。在黄石中流出来的水最好，从青石中泻出来的水没有什么用。""煮水时有三种分辨的方法：一是辨形，二是辨声，三是辨捷。形是从里面分辨，声音是从外面分辨，捷是根据气分辨的。像虾眼、蟹眼、鱼目、连珠都是水刚开的样子，直到水开得像波浪一样翻滚的时候，水汽全部没有，才算真熟了。像初声、转身、振声、骇声都是水刚开时鼓荡的声音，直到没有声音的时候，才算真正的熟了。如果气浮成一缕、二缕、三缕，到分辨不清，烟雾缭绕，都是刚开，直到气息贯通，才算真正熟了。""蔡君谟因为古代的人把茶叶碾磨成饼状，就认为水开了茶的神韵就会散发出来。这是用嫩而不用老的原因。现在制造茶叶，不用罗碾，保持原来的形状，水必须很开，茶的内蕴才会完全散发出来。""炉火通红的时候，茶铫子才能放上去，扇风的时候要轻快，等到开水发出声音，才能扇重一点，这就是所说的文武的火候。如果太文的话，水性就会过柔，太柔的水就会被茶降伏；过于武，火性太烈的话茶就会受制于水，都不能称为调和，没有得到泡茶的要领。""放茶叶要按一定的次序，不要失去最好的时机。先茶后水，叫作下投；在一半水中放茶，再加满水叫中投；先加水后放茶被称为上投。夏天适合上投，冬天适合下投，春秋适合中投。""不应用腐朽的木头、不好的器具、铜调羹、铜铫子、木桶、柴薪、烟煤、麸炭、粗鲁的童子、凶恶的女婢、不干净的毛巾等做与茶相关的事，也不需要各种果实和香料。"

谢肇淛《五杂俎》："唐朝薛能在《茶诗》中说：'盐损添常戒，姜宜著更夸。'这样煮茶，怎么会有好味道呢？或许这是在陆羽品茶之前吧。到了东坡《和寄茶》诗中说：'老妻稚子不知爱，一半已入姜盐煎。'当时就觉得这样做不对了，但这种习惯至今还在。今天江右和楚人，还有用姜煎茶的，虽说是古代的风气，还是觉得不合规矩。""闽人的难处是很难得到山泉，所以多用雨水煮茶，它的味道比不上山泉，但是比山泉水清。然而淮水以北，雨水多是苦而黑，不能用来煮茶。只有用雪水，冬天的时候收藏起来，到了夏天再用，才是最好的。虽然雪也是雨水凝固而成的，但是雪适合雨水却不适合，这是为什么呢？有人说：因为北方的屋瓦不干净，多把很脏的泥土涂在上面。""古时候泡茶，被称为煮、烹、煎。必须水开的像蟹眼一样，茶味才正宗。今天的茶叶只要用开水冲进去，稍微沾上火的颜色就会变黄而且味道苦涩，不适合饮用。才知道古代和现在煮茶的方法是不一样的。""苏才翁斗茶用天台的竹沥水，其实是竹露，不是竹沥。如果像今天的医生用火烤从竹子里面取沥，那就肯定不适合茶了。"

顾元庆《茶谱》：煎茶的四个要诀：一是选择水，二是洗茶，三是候汤，四是择品。点茶的三大要求是：一是器具洗干净，二是烧热茶杯，三是选择果子。

熊明遇《芥山茶记》：烹茶时水的功劳最大。没有山泉就用雨水，秋雨最好，梅雨差一些。秋雨洌而白，梅雨醇而白。雪水是五谷的精华，颜色不可过白。存水时需要将石子放进坛子里，不仅对水有益处，而且白色的石头和清澈的泉水，也会让人觉得赏心悦目。

《雪庵清史》："我生性喜欢清苦，只与茶的习性相近。幸好靠近茶乡，能够让我随意品茶。我的朋友不能分清三火三沸的做法，我每次过去饮茶，不是太老了，就是太嫩了，使得这样香甜的味道荡然无存，这都是被李南金的说法误导的。只有罗玉露那样的说法，才能把握好火候。朋友说：'我只喜欢读书，游玩山水，做佛事，有时候还醉倒在花前，不喜欢喝茶，所以对火候不精通。前人说：去掉体内阻滞和疲劳，一天都会感觉舒服；消耗了精气，对终身的危害才大。获益就说是茶的功劳，得到害处就不说是茶。甘受俗名，就是因为这个缘故。'哎！茶真是冤枉啊。曾听过和尚说：去掉体内阻滞和疲劳，清苦的好处很多；消耗精气，情欲的危害最大。获益的时候不说是因为茶，自己害自己的时候倒说是因为茶才遭殃。如果不懂得把握好火候，不单是对饮茶。如果读书不能得到里面的趣味，赏玩山水不能领会其中的情致，学习佛法不能理解它的根本，好色而不能理解其中的韵味，都是不讲火候。不是我爱茶才为茶出一口气，而是想用这样清苦的味道，和好朋友一起共享。""煮茶的方法有六个要诀：一是辨别，二是水，三是火，四是汤，五是器具，六是饮。茶有粗茶、散茶、末茶、饼茶的区别；有研茶、熬茶、炀茶、舂茶的做法。我很幸运学会了做茶的方法，又得到了烹茶的六大要点，一遇到好朋友，就会亲自烹煎。但愿一壶能喝到其中的真谛，不用五千卷文字撑肠挂腹。所以说饮茶的意义是非常深远的。"

田艺蘅《煮泉小品》："茶叶，是南方优良的树木，是每天不可缺少的饮品。品质虽然有差别，但要是没有好水，煮的时候方法不得当，那么再好的茶也不会好喝。喝泉水的时候觉得清爽，喝茶的时候会忘记喧嚣，这都不是纨绔子弟可以领悟的。我写《煮泉小品》，是为了与枕石漱流的雅士商榷。""陆羽曾经说：'在出产茶叶的地方煮茶没有不好的，这是因为水土适宜。'这种说法很对，因为边采摘、边制作，在两道工序中茶叶都是新鲜的。所以《茶谱》中说：'如果得到一两蒙山之中最好的茶，用当地的水煎服，能够去掉积存很久的疾病。'的确是这样的。现在武林那些泉水，只有龙泓还可以，茶叶也只有龙泓山的最好。因为龙泓山山高林密，山川秀丽，是两山的主峰。所以那里的水清寒而且甘香，适合煮茶。虞伯生诗中说：'但见瓢中清，翠影落群岫。烹煎黄金芽，不取韵雨后。'姚公绶诗中说：'品尝顾渚风斯下，零落《茶经》奈尔何。'那样就知道风味了，否则怎么能成为葛仙翁炼丹的地方呢？比这个地方好的是老龙泓，泉水更加幽寒清澈，这个地方出产的茶叶是南北两山的绝品。陆鸿渐认为钱塘天竺灵隐寺的水最差，我没有试过。《郡志》里面也只说宝云、香林、白云等茶，都不如龙泓清香隽永。""有水有茶，不可以没有火，并不是说真的没有火，只是说掌握火候的问题。李约说'茶必须用活火煎'，活火是指有焰的炭火。东坡的诗中说'活水仍将活火烹'，确实如此。我却认为山中不常有炭，况且都是死火，不如用枯枝。遇到很冷的天气，多拾点松果放在房子里存起来，用它煮茶更好。""人们只知道茶水的征候，却不知道火候。火烧下去能使水蒸干，所以试火应该在试水的前面。《吕氏春秋》中伊尹说汤有五种味道：'九沸九交，关键在于火候的把握。'"

许次杼《茶疏》："用来煮茶的甘甜泉水，最好是随取随用，这样煮茶的效果才会好，可是住在城里，又怎么能够随时得到呢？所以应多汲取一些，放在大坛子里储存起来，但是不要用新器具，因为它的火气还没有退尽，容易败坏水质，也容易生虫。用久的器具才好，但就怕把它用作其他的用途。水最忌讳木头，尤其是松杉。

用木桶储存水，它的危害很快就显露出来了，用瓶子装是最好的。""水开得快，就会显得鲜嫩风逸。水开得迟，则容易太熟昏钝。所以水放进锅里，就要马上煮。等到发出像松涛一样的声音，就掀开锅的盖子，可以平息它的老钝。泛出蟹眼般的气泡之后，水翻腾起来，这是最适合的时候。声音鼎沸，然后没有声音，那就是过时了。过了时间的老汤，绝对不能用。""茶注、茶铫、茶瓯，最好常洗涤。饮完以后，喝剩下的残叶，必须全部去掉。如果残叶还留在里面，再用时就会夺走茶的香气败坏茶的味道。每天早晨，一定要用开水洗过，用特别软的麻布擦干杯子的里面，扣在竹架子上晾干，烹茶的时候再拿出来用。""味道像龙泓泉水，清香隽永。我曾经一一试过，想找到茶叶和水都非常好的地方，但两浙一带很少有比得上龙泓的。""山厚泉水也厚，山奇泉水也奇，山清泉水也清，山幽泉水也幽，这些都是很好的品种。不厚就薄，不奇就蠢，不清就浑浊，不幽静就喧哗，肯定是不好的水。""江，是公共的，所有的水都汇进里面。汇集成的水的味道就会很杂，因此说饮用江水差一点。应到离人远的地方取水，离人越远，水就会清湛而且没有杂物漂浮。""严陵濑，又叫七里滩，这是因为在沙石上被称为濑、被称为滩，总称为浙江。但江的潮汐影响不到这里，水深而且清，所以被陆羽品为好水。我曾经在清秋的时候将船停在钓台下，拿出囊中武夷、金华两种茶进行烹制，虽然是同一种水，武夷茶显得黄而燥冽，金华就显得碧绿而清香，才知道选择水也应当选择茶。鸿渐认为婺州差一点，而清臣认为白乳比武夷要差一点，现在这种优劣已经倒过来了。这就是所谓离开原产地烹茶的缘故，水的功劳占到了一半。""如果离泉水太远，那就不能天天去汲取了。就要让很诚实的山里孩子去取，避免发生像石头城下取水充数的事情。苏子瞻喜欢玉女河里的水，让和尚拿调水符去取，仍然为不能听着水泉睡觉而觉得惋惜。所以曾茶山在《谢送惠山泉》诗中有'旧时水递费经营'这样的句子。""如果水开得不够则茶的味道就不出来，水开得太过茶就会老。只有开到恰到好处才好。""三人以上，只需要一炉。如果是五六个人，就应当用两个鼎炉，每炉专门让一个童子来做，才能调出好茶。如果让人兼做，就会出现差错。""用坚木炭烧火是最好的。如果木头没有烧透，还有剩余的烟味，烟气到了汤里，汤就被毁了。所以先把木柴烧红去掉里面的烟焰，再用很猛烈的火力，水才容易沸腾。炭红了以后，再放上烧水的器具，马上用扇子去扇，越快越好，手不要停。停过火的汤，宁可倒掉再烹制。""茶叶不适合靠近阴暗的房间、厨房、喧闹的地方、小儿啼哭的地方、性格很粗犷的人、仆人打闹的地方、很热的房子。"

罗廪《茶解》："茶叶的颜色发白，味道甘鲜，香气扑鼻，是很好的品种。茶叶中的精品是，茶淡时颜色是白的，茶浓时颜色也是白的，刚泡出来的时候是白色，放置时间长了仍然是白色的，它的香味四处飘溢，色香味三者就都有了。近来有好事的人担心茶的颜色太重，一注的水只放几片茶叶，味道不够，香气也不浓，只能被讥讽是水的灾难，尽管这样，选择水还是特别重要。""香味是兰花的最好，蚕豆花要差一点。""煮茶时必须用甘甜的泉水，其次才是雨水。梅雨就像膏一样，所有的物体都依赖它生长，它的味道非常甘甜。梅雨以后就不能喝了。将梅雨用大坛子装起来，在里面放一片伏龙肝，把水澄清，也就是灶中心的干土块，趁热的时候放进去。""李南金说，水在二沸和三沸之间的时候最合适。这是真正的行家的话。罗鹤林怕汤老了，在水大沸以后，移开瓶子去掉炭火，等到停止沸腾的时候再说。这样的说法也不一定准确。要知道汤已经老了，即使去了火又如何挽救呢？""储水瓶必须放在阴暗的屋子里，上面盖上纱布，遮挡白天的阳光，承接夜晚的露水，那样茶的精华就不会消散，灵气就可以长期保留。假如在上面压土木石，封上纸和竹叶，在阳光底下晒，那样瓶里就会封闭，外面就会耗尽水的精气，水的神韵就没有了，水的味道也就坏了。"

《考槃余事》："今天茶叶的品种同《茶经》里所说的完全不同，烹制的方法，也跟蔡襄、陆羽这些人所说的不一样。""开始有像鱼的眼睛一样的气泡、微微沸腾的声音是一沸，锅的边缘涌出像连珠一样的气泡是二沸，奔腾溅出是三沸。这种方法只有活火才能做到。如果柴火刚点着，锅刚烧热，就急忙取来泡茶，水气还没有消散，被称为嫩。如果等人休息好了，水已经过了十沸，才取用，汤就失去了灵性，已经老了。水老和水嫩都不好。"

《夷门广牍》：虎丘的石泉，以前排在第三位，陆羽将它排为第五。石泉里储存的水，都是由雨水积存起来渗透形成的。何况当时盖墓道，多半石工被闷死了，很多和尚住在山上，不可能没有污秽渗透进去。虽然名叫陆羽泉，其实并不是天然的水。道家服用，最忌讳的就是有尸气。

《六砚斋笔记》："武林的西湖水，取来以后储存在大缸里，放置六七天。遇到风雨的时候就盖上，晴天的时候再打开，让它受到日月星辰的灵气。用它烹茶，会甘醇美味，不比慧麓的差。因为溪谷里的水流很快，能够浸润，不只一处水源，取了多处的精华，味道自然很好。由此可知，凡是有湖泊浸润的地方，都可以收集储藏、澄清，绝对胜过浅流阴井的水。那些水带有异味，不能泡茶饮用。""古人因为好奇，饮用时放很多花在水里，还有一种叫作五色饮，放进冰蜜、糖药各种东西。我认为都不应该提倡。如果没有好茶叶，可以用松枝烧水泡汤，能喝就行。"

《竹懒茶衡》：处处都有茶叶，然而没有时间品鉴每一处名茶胜地，姑且点评周围不远可以品尝到的茶叶：虎丘的气味芳香而且有些淡，刚放进杯里的时候上面浮着青色的叶子，鼻端飘着淡淡的兰花香味，喝的时候也很舒服，但必须是惠麓的水，水的甘醇能够辅佐茶的清淡。龙井的味道很浓厚，颜色淡黄，气味也不是很显露，但喝下去之后，才觉得特别鲜腴润滑，又必须借深山里的冷泉，喝下去才会觉得隽永滋润，没有昏滞的感觉。

松雨斋《运泉约》：在雪后的竹林里，阵阵松风吹着脸颊，我们暂时放饮人间，终日逍遥物外。没到过名山，怎么能告别世俗的生活呢？但是搜集提炼奇警的句子，汗体淋漓思绪枯竭，所以洗去迟滞昏蒙，甘泉香茗不断。有月团三百，高兴地拆开包茶叶的鱼纸封缄，燃起槐枝烧成的篝火，把泉水煮到翻起蟹眼。陆羽的论述，已经奉为经典；张又新的主张也不能不加以议论。以前卫公官至中书，还为递水烦心；杜老潜居在夔峡，它很险要叫作湿云。今天离惠麓山不超过两百里的路程，在松陵渡口雇一条船，不用三四天就到了。登新弃旧，转手就像辘轳一样，取用方便价钱便宜，比用吊杆打水还省力。像我们这样的清士，都赶着赴盟。运惠水：每一坛要付船工三分的银钱，水坛和坛盖的价钱还不在内。取到水以后，通知各位朋友，让人来抬。每月的上旬收钱，中旬运水。每个月运一次，可以让水清新。愿意的人把名字写在左面，便于登记注册，并写明所要的坛数，按照数量付银子。某月某日付款。松雨斋主人谨订。

《岕茶汇钞》："烹茶时先用上好的泉水洗净烹制的器具，必须清洁干净。然后用热水洗涤茶叶，如果水开的时间长了，一洗就会损害它的味道，应该用竹制的筷子在器具中反复地清洗，将茶叶里尘土、黄叶、老梗这些东西全部去掉，再用手拧干，放在洗好的器具里盖上。一会儿再打开来看，颜色清香甘洌，马上取开水冲泡。夏天先放水后放茶叶，冬天先放茶叶后倒水。""茶叶的颜色以白色为好，但是白色也不难。水清、瓶子干净、叶子好、用水洗、烹煮以后马上饮用，它的颜色自然是白色，但是味道就不知道了，只是中看而已。如果取青绿色，那天池、松萝及岕茶是最差的，虽然是冬天，颜色仍然像苔衣一样，很难说好。像我收藏的真洞山茶叶，在谷雨后的五天，用开水煮过晾干，储存在壶里很长时间，它的颜色像白玉一样。到了冬天就会嫩绿，味甘色白，气味甘醇，就像婴儿的体香。而且上面浮荡的芳香，是虎丘茶所没有的。"

《洞山茶系》：岕茶的品性很全面，关键在于洗茶并烘干。水开了以后浇在茶叶上，立即捞出来，沥干了水。水稍凉可以下指的时候，马上放下去洗涤，洗净里面的沙子和粉末。再捞出来，用指捏干，盖在容器中等待冲泡。只是其他的茶叶应该按照时间分别投煮，只有岕茶洗涤以后，纹理很清晰，只需立即冲泡即可。

《天下名胜志》："宜兴县的湖汶镇，有一眼地下泉水，洞穴有二尺多宽，形状像井一样。它的源头跟水源相通，味道非常甘洌，唐代时准备的贡茶，就是用这里的泉水。""洞庭缥缈峰的西北，有一座水月寺，寺的东面进小青坞的地方，有眼泉水清澈甘凉，长年不干涸，宋朝的大将李弥将它命名为无碍泉。""安吉州的碧玉泉最好，清澈得可以照见头发，香味可以用来煮茶。"

徐献忠《水品》："甘甜的泉水，如果去称量它一定很厚重，这是源远流长的原因。江中的南零水，从岷江发源流经几千里，在两石之间澄清，它的性质也很厚重，而且很甜美。""陆羽的《茶经》讲，茶事不但要选择水，烧火也要用炭或硬木。如果炭被腥气沾染，或柴是朽木败器，都不可以用。古代人辨别柴火的气味，也是有要诀的。""山雄伟高大，挺拔秀丽的，一定会出佳泉。"

张大复《梅花草堂笔谈》：茶叶的内蕴必须在水中发散出来，八分的茶叶遇到十分的水，茶也会变成了十分。八分的水去泡十分的茶叶，那茶也只有八分了。

《岩栖幽事》："黄山谷有赋说：'那种汹汹的气势，就像清风吹过松林一样；浩大的样子，就像白云在天空走过。可说是得到了煎茶的要诀。'""扫叶煎茶也是很雅致的事，必须要人品和茶品相得益彰。所以煎茶的方法多半流传在高人雅士，胸怀烟霞山川的人之间。"

《涌幢小品》："天下第四泉在上饶县北面的茶山寺里。唐代陆羽居住在那里，在山上种茶，用泉水烹制后饮用，将泉水评为第四。当地人尚书杨麒曾在这里读书，所以用以为号。""我在京城三年，用德胜门外面的水烹茶最好。""皇宫里用的井水，也是西山泉水的水脉，真是天下第一等泉，陆羽却没有记载。""俗话说：'芒种逢壬便立霉'。梅雨之后积水烹茶，味道香冽，可以长久贮藏，到了夏至就不同了。试过以后很灵验。""家里很难得到泉水，就用普通的水煮开，装到大瓷缸里，放在院里避免光照。等月亮皎洁的时候，再打开瓷缸接受露水，只要三个晚上，水就会变得清澈见底了。下面积存两三寸厚的污垢，取出来，用坛子把水装起来，用它来煮茶跟惠泉的水没什么两样。"

闻龙《它泉记》：我的家乡四面都是山，泉水到处都有，清淡却不甘甜。只有被称为它泉的水，源头出自四明，自洞流下超过三百多里，水的颜色蔚蓝。干净的沙子、白色的石头，水清澈得可以见底。水质清寒甘滑，是郡中最好的。

《玉堂丛语》："黄谏曾写过《京师泉品》，认为郊外的玉泉排第一，京城里的泉水文华殿里的东大庖井排第一。后来他谪守广州，品泉认为鸡爬井为第一泉，于是将它更名为学士泉。""吴鹜说：'武夷南山的泉水，味道甘冽但太淡。北山泉水的味道就完全不同。两座山虽然看起来很相像但有着本质的区别。'我曾经带着茶具访到了三十九处泉水，就是最差的泉水也没有硬冽的气质。"

王新城《陇蜀余闻》：百花潭里有三块巨石，水在里面流淌，将这水取回来煎茶，清冽的味道和其他的水不一样。

《居易录》：济源县段少司空园，是玉川子煎茶的地方。里面有两处泉水，也可叫玉泉，离盘谷不到十里，门外有一条河叫作漭水，源自王屋山。按照《通志》记载，玉泉在漭水的上游，卢仝曾在这里煎茶，现在的《水经注》里没有记载。

《分甘余话》：一水，是水的名字，郦道元在《水经注·渭水》里记载："渭水向东流与一水合流，一水发源于吴山。"《地里志》中记载："吴山，就是古代的汧山，山下有石穴，水从石头的缝隙里流出来，悬空从一侧流下。"这样说来这就是一水的发源地了，在灵应峰下，所谓的"西镇灵湫"就是了。我丙子年祭告西镇的时候，常在这里品茶，味道跟西山玉泉水差不多。

《古夫于亭杂录》：唐代的刘伯刍品水，认为中泠的水最好，惠山虎丘的水差一点。陆羽则认为康王谷的水是最好的，惠山的水排在它后面。从古到今，大都认可这个定论。其实两人见到的，不过是江南几百里内的水而已，最远的也只到虾蟆碚，仅仅见到一次。不知道大江的北面像我们这里，到处都是泉水，著名的就有七十二处。用它们来烹茶，都不在惠泉之下。宋代的李文叔字格非，本郡人，曾经作《济南水记》，当时和《洛阳名园记》齐名。可惜《水记》没有保留下来，不能补充这两人的疏漏。谢在杭品评平生所见的水，认为济南趵突泉的水最好，其次是益都孝妇泉［在颜神镇］、青州的范公泉，但是没有看见章丘的百脉泉。这都是我郡的水，刘伯刍和陆羽两人又何曾见过呢！我曾为王莘的"二十四泉草堂"题诗："翻怜陆鸿渐，跬步限江东。"就是这个意思。

陆次云在《湖壖杂记》中记载：龙井泉从龙口中流出。水在池子里，气息很平静。如果游人看的时间长，就会发现它会突然泛出波澜，像要下雨的样子。

张鹏翮《奉使日记》：葱岭乾涧的旁边有两口旧井，在井的旁边往地下挖七八尺，得到的水非常甘洌，可以煮茶。被人称为"塞外第一泉"。

《广舆记》："永平滦州有扶苏泉，非常甘洌。秦朝的太子扶苏曾在这里休息。""在江宁摄山千佛岭的下面，石壁上刻着六个隶书大字：白乳泉试茶亭。""钟山水的八种作用在于：一是清、二是冷、三是香、四是柔、五是甘、六是净、七是不馐、八是去病。""丹阳的玉乳泉，唐代的刘伯刍称这里的水是天下第四。""宁州的双井在黄山谷的南面，汲取它做茶，绝对比其他地方的要好。""杭州孤山的下面有金沙泉，唐代的白居易品尝过这里的泉水，觉得甘美可爱。看到这里地上的沙子就像金子一样光灿灿的，所以这样命名。""安陆府沔阳有陆子泉，又称为文学泉。唐代的陆羽喜欢喝茶，曾品尝此泉，其名由此而来。"

《增订广舆记》：玉泉山的水是从石头罅缝间流出来的，于是开凿石头作为龙头，泉水就从龙口中流出来，味道特别的甘美。把水流下的地方造成池，方圆三丈，东面横跨一座小石桥，叫作玉泉垂虹。

《武夷山志》：山南面的虎啸岩语儿泉，浓得就像停止在那里的膏体，倒在杯子里面可以照见毛发，味道非常甘甜，喝下去有柔顺的感觉。其次就是天柱的三敲泉，茶园的喊泉又跟它不相上下。北山的泉水味道很特别。名为小桃源的泉水，高出地面差不多有一尺，怎么取都不会干涸，被称为高泉。味道纯远，韵味十足，越喝越深远，无法用语言表达。其次就是相连的仙掌露，这里是最差的泉，也没有硬冽的气息。

《中山传信录》：琉球泡茶的方法，往碗里放进少量的茶末。开水半瓯，用小扫帚在里面搅拌几十次，让泡沫充满了整个瓯面，用来敬献给客人。还有用大螺壳煮茶的。

《随见录》：安庆府宿松县东门外的孚玉山下福昌寺旁边的井，被称为龙井，水的味道非常甘甜，用它来泡茶比较好，只是水质同溪泉相比比较重。

六 茶之饮

※ 原文

卢仝《茶歌》：日高丈五睡正浓，军将扣门惊周公。口传谏议送书信，白绢斜封三道印。开缄宛见谏议面，手阅月团三百片。闻道新年入山里，蛰虫惊动春风起。天子未尝阳羡茶，百草不敢先开花。仁风暗结珠蓓蕾，先春抽出黄金芽。摘鲜焙芳旋封裹，至精至好且不奢。至尊之余合王公，何事便到山人家。柴门反关无俗客，纱帽笼头自煎吃。碧云引风吹不断，白花浮光凝碗面。一碗喉吻润；二碗破孤闷；三碗搜枯肠，惟有文字五千卷；四碗发轻汗，平生不平事，尽向毛孔散；五碗肌骨清；六碗通仙灵；七碗吃不得也，惟觉两腋习习清风生。

唐冯贽《记事珠》：建人谓斗茶曰茗战。

《荈赋》云："茶能调神、和内、解倦、除慵。"

《续博物志》：南人好饮茶，孙皓以茶与韦曜代酒，谢安诣陆纳，设茶果而已。北人初不识此，唐开元中，泰山灵岩寺有降魔师教学禅者以不寐法，令人多作茶饮，因以成俗。

《大观茶论》："点茶不一，以分轻清重浊，相稀稠得中，可欲则止。《桐君录》云：'茗有饽，饮之宜人，虽多不为贵也。'""夫茶以味为上，香甘重滑为味之全。惟北苑、壑源之品兼之。卓绝之品，真香灵味，自然不同。""茶有真香，非龙麝可拟。要须蒸及熟而压之，及干而研，研细而造，则和美具足。入盏则馨香四达，秋爽洒然。"　"点茶之色,以纯白为上真,青白为次,灰白次之,黄白又次之。天时得于上,人力尽于下,茶必纯白。青白者,蒸压微生。灰白者,蒸压过熟。压膏不尽则色青暗。焙火太烈则色昏黑。"

《苏文忠集》:"予去黄十七年,复与彭城张圣途、丹阳陈辅之同来。院僧梵英葺治堂宇,比旧加严洁,茗饮芳冽。予问:'此新茶耶?'英曰:'茶性新旧交则香味复。'予尝见知琴者言,琴不百年,则桐之生意不尽,缓急清浊常与雨旸寒暑相应。此理与茶相近,故并记之。"　"王焘集《外台秘要》有《代茶饮子》诗云,格韵高绝,惟山居逸人乃当作之。予尝依法治服,其利膈调中,信如所云。而其气味乃一贴煮散耳,与茶了无干涉。"　"《月兔茶》诗:环非环,玦非玦,中有迷离玉兔儿,一似佳人裙上月。月圆还缺缺还圆,此月一缺圆何年。君不见,斗茶公子不忍斗小团,上有双衔绶带双飞鸾。"

坡公尝游杭州诸寺,一日,饮酽茶七碗,戏书云:"示病维摩原不病,在家灵运已忘家。何须魏帝一丸药,且尽卢仝七碗茶。"

《侯鲭录》:东坡论茶:除烦已腻。世固不可一日无茶,然暗中损人不少,故或有忌而不饮者。昔人云,自茗饮盛后,人多患气、患黄,虽损益相半,而消阴助阳,益不偿损也。吾有一法,常自珍之,每食已,辄以浓茶漱口,烦腻既去,而脾胃不知。凡肉之在齿间。得茶漱涤,乃尽消缩,不觉脱去,毋须挑刺也。而齿性便苦,缘此渐坚密,蠹疾自已矣。然率用中茶,其上者亦不常有。间数日一啜,亦不为害也。此大是有理,而人罕知者,故详述之。

白玉蟾《茶歌》:味如甘露胜醍醐,服之顿觉沉疴苏。身轻便欲登天衢,不知天上有茶无。

唐庚《斗茶记》:政和三年三月壬戌,二三君子相与斗茶于寄傲斋。予为取龙塘水烹之,而第其品。吾闻茶不问团,要之贵新;水为问江井,要之贵活。千里致水,伪固不可知,就令识真,已非活水。今我提瓶走龙塘,无数千步。此水宜茶,昔人以为不减清远峡。每岁新茶,不过三月至矣。罪戾之余,得与诸公从容谈笑于此,汲泉煮茗,以取一时之适,此非吾君之力欤!

蔡襄《茶录》:茶色贵白,而饼茶多以珍膏油[去声]。其面,故有青黄紫黑之异。善别茶者,正如相工之视人气色也,隐然察之于内,以肉理润者为上。既已末之,黄白者受水昏重,青白者受水鲜明,故建安人斗试,以青白胜黄白。

张淏《云谷杂记》:饮茶不知起于何时。欧阳公《集古录跋》云:"茶之见前史,盖自魏晋以来有之。"予按《晏子春秋》,婴相齐景公时,食脱粟之饭,炙三弋五卵,茗菜而已。又汉王褒《僮约》有"五阳[一作武都]买茶"之语,则魏晋之前已有之矣。但当时虽知饮茶,未若后世之盛也。考郭璞注《尔雅》云:"树似栀子,冬生,叶可煮作羹饮。"然茶至冬味苦,岂可作羹饮耶?饮之令人少睡,张华得之,以为异闻,遂载之《博物志》。非但饮茶者鲜,识茶者亦鲜。至唐陆羽著《茶经》三篇,言茶甚备,天下益知饮茶。其后尚茶成风。回纥入朝,始驱马市茶。德宗建中间,赵赞始兴茶税。兴元初虽诏罢,贞元九年,张滂复奏请,岁得缗钱四十万。今乃与盐酒同佐国用,所入不知几倍于唐矣。

《品茶要录》:"余尝论茶之精绝者,其白合未开,其细如麦,盖得青阳之轻清者也。又其山多带砂石,而号佳品者,皆在山南,盖得朝阳之和者也。余尝事闲,乘暑景之明净,适亭轩之潇洒,一一皆取品试。既而神水生于华池,愈甘而新,其有助乎。""昔陆羽号为知茶,然羽之所知者,皆今之所谓茶草。何哉?如鸿渐所论蒸笋并叶,畏流其膏,盖草茶味短而淡,故常恐去其膏。建茶力厚而甘,故惟欲去其膏。又论福建为未详,往往得之,其味极佳。由是观之,鸿渐其未至建安欤。"

谢宗《论茶》:候蟾背之芳香,观虾目之沸涌。故细沤花泛,浮饽云腾,昏俗尘劳,一啜而散。

《黄山谷集》:品茶一人得神,二人得趣,三人得味,六七人是名施茶。

沈存中《梦溪笔谈》:芽茶古人谓之雀舌、麦颗,言其至嫩也。今茶之美者,其质素良,而所植之土又美,则新芽一发,便长寸余,其细如针。惟芽长为上品,以其质干、土力皆有余故也。如雀舌、麦颗者,极下材耳。乃北人不识,误为品题。予山居有《茶论》,且作《尝茶》诗云:"谁把嫩香名雀舌,定来北客未曾尝;不知灵草天然异,一夜风吹一寸长。"

《遵生八笺》:茶有真香,有佳味,有正色。烹点之际,不宜以珍果香草杂之。夺其香者,松子、柑橙、莲心、木瓜、梅花、茉莉、蔷薇、木樨之类是也。夺其色者,柿饼、胶枣、火桃、杨梅、橘饼之类是也。凡饮佳茶,去果方觉清绝,杂之则味无辨矣。若欲用之,所宜则惟核桃、榛子、瓜仁、杏仁、榄仁、栗子、鸡头、银杏之类,或可用也。

徐渭《煎茶七类》:"茶入口,先须灌漱,次复徐啜,俟甘津潮舌,乃得真味。若杂以花果,则香味俱夺矣。""饮茶宜凉台静室,明窗曲几,僧寮道院,松风竹月,晏坐行吟,清谈把卷。""饮茶宜翰卿墨客,缁衣羽士,逸老散人,或轩冕中之超轶世味者。""除烦雪滞,涤醒破睡,谭渴书倦,是时茗碗策勋,不减凌烟。"

许次杼《茶疏》:"握茶手中,俟汤入壶,随手投茶,定其浮沉,然后泻啜,则乳嫩清滑,而馥郁于鼻端。病可令起,疲可令爽。""一壶之茶,只堪再巡。初巡鲜美,再巡甘醇,三巡则意味尽矣。余尝与客戏论,初巡为'婷婷袅袅十三余',再巡为'碧玉破瓜年',三巡以来,'绿叶成阴'矣。所以茶注宜小,小则再巡已终,宁使余芬剩馥尚留叶中,犹堪饭后供啜嗽之用。""人必各手一瓯,毋劳传送。再巡之后，清水涤之。""若巨器屡巡，满中泻饮，待停少温，或求浓苦，何异农匠作劳但资口腹，何论品赏，何知风味乎？"

《煮泉小品》："唐人以对花啜茶为杀风景，故王介甫诗云'金谷千花莫漫煎'。其意在花，非在茶也。余意以为金谷花前，信不宜矣；若把一瓯对山花啜之，当更助风景，又何必羞儿酒也。""茶如佳人，此论最妙，但恐不宜山林间耳。昔苏东坡诗云'从来佳茗似佳人'，曾茶山诗云'移人尤物众谈夸'，是也。若欲称之山林，当如毛女麻姑，自然仙风道骨，不浼烟霞。若夫桃脸柳腰，亟宜屏诸销金帐中，毋令污我泉石。""茶之团者、片者，皆出于碾硙之末，既损真味，复加油垢，即非佳品。总不若今之芽茶也，盖天然者自胜耳。曾茶山《日铸茶》诗云'宝銙自不乏，山芽安可无'，苏子瞻《壑源试焙新茶》诗云'要知玉雪心肠好，不是膏油首面新'，是也。且末茶瀹之有屑，滞而不爽，知味者当自辨之。""煮茶得宜，而饮非其人，犹汲乳泉以灌蒿莸，罪莫大焉。饮之者一吸而尽，不暇辨味，俗莫甚焉。""人有以梅花、菊花、茉莉花荐茶者，虽风韵可赏，究损茶味。如品佳茶，亦无事此。今人荐茶，类下茶果，此尤近俗。是纵佳者能损茶味，亦宜去之。且下果则必用匙，若金银，大非山居之器，而铜又生，皆不可也。若旧称北人和以酥酪，蜀人入以白土，此皆蛮饮，固不足责。"

罗廪《茶解》："茶通仙灵，然有妙理。""山堂夜坐，汲泉煮茗，至水火相战，如听松涛，倾泻入杯，云光潋滟。此时幽趣，故难与俗人言矣。"

顾元庆《茶谱》：品茶八要：一品，二泉，三烹，四器，五试，六候，七侣，八勋。

张源《茶录》："饮茶以客少为贵，众则喧，喧则雅趣乏矣。独啜曰幽，二客曰胜，三四曰趣，五六曰泛，七八曰施。""酾不宜早，饮不宜迟。酾早则茶神未发，饮迟则妙馥先消。"

《云林遗事》：倪元镇素好饮茶，在惠山中，用核桃、松子肉和真粉成小块如石状，置于茶中饮之，名曰清泉白石茶。

闻龙《茶笺》：东坡云："蔡君谟嗜茶，老病不能饮，日烹而玩之。可发来者之一笑也。"孰知千载之下有同病焉。余尝有诗云："年老耽弥甚，脾寒量不胜。"去烹而玩之者几希矣。因忆老友周文甫，自少至老，茗碗薰炉，无时暂废。饮茶日有定期：旦明、晏食、禺中、晡时、下舂、黄昏，凡六举，而客至烹点不与焉。寿八十五，无疾而卒。非宿植清福，乌能毕世安享？视好而不能饮者，所得不既多乎！尝蓄一龚春壶，摩挲宝爱，不啻掌珠。用之既久，外类紫玉，内如碧云，真奇物也，后以殉葬。

《快雪堂漫录》：昨同徐茂吴至老龙井买茶，山民十数家，各出茶。茂吴以次点试，皆以为赝，曰：真者甘香而不洌，稍洌便为诸山赝品。得一二两以为真物，试之。果甘香若兰。而山民及寺僧反以茂吴为非，吾亦不能置辩。伪物乱真如此。茂吴品茶，以虎丘为第一，常用银一两余购其斤许。寺僧以茂吴精鉴，不敢相欺。他人所得虽厚价，亦赝物也。子晋云：本山茶叶微带黑，不甚青翠。点之色白如玉，而作寒豆香，宋人呼为白云茶。稍绿便为天池物。天池茶中杂数茎虎丘，则香味迥别。虎丘其茶中王种耶！岕茶精者，庶几妃后；天池、龙井便为臣种，其余则民种矣。

熊明遇《岕山茶记》：茶之色重、味重、香重者，俱非上品。松萝香重；六安味苦，而香与松萝同；天池亦有草莱气，龙井如之。至云雾则色重而味浓矣。尝啜虎丘茶，色白而香似婴儿肉，真称精绝。

邢士襄《茶说》：夫茶中着料，碗中着果，譬如玉貌加脂，蛾眉染黛，翻累本色矣。

冯可宾《岕茶笺》：茶宜无事、佳客、幽坐、吟咏、挥翰、徜徉、睡起、宿醒、清供、精舍、会心、赏鉴、文僮。茶忌不如法、恶具、主客不韵、冠裳苛礼、荤肴杂陈、忙冗、壁间案头多恶趣。

谢在杭《五杂俎》："昔人谓：'扬子江心水，蒙山顶上茶。'蒙山在蜀雅州，其中峰顶尤极险秽，虎狼蛇虺所居，采得其茶，可蠲百疾。今山东人以蒙阴山下石衣为茶当之，非矣。然蒙阴茶性亦冷，可治胃热之病。""凡花之奇香者，皆可点汤。《遵生八笺》云：'芙蓉可为汤。'然今牡丹、蔷薇、玫瑰、桂、菊之属，采以为汤，亦觉清远不俗，但不若茗之易致耳。""北方柳芽初茁者，采之入汤，云其味胜茶。曲阜孔林楷木，其芽可以烹饮。闽中佛手、柑、橄榄为汤，饮之清香，色味亦旗枪之亚也。又或以绿豆微炒，投沸汤中顷之，其色正绿，香味亦不减新茗。偶宿荒村中觅茗不得者，可以此代也。"

《谷山笔麈》：六朝时，北人犹不饮茶，至以酪与之较，惟江南人食之甘。至唐始兴茶税。宋元以来，茶目遂多，然皆蒸干为末，如今香饼之制，乃以入贡，非如今之食茶，止采而烹之也。西北饮茶不知起于何时。本朝以茶易马，西北以茶为药，疗百病皆瘥，此亦前代所未有也。

《金陵琐事》：思屯乾道人，见万镃手软膝酸，云："系五藏皆火，不必服药，惟武夷茶能解之。"茶以东南枝者佳，采得烹以涧泉，则茶竖立，若以井水即横。

《六研斋笔记》："茶以芳冽洗神，非读书谈道，不宜亵用。然非真正契道之士，茶之韵味，亦未易评量。尝笑时流持论，贵嘶声之曲，无色之茶。嘶近于哑，古之绕梁遏云，竟成钝置。茶若无色，芳冽必减，且芳与鼻触，冽以舌受，色之有无，目之所审。根境不相摄，而取衷于彼，何其悖耶，何其谬耶！""虎丘以有芳无色，擅茗事之品。顾其馥郁不胜兰芷，与新剥豆花同调，鼻之消受，亦无几何。至于入口，淡于勺水，清泠之渊，何地不有，乃烦有司章程，作僧流棰楚哉。"

《紫桃轩杂缀》："天目清而不醨，苦而不螫，正堪与缁流漱涤。笋蕨、石濑则太寒俭，野人之饮耳。松萝极精者方堪入供，亦浓辣有余，甘芳不足，恰如多财贾人，纵复蕴藉，不免作蒜酪气。分水贡芽，出本不多。大叶老根，泼之不动，入水煎成，番有奇味。荐此茗时，如得千年松柏根作石鼎薰燎，乃足称其老气。""'鸡苏佛''橄榄仙'，宋人咏茶语也。鸡苏即薄荷，上口芳辣。橄榄久咀回甘。合此二者，庶得茶蕴，曰仙、曰佛，当于空玄虚寂中，嘿嘿证入。不具是舌根者，终难与说也。""赏名花不宜更度曲，烹精茗不必更焚香，恐耳目口鼻互牵，不得全领其妙也。""精茶不宜泼饭，更不宜沃醉。以醉则燥渴，将灭裂吾上味耳。精茶岂止当为俗客啬？倘是日泪汩尘务，无好意绪，即烹就，宁俟冷以灌兰，断不令俗肠污吾茗君也。""罗山庙后岕精者，亦芬芳回甘。但嫌稍浓，乏云露清空之韵。以兄虎丘则有余，以父龙井则不足。""天地通俗之才，无远韵，亦不致呕秽寒月。诸茶晦黯无色，而彼独翠绿媚人，可念也。""屠赤水云：'茶于谷雨候、晴明日采制者，能治痰嗽、疗百疾。'"

《类林新咏》：顾彦先曰："有味如醩，饮而不醉；无味如茶，饮而醒焉。"醉人何用也。

徐文长《秘集致品》：茶宜精舍，宜云林，宜磁瓶，宜竹灶，宜幽人雅士，宜衲子仙朋，宜永昼清谈，宜寒宵兀坐，宜松月下，宜花鸟间，宜清流白石，宜绿藓苍苔，宜素手汲泉，宜红妆扫雪，宜船头吹火，宜竹里飘烟。

《芸窗清玩》：茅一相云："余性不能饮酒，而独耽味于茗。清泉白石可以濯五脏之污，可以澄心气之哲。服之不已，觉两腋习习，清风自生。吾读《醉乡记》，未尝不神游焉。而间与陆鸿渐、蔡君谟上下其议，则又爽然自释矣。"

《三才藻异》：雷鸣茶产蒙山顶，雷发收之，服三两换骨，四两为地仙。

《闻雁斋笔记》：赵长白自言："吾生平无他幸，但不曾饮井水耳。"此老于茶，可谓能尽其性者。今亦老矣，甚穷，大都不能如曩时，犹摩挲万卷中作《茶史》，故是天壤间多情人也。

袁宏道《瓶花史》：赏花，茗赏者上也，谭赏者次也，酒赏者下也。

《茶谱》：《博物志》云："饮真茶令人少眠。"此是实事，但茶佳乃效，且须末茶饮之。如叶烹者，不效也。

《太平清话》：琉球国亦晓烹茶。设古鼎于几上，水将沸时投茶末一匙，以汤沃之。少顷奉饮，味清香。

《黎床渖余》：长安妇女有好事者，曾侯家睹彩笺曰："一轮初满，万户皆清。若乃狎处衾帏，不惟辜负蟾光，窃恐嫦娥生炉。涓于十五、十六二宵，联女伴同志者，一茗一炉，相从卜夜，名曰'伴嫦娥'。凡有冰心，仝垂玉允。朱门龙氏拜启。"［陆浚原］

沈周《跋茶录》：樵海先生真隐君子也。平日不知朱门为何物，日偃仰于青山白云堆中，以一瓢消磨半生。盖实得品茶三昧，可以羽翼桑苎翁之所不及，即谓先生为茶中董狐可也。

王晫《快说续记》：春日看花，郊行一二里许，足力小疲，口亦少渴。忽逢解事僧邀至精舍，未通姓名，便进佳茗，踞竹床连啜数瓯，然后言别，不亦快哉。

卫泳《枕中秘》：读罢吟余，竹外茶烟轻扬；花深酒后，铛中声响初浮。个中风味谁知，卢居士可与言者；心下快活自省，黄宜州岂欺我哉。

江之兰《文房约》："诗书涵圣脉，草木栖神明。一草一木，当其含香叶艳，倚槛临窗，真足赏心悦目，助我幽思。亟宜烹蒙顶石花，悠然啜饮。""扶舆沉瀣，往来于奇峰怪石间，结成佳茗。故幽人逸士，纱帽笼头，自煎自吃。车声羊肠，无非火候，苟饮不尽，且漱弃之，是又呼陆羽为茶博士之流也。"

高士奇《天禄识余》：饮茶或云始于梁天监中，见《洛阳伽蓝记》，非也。按《吴志·韦曜传》："孙皓每宴飨，无不竟日，曜不能饮，密赐茶荈以当酒。"如此言，则三国时已知饮茶矣。逮唐中世，榷茶遂与煮梅相抗，迄今国计赖之。

《中山传言录》：琉球茶瓯颇大，斟茶止二三分，用果一小块贮匙内。此学中国献茶法也。

王复礼《茶说》：花晨月夕，贤主嘉宾，纵谈古今，品茶次第，天壤间更有何乐？奚俟脍鲤鱼羔，金罍玉液，痛饮狂呼，始为得意也？范文正公云："露芽错落一番荣，缀玉含珠散嘉树。斗茶味兮轻醍醐，斗茶香兮薄兰芷。"沈心斋云："香含玉女峰头露，润带珠帘洞口云。"可称岩茗知己。

陈鉴《虎丘茶经注补》：鉴亲采数嫩叶，与茶侣汤愚公小焙烹之，真作豆花香。昔之鬻虎丘茶者，尽天池也。

陈鼎《滇黔记游》：贵州罗汉洞，深十余里，中有泉一泓，其色如黝，甘香清冽。煮茗则色如渥丹，饮之唇齿皆赤，七日乃复。

《瑞草论》云：茶之为用，味寒。若热渴、凝闷胸、目涩、四肢烦、百节不舒，聊四五啜，与醍醐甘露抗衡也。

《本草拾遗》："茗味甘微寒，无毒，治五脏邪气，益意思，令人少卧，能轻身、明目、祛痰、消渴、利水道。""蜀雅州名山茶有露芽、钱芽，皆云火之前者，言采造于禁火之前也。火后者次之。又有枳壳芽、枸杞芽、枇杷芽，皆治风疾。又有皂荚芽、槐芽、柳芽，乃上春摘其芽，和茶作之。故今南人输官茶，往往杂以众叶，惟茅芦、竹箬之类，不可以入茶。自余山中草木、芽叶，皆可和合，而椿、柿叶尤奇。真茶性极冷，惟雅州蒙顶出者，温而主疗疾。"

李时珍《本草》：服葳灵仙、土茯苓者，忌饮茶。

《群芳谱》：疗治方二：气虚、头痛，用上春茶末，调成膏，置瓦盏内覆转，以巴豆四十粒，作一次烧，烟熏之，晒干碾细，每服一匙。别人好茶末，食后煎服立效。又赤白痢下，以好茶一斤，炙捣为末，浓煎一二盏服，久痢亦宜。又二便不通，好茶、生芝麻各一撮，细嚼，滚水冲下，即通。屡试立效。如嚼不及，擂烂，滚水送下。

《随见录》：《苏文忠集》载，宪宗赐马总治泄痢腹痛方：以生姜和皮切碎如粟米，用一大钱并草茶相等煎服。元祐二年，文潞公得此疾，百药不效，服此方而愈。

※ 译文

卢仝《茶歌》：太阳高照我还在熟睡中，部下的敲门声惊醒了我的美梦。向我报告谏议来信了，白色绢布上斜斜地盖了三个大封印，打开就如同见到谏议本人一样，用手抚摩三百片月团新茶。信中说新年过后进到山里，已经过了惊蛰春风乍起，连皇上都还没有品尝过阳羡茶，百草也不敢擅自开花。柔风吹过蓓蕾暗结，刚开春就抽出了黄金芽。趁新鲜摘下来焙好密封包裹，又精致又美好而且不显得浪费。王公贵族这样的人士，为了什么事情来到山中茶农家呢？反关柴门不让俗气的客人进来，帽子还戴在头上就自己煎茶吃起来，清风吹拂下，茶的嫩叶浮在碗里就像有一层光似的。一碗能滋润人的喉咙；两碗能消除人的孤寂；三碗能激发人的灵感，心中有五千字的文章；四碗能让人发出一点汗水，生平所有的不平之事，都从毛孔散发出去了；五碗能使筋骨清爽；六碗简直可以直通仙境；七碗就不能再喝了，只感觉两边腋下清风习习。

唐冯贽《记事珠》里记载：建人把斗茶叫作茗战。

《荈赋》中说：喝茶能调节精神、调解脾胃、消除困乏、去除慵懒。

《续博物志》记载：南方人喜欢喝茶。孙皓赐茶水给韦曜代酒，谢安拜访陆纳，陆纳只摆出茶水和水果招待。北方人开始的时候不懂喝茶，唐朝开元年间，泰山灵岩寺有降魔法师教学禅的人不睡觉的方法，就是让人多喝茶，因此就成了风俗。

《大观茶论》："泡的茶水不同，可分为轻、清、重、浊，看起来稀稠适合，就可以了。《桐君录》中说：茶表面有一层饽沫，喝了对人来说有好处，即使多喝也无妨。""对于茶来说味道最重要，香、甘、重、滑就算是味之全了。只有北苑、壑源这样的品种才有。好的品种，有真正的香味，当然就不一样了。""茶真正的香味，不是龙麝的香味可以相比的。需要蒸熟后压榨它，等到干了的时候再碾细，碾细后再进行制作，这样一来美味就调和了。放进杯子里到处弥漫着醉人的香气，让人感觉非常清爽。""浸泡的茶水，颜色纯白是最好的，青白的略微差一点，灰白的比青白的差，黄白的就更差了。能在好时节采摘茶叶，有一定的制茶技艺，茶叶必会纯白。如果是青白，是因为蒸压得有点生。灰白的，是蒸压得过熟了。如果蒸压的茶叶膏不干的话，颜色就变得青暗。如果焙火烧得太大，颜色就会变得昏黑。"

《苏文忠集》里载有："我离开黄冈十七年，又同彭城的张圣途、丹阳的陈辅之结伴前来。寺院和尚梵英修整的屋子，比以前更干净了，茶水也芳香清冽。我问：'这是新茶叶吗？'梵英说：'茶叶的本性在新旧交替的时候香味会更浓。'我曾经听懂琴的人说，琴不超过百年，桐木生机就没有失尽，琴的音色常跟天气和季节的变化相呼应。这个道理跟茶很相近，所以就一起记下来了。""王焘收集了《外台秘要》，有一首《代茶饮子》的诗，格调高雅，只有隐居的雅士才能这样做。我按照这个方法做过，它的确能调和机理，我才相信了这种说法。而它的味道就是一贴汤药罢了，同茶没有什么关系。""《月兔茶》诗中说：'环非环，玦非玦，中有迷离玉兔儿，一似佳人裙上月。月圆还缺缺还圆，此月一缺圆何年。君不见，斗茶公子不忍斗小团，上有双衔绶带双飞鸾。'"苏东坡曾游览杭州各个寺庙，一天，喝了七碗浓茶，就写下了："示病维摩原不病，在家灵运已忘家。何须魏帝一丸药，且尽卢全七碗茶。"

《侯鲭录》：东坡说茶，认为茶可以除去烦恼和油腻。虽然世上不可以一天没有茶，但是茶暗中也害了不少人，所以就有人顾及这个不去饮茶。前人说：自从喝茶这种风气盛行后，人们就容易患上呼吸和气色上的疾病，虽说损益参半但是消阴壮阳，得不偿失。我有一个方法，自己一直很珍视，每次吃饭以后，就用浓茶漱口，夹杂的油腻也一起没有了，而且脾脏和肠胃不受影响。如果牙齿之间还残留肉等杂物的话，经过茶的过滤，就会全部消缩，不知不觉就去掉了，不用再挑了。而且牙齿本性宜苦，这样就会越来越坚固致密，里面的牙虫病就可以痊愈了。当然平时就用普通的茶，最好的茶也不常有。隔几天漱口一次，也没有什么危害。这很有道理，但是知道的人很少，所以在这里详细地记述。

白玉蟾在《茶歌》中说：味道像甘露一样比醍醐还好，喝下以后顿时觉得其他的杂物都沉积下去了。一身清爽飘飘欲仙，不知道天上有没有茶叶。

唐庚《斗茶记》记载：政和三年三月壬戌的时候，几个人相约到寄傲斋去斗茶。我特意用龙塘水为他们烹煮，而后进行品鉴。我听说茶的外形从来不重视是团还是銙（銙，古代附在腰间的装饰品），主要是要求新茶；不论江水还是井水，只要活水。到千里以外去弄水，这样做虽然不知道是否可行，但是就算是真的，也不是活水了。现在我提着瓶子走到龙塘，距离还没有千步。这里的水适合泡茶，古人认为不比清远峡的水差。每年的新茶上市，三月就开始了。罪戾以外，能够同各位在这里从容谈笑，打水煮茶，可以痛快一时，这其实不是我的原因，是茶的缘故啊。

蔡襄在《茶录》中说：白色的茶叶最难得，但是饼状的茶叶多是用珍膏涂在它上面，所以有青黄紫黑这些颜色的变化。善于识茶的人，就像相士辨别人的气色一样，隐隐观察它的内部，有纹理质地滋润的是上品。茶研成末后，黄白色的受水以后变得昏重，青白色的受水以后颜色就会很清晰，所以建安时期的人比试茶叶，是青白胜过黄白。

据张淏《云谷杂记》记载：不知道是从什么时候兴起喝茶的。欧阳修《集古录跋》

里说："历史上有关茶的记载，是魏晋以后才有的。"我根据《晏子春秋》的记载，婴相齐景公的时候，吃的也不过是米饭、鸡蛋、蔬菜和茶水。另外汉朝王褒的《僮约》里面有"五阳（原注：有的说是武都）买茶"这句话，这样看来，魏晋以前就有茶了。但是当时虽然知道饮茶，却没有后来这样风行。考证到郭璞注释的《尔雅》里有这样的句子："树似栀子，冬生，叶可煮作羹饮。"但是茶叶到了冬天味道就会变苦，又怎么能作为汤饮用呢？喝茶后，会让人睡眠减少，张华得到茶叶后，认为是奇闻，就把它写进了《博物志》。说明当时不但喝茶的人少，能够认识茶叶的人也很少。到唐代陆羽所著的《茶经》三篇，谈论茶事很完备，人们才渐渐知道饮茶了。直到后来成了风气。回纥人来到京城，开始用马换茶。德宗建中年间，从赵赞开始征收茶税。兴元初年皇上准奏免了茶税，贞元九年，张滂再上奏恢复，一年就得到茶税钱四十万两。现在茶税同盐酒税一起交给国家，所得到的收入不知道是唐朝的多少倍啊！

《品茶要录》中说：我曾说过茶叶最精绝的，是白色的叶子还没有开，像麦芽一样细，这是因为青阳轻清。又因为那里的山多是砂石为土的，而能称为上等茶叶的，都在山的南面，有充足的阳光照耀。我曾在空闲的时候找到一处很明净的地方，在亭轩里歇息，把茶拿来一一品尝。一会儿感觉有神妙之水生于舌下，这都是茶水的神妙之处吧，对发挥茶性有帮助。""以前听说陆羽精通茶，但陆羽知道的茶，都是今天所说的茶草。为什么呢？如果像陆羽说的那样蒸煮茶笋和叶子，不让它里面的汁水流失，这是因为茶草的味道很淡，所以怕去掉它里面的汁水。建茶后劲很足而且很甘甜，所以要去掉它里面的汁水。又说福建的茶知道的不大详细，得到的茶叶，味道都很好。这样看来，陆羽并没有到过建安。"

谢宗《论茶》：闻到烤好的茶饼的芳香，看到泛出虾眼大的水泡。水花泛起，云气蒸腾，所有的烦恼和疲惫，喝一口香茶就可以消散了。

《黄山谷集》中记载：一个人品茶可以品到其中的神韵，两个人品茶可以品出茶的趣味，三个人品茶可以品出茶的味道，六七个人一起那就是喝茶了。

沈存中在《梦溪笔谈》中说：古人把茶叶叫作雀舌、麦颗，这是说茶叶非常鲜嫩。现在的好茶，质量好，加上种植茶叶的土壤很肥沃，新芽只要一出来，就有一寸多长，像针一样细。只有芽长的茶才是最好的，这跟它的水分、土壤的状况都有关系。像雀舌、麦颗这样的茶，只不过是最次的了。只是北方人不会辨别茶叶，误认为它是上好的茶叶才这样说。我住山里时曾作过《茶论》，而且还有《尝茶》诗："谁把嫩香名雀舌，定来北客未曾尝。不知灵草天然异，一夜风吹一寸长。"

《遵生八笺》记载：茶叶很香，味道也非常好，有很好的颜色。烹煮泡茶的时候，不应该在里面夹上水果香料。会夺走它香味的东西有松子、柑橙、莲心、木瓜、梅花、茉莉、蔷薇、木樨等。会污染它颜色的东西有柿饼、胶枣、火桃、杨梅、橘饼之类。

凡是想喝到好茶的，去除果子才觉得清爽，掺杂了其他的东西，味道就没有办法辨认了。如果实在想用，只能用核桃、榛子、瓜仁、杏仁、榄仁、栗子、鸡头、银杏这些东西。

徐渭在《煎茶七类》中说："要先用第一口茶漱口，然后再喝，这样才能品出它真正的味道。如果掺进其他花果，香味就会被夺走。""喝茶适合在凉台静室里，窗明几净，和尚和道士居住的地方，有风中松林和月下的竹影，端坐伴唱，读书清谈。""喝茶适宜文人雅士，脱离尘世的修炼之人，潇洒闲逸之人，或是满腹诗书的超凡脱俗之人。""消除烦恼去掉污垢，解渴提神，去除疲倦，都是茶的功效，那时茶的功劳不比唐代'天子画读烟云阁'差啊！"

许次纾在《茶疏》中说："手里拿着茶叶，将开水倒进壶里，随手也把茶叶放进去。茶叶沉淀到底以后，再倒出来喝，那样茶水就会很清爽，香气会萦绕在鼻子的周围。可以去病，也可消除疲劳。""一壶茶，只能泡两次，第一次味道鲜美，第二次味道甘醇，第三次味道就没了。我曾跟客人开玩笑说，第一次就像是婷婷袅袅的十三四岁的少女，第二次就像是刚嫁为人妇的小家碧玉，三次以后就像是生了一堆孩子，已绿叶成荫了。所以泡茶时每次应少泡，少的话喝两巡就没有了，宁可让残留的香味留在叶子当中，还可以在饭后漱口用。""一人一个茶杯，不能传送。喝过第二遍，用清水洗干净。""如果装茶的器具太大，倒满了会不容易喝完，放置的时间太长水就会冷了，味道就会浓苦，这就和农民劳做累了后为了解渴喝茶没有什么区别，哪里还谈得上品尝，又怎么能知道它的味道呢？"

《煮泉小品》中记载："唐代的人认为对着花喝茶是很煞风景的，所以王介甫有这样的诗：'金谷千花莫漫煎。'人的心在花上而不在茶上。我不赞同这种说法；如果拿着茶杯对着山花品赏，应当更有助于风景，为什么还要喝酒呢？""茶就像是美人，这种比喻很好，但只怕不适合山林间。以前苏东坡曾经有诗：'从来佳茗似佳人'，曾茶山有诗说：'移人尤物众谈夸'，都是这个意思。如果这样的比喻用在山野林间，那就只有像毛女麻姑那样的人，仙风道骨，不会玷污烟霞了。如果是桃面柳腰的女子，那就赶快放进销金帐中吧，不要侮辱了我们山林泉石间的饮茶生活。""茶叶中的团、片都是由碾碎后的粉末做成的，损失了它真正的味道，再加上油垢，不会是好茶。无论如何也比不上今天的茶叶，是以天然品质取胜。曾茶山有诗《日铸茶》这样说：'宝铐自不乏，山芽安可无'，苏子瞻《壑源试焙新茶》诗中说：'要知玉雪心肠好，不是膏油首面新'，说的就是这个意思。如果是不好的茶，冲的时候会有细末，喝起来口感不清爽，懂茶的人应该注意分辨。""茶煮得好但喝茶的人不懂得品尝，就像把甘甜的泉水浇灌了野草一样，罪过太大了。如果喝茶的人一饮而尽，不去辨别它的味道，那就太俗气了。""有人将梅花、菊花、茉莉花放在茶中，虽然风韵还值得欣赏，但是会损害茶的味道。如果想品尝真正的好茶，就不要这样做。现在的人烹茶还有放果子的，这是最低俗的做法。再好的东西只要会有损茶的味道，都应该去掉。况且放果子在里面，必须用勺子，如果是金银的话，又不是山里人可以用的，但铜又容易生锈，都不可以用。如果像从前的北方人那样往里面加进酥酪，或者像蜀地的人那样往里面加进白盐，都是野蛮的喝法，不值得提倡。"

罗廪《茶解》中说："茶有仙人的灵气，的确有很奇妙的道理。""晚上坐在依山的屋子里，打水煮茶。到了水火共济、茶水沸腾时，就像听着松涛的声音阵阵响起一样，倒入杯中，云光激滟。此时情趣的幽雅，是无法与普通人说清楚的。"

顾元庆《茶谱》中说：品茶有八大要素：一是品，二是水，三是烹，四是器具，五是试茶，六是火候，七是茶伴，八是功效。

张源在《茶录》里说：喝茶的时候人少为最好，人多了就会有些吵闹，如果吵闹，就一点情调都没有了。一个人喝茶可以称为幽；两个人可以称为胜；三四个人称为趣，五六个人就感觉多了，七八个人的话就是喝茶了。""倒茶的时候不应该太早，喝的时候不应该太迟，过早的话，茶的神韵还没有发出来，喝迟了的话那些美妙的味道已经挥发尽了。"

《云林遗事》中记载：倪元镇向来喜欢喝茶，在惠山的时候，用核桃、松子肉加上真粉一起做成像石头一样的块状，放在茶叶里喝，取名清泉白石茶。

闻龙《茶笺》里记载：苏东坡说："蔡君谟喜欢喝茶，老了以后因为病痛的原因不能喝茶，每天烹茶玩。可以博得后人一笑。"怎么会知道千年以后有人跟他同病相怜呢！我曾经有这样的诗："年老耽弥甚，脾寒量不胜。"煮茶为了玩的人很少。所以想起了老友周文甫，从小时候到现在，茶碗熏炉，几乎没有停止过。他每天喝茶有固定时间：天明、早餐、上午、中餐、下午、黄昏，这六个时间一定要烹茶，客人来了泡茶除外。活到了八十五岁，没有得病而老死。如果不是整天享受这样的清福，又怎么能安享晚年呢？比起看着茶好却不能喝的，所得到的不也是很多吗？他曾经有一个供春茶壶，平日爱不释手，就像掌上明珠。用得久了，外面像紫玉，里面像碧玉一样，真是件奇特的物品啊！后来跟着他一起安葬了。

《快雪堂漫录》：昨天和徐茂吴一同到老龙井买茶叶，那里几十家山民都种植茶叶。茂吴逐个品尝，都是不好的品种，他说：真的甘甜清香而且不冽口，略微有一点冽的就是这些山上的赝品。得到了一二两真的茶叶，试过，果然甘甜香美像兰花一样。但是山民和寺庙里的和尚都说茂吴的说法是不正确的，我也不能辨别谁对谁错。假的东西就能够冒充到这种程度。茂吴品尝茶叶，认为虎丘最好，常常花一两多银子买一斤左右的茶叶。寺庙中的和尚知道茂吴善于鉴定真假，都不敢欺骗他。别人得到的茶叶虽然价格昂贵，但仍然是假货。子晋说：本山的茶叶略微带着一点黑色，不是特别的青翠。冲泡了之后，颜色白得像玉一样，叫作寒豆香，宋朝的人称它为白云茶。再绿的就是天池。在天池茶中夹杂一些虎丘茶，香味就会很特别。虎丘茶难道是茶中的王者吗？芥茶中的精品，简直可以称为茶叶中的皇后，天池、龙井都是臣种，其他的茶就好比是普通的老百姓。

熊明遇《芥山茶记》中记载：颜色太深、味道太重、香气太浓的茶叶，都不是上好的品种。松萝的茶香气很重；六安的茶味道很苦涩，但是香气类似于松萝；天池中仍有丛生的野草的气味，龙井跟它一样；至于云雾的颜色就是太深而且味道很浓。曾喝过虎丘茶，颜色又白又香就像婴儿的肌肤一样，真可谓是绝品了。

邢士襄《茶说》：如果茶叶中放香料，碗中放果子，就像在美丽的外表涂蜡抹粉，描眉画目，相反却失去了原来的颜色。

冯可宾《芥茶笺》中记载：喝茶适合在闲暇的时候、有尊贵的客人的时候、单独坐着的时候、吟诵诗歌的时候、写字的时候、徜徉的时候、睡醒的时候、宿醉之时、清供的时候、在精美的房子里、心情好的时候、鉴赏的时候、写文章的时候。喝茶最忌讳的是不注重要领、使用粗俗的茶具、主人和客人都没有雅兴、衣冠不整、荤菜杂放、匆忙的时候、房间案头摆放不高雅东西的时候。

谢在杭在《五杂俎》中说："古人曾说'扬子江心水，蒙山顶上茶。'蒙山在蜀地的雅州，它的峰顶是最险峻的，老虎、豺狼、毒蛇都爱居住在那里，采到那里的茶，可治百病。现在的山东人用蒙阴山下的石衣冒充茶叶，是不对的。但是蒙阴茶性质很冷，可以治愈胃热的毛病。""凡是很香的花，都可以泡成茶水。《遵生八笺》说：'芙蓉可以做成汤'。像牡丹、蔷薇、玫瑰、桂、菊之类的花，采摘下来泡茶，也会觉得清远不俗，但是不像茶叶那样容易冲泡出香味来。""北方的柳芽刚萌发时，采摘之后煮水，据说味道比茶还好。曲阜孔林里的楷木，它的新芽也可以泡茶喝。福建的佛手、柑、橄榄都可以泡成茶水，喝下之后感觉味道清香，颜色和味道也不比旗枪差。也可以把绿豆微微翻炒，放到开水中，它的颜色很绿，香味也不比新茶次。偶尔在荒村里找不到茶叶的时候，可以用这个来代替。"

《谷山笔麈》记载：六朝的时候，北方人还不爱喝茶，都是用酥酪来代替的，只有江南人喝完觉得很甘甜。一直到唐代才开始征收茶税。宋代和元代以来，茶叶的品种逐渐变得多了，但都是把它蒸干成为粉末，现在制作的这种饼状的茶叶，都是用来作贡品的，并不像今天我们喝的茶，只要采来就可以喝。不知道西北地方的人是什么时候开始喝茶的。我朝用茶叶去换马，西北却把茶当药，能够治很多病，这是从前没有过的。

《金陵琐事》中记载：思屯，乾道年间人，看见万镃手软膝酸，就说："那是因为你五脏里都是火气，不用服用药物，只需要喝武夷的茶叶就可以消除症状。"长在东南方向的茶叶最好，采来用山涧里的水煮，茶叶就会竖立起来，如果用井水煮就横着漂起来。

《六研斋笔记》记载："茶因为芳香纯洌能够修身养神，不是读书论道，不应随便亵渎去用。不是真正能够悟道的人，茶的韵味，也不能轻易地做评论。我曾经嘲笑时下流行的观点，以声音嘶哑的曲调为贵，以没有色泽的茶叶为贵。嘶声接近于哑，那么古代绕梁遏云的歌声竟被抛弃。如果茶叶没有颜色，香气一定会减少，而且香气是用鼻子来闻的，味道是用舌头来感受的，有没有颜色，那是要用眼睛来看的。相互排斥的，如果非把它们放在一起，多么反常、多么荒谬啊！""虎丘茶因为有香味而没有颜色，是茶叶中的出众者。它的芳香比不上兰芷，和新剥的豆花放在一起调制，用鼻子闻起来，也差不了什么。至于到了口中，像水一样淡，清冷的水，哪里没有呢？为什么还要设置这么烦琐的程序，僧流棰楚呢！"

《紫桃轩杂缀》里这样说："天目茶清而不淡，苦却不涩，正好可以用来漱洗。笋蕨、石濑就太寒酸了，那是乡下人喝的。松萝茶的精品可以充当贡品，不过茶味太浓，甘香不足，就像很有钱财的商贾，再怎么掩饰，也难免会有铜臭气。分水贡芽，出产的不多。大叶的老根，用开水泡也泡不开，放进水里煎，更具一番风味。推荐这种茶叶的时候，如果得到了千年的松柏根来熏烧石鼎，就可以烹出茶叶的老气来。""'鸡苏佛''橄榄仙'，宋朝的人这样吟咏茶。鸡苏就是薄荷，进口之后会感觉有些香辣。橄榄多咀嚼一会儿就会变得甘甜。把这两样合起来，才算得到了茶叶蕴藏的风味。要说仙啊、佛的应该在很玄妙孤寂的时候，默默求证的。不具有这样感觉的人，最终很难说清楚。""欣赏名花时不应该演奏音乐，烹煮名茶不应该烧香，主要是怕耳朵、眼睛、嘴巴、鼻子互相牵制，不能领会到其中最美妙的地方。""好茶不适合吃饭时饮用，更不适合大醉的时候喝。因为醉酒后干燥口渴，肯定要损坏好茶的味道。上等的茶岂只对普通的客人小气呢？如果整天忙碌在世俗的事务中，没有好的情绪，即使煮好了茶，宁可让它冷却后浇灌兰花，也千万不可以让凡夫俗子玷污了茶君。""罗山庙后的茶是茶中的精品，也同样芬芳甘甜。但是过浓了一点，缺乏白云、露水这样的神韵。和它的兄弟虎丘相比要好，但要跟它的父亲龙井相比就差了。""天地之间通俗的东西没有雅趣，但也不致弄脏了寒月。其他的茶叶都晦暗没有色，它却独独翠绿动人，令人感叹啊。""屠赤水说：'茶叶在谷雨节气中天气晴朗的日子里采摘的，能够治疗咳嗽，有利于治愈百病。'"

《类林新咏》载：顾彦先说："有味道的东西像肉汤，喝了以后也不会醉；无味道的饮品像茶，喝了以后能使人头脑清醒。"让人喝醉了的还有什么用。

徐文长在《秘集致品》中说：喝茶应该在精舍、云林中，用瓷瓶、竹灶，适合文人雅士、同要好的朋友彻夜清谈，也可以独自坐在寒冷的夜晚，在松树月光下、花鸟间，辅以清澈的河水，洁白的石头，绿色的苔藓，用干净的手去汲取泉水，浓妆后去扫雪，在船头上吹火，竹子里飘烟。

《芸窗清玩》里记载：茅一相说："我天生不能喝酒，但却沉醉迷恋于品茶。清泉白石可以洗清五脏里的污垢，可以澄清心底里的浮躁。喝完，感觉两边的腋下习习生风。我读《醉乡记》，何尝不神游其间，与陆羽、蔡君谟这些人一起谈论，又觉得很痛快。"

《三才藻异》里记载：雷鸣茶出产在蒙山的顶部，春雷响后采摘它，喝下三两就感觉像脱胎换骨一样，四两简直就可以羽化成仙了。

《闻雁斋笔记》记载：赵长白自言自语："我平生没有别的可以庆幸事，就是没有喝过井水。"他对于茶，可以说是品尝到了它的本性。现在他已经老了，还很穷，很多时候不能跟从前一样，但仍从许多书中整理而作《茶史》，因此是天地之间的多情之人。

袁宏道《瓶花史》中说：对于赏花，喝着茶赏花是最好的，清谈差一点，喝酒是最不好的。

《茶谱》中记载："《博物志》中说：喝纯正的茶能使人少睡觉。"这是真实的事情，但必须是好茶才有效果，而且要碾碎了喝。烹煮叶子的，没有效果。

《太平清话》中记载有：琉球人也知道煮茶。将古鼎放在茶几上，水煮沸后再放进一调羹茶末，用开水调和。过一会儿再倒出来喝，感觉味道特别清香。

《蔾床潴余》中记载有：长安有好事的妇女，在王侯家看到彩色的请束上写道："月亮圆的时候，所有的地方都会明亮。如果只知道睡觉，不仅辜负大好时光，就怕天上的嫦娥也会妒忌。请于十五、十六两天的晚上，和女伴一起，一茶一炉，相伴来过夜，名叫'伴嫦娥'。如果你不嫌弃的话，还请答应。朱门姓龙的邀请。"

沈周在《跋茶录》中说：樵海先生是真正的隐君子。平日不知道富贵是什么东西，每天看着青山白云，用喝茶来消磨时间。实在是领会到了茶中真正的韵味，可以说陆羽都比不上他，所以就把他称为茶中的董狐。

王晫在《快说续记》中说：春天赏花，往野外走一二里，感觉有些疲倦，口中也有点渴。偶尔遇到主事的僧人邀请到他住的地方，还没有相互告诉姓名就上了好茶，坐在竹床上连喝了几杯，然后道别出来，非常高兴。

卫泳《枕中秘》中说：读书以外的闲余时候，竹子外面的茶烟轻轻飞扬；在鲜花深处喝酒后，锅中的声音开始响起。这中间的风味又有谁能知道呢？卢居士是可以领会的；心里的快乐自得，黄宜州怎么会欺骗我呢？

江之兰《文房约》中说：诗书中包含着非常深刻的道理，草木中也蕴藏着神明。一草一木，当它含着香气开放，人们倚靠着栏杆看着窗外，真的可以称为赏心悦目，有助于发人深思。此时的情景非常适合煮蒙顶石花这样的好茶悠闲地品尝。""乘着车子沐浴着露水，在奇峰怪石之间往来，是为了摘到好茶叶。所以隐士贤人，头上戴着帽子，自己煎茶自己喝。车子走在羊肠般的小道上，也不注重什么火候，如果不能喝完，就把它倒掉，这就好比叫陆羽为茶博士之类的人一样。"

高士奇在《天禄识余》中说：有人说喝茶开始于梁朝天监中，见《洛阳伽蓝记》，其实不是。按照《吴志·韦曜传》所说："孙皓每天都会宴请客人，没有一天间断，因为韦曜不会喝酒，孙皓暗中赏赐茶当作酒。"按照这样的说法，三国的时候，就已经知道喝茶了。后来到了唐代中期，喝茶就可以和煮梅抗衡了，到如今国家生计都要依靠它。

《中山传言录》记载：琉球的茶瓯非常大，斟茶时到二三分就可以，将一小块果子放在调羹上，这是学习我们这里进献茶的方法。

王复礼《茶说》中记载：花晨月下，贤主嘉宾，一起纵谈古今，品味茶叶的好坏，天地之间还有其他的乐趣超过这样的吗？难道必须要脍鱼炖肉、金樽美酒、痛饮狂欢，才算正合心意吗？范仲淹说："露芽错落一番荣，缀玉含珠散嘉树。斗茶味兮轻醍醐，斗茶香兮薄兰芷。"沈心斋说："香含玉女峰头露，润带珠帘洞口云。"可以说是岩茶的知音。

陈鉴所著《虎丘茶经注补》记载：我亲自采摘一些鲜嫩的茶叶与茶友汤愚公一起用小火煮，发出了豆花一样的香味。以前卖虎丘茶的，全是天池了。

陈鼎在《滇黔记游》中说：贵州的罗汉洞，有十几里深，中间有一汪清泉，颜色很黑，气味香甜甘冽。煮出的茶水颜色如同渥丹一样，喝完唇部和牙齿都变红了，七天以后才能恢复。

《瑞草论》中说："茶叶的味道略微寒冷，如果燥热口渴，胸闷，目涩，四肢乏力，身体不舒服，喝下四五杯，可以与甘露抗衡。"

《本草拾遗》中说："茶叶味道稍微有点苦寒，没有什么毒害，可以调治五脏里的邪气，对身心有好处，能减少人的睡眠，还能使人浑身轻松、眼睛明亮、消痰、解渴、利尿。""蜀地雅州著名的茶叶有露铵芽、篯芽，都说是火前茶，就是说采摘在禁火以前。火后茶要差一点。还有枳壳芽、枸杞芽、枇杷芽，都能治疗风疾。还有皂荚芽、槐芽、柳芽，开春摘下它的芽，跟茶叶一起制作。所以今天南方送官茶的人，平常夹杂一些其他的叶子，只有茅庐、竹叶这些东西，不可以加进茶里。其他的像山中的草木、芽叶，都可以和在一起，特别是椿树、柿树的叶子更加特别。真正的茶叶是凉性的，只有雅州蒙顶山出产的茶叶，才是暖性的，可以治疗疾病。"

李时珍在《本草纲目》中说：服用了葳灵仙、土茯苓的人，不能喝茶。

《群芳谱》里面记载两个治病方子：气虚、头痛，用春天的茶末，调制成膏，放在瓦罐里反复搅动，用四十粒巴豆，一次烧了，用烟熏它，晒干碾碎，每次服用一调羹。要是用好的茶叶，饭后煎了冲服很快就能有疗效。另一方治疗赤白痢下，将一斤好茶叶捣成碎末，煎成浓茶的一两杯，冲服后，病很快就好了。如果是大小便不通的话，用上等茶叶、生芝麻各一小撮，慢慢咀嚼，用开水冲服，马上见效。此方多次试用都很有效。若来不及咀嚼，也可以捣烂和开水一起服用。

《随见录》中说：《苏文忠集》中记载，宪宗赐给马总治泻痢、腹痛的方法：用生姜带皮一起切碎成粟米大小，用一大钱跟草茶一起煎服。元祐二年，文潞公患了这个病，吃了很多药都不见效，服用这个方子很快就痊愈了。

七 茶之事

※ 原文

《晋书》：温峤表遣取供御之调，条列真上茶千片，茗三百大薄。

《洛阳伽蓝记》：王肃初入魏，不食羊肉及酪浆等物，常饭鲫鱼羹，渴饮茗汁。京师士子道肃一饮一斗，号为漏卮。后数年，高祖见其食羊肉酪粥甚多，谓肃曰："羊肉何如鱼羹？茗饮何如酪浆？"肃对曰："羊者是陆产之最，鱼者乃水族之长，所好不同，并各称珍，以味言之，甚是优劣。羊比齐鲁大邦，鱼比邾莒小国，惟茗不中，与酪作奴。"高祖大笑。彭城王勰谓肃曰："卿不重齐鲁大邦，而爱邾莒小国，何也？"肃对曰："乡曲所美，不得不好。"彭城王复谓曰："卿明日顾我，为卿设邾莒之食，亦有酪奴。"因此呼茗饮为酪奴，时给事中刘缟慕肃之风，专习茗饮。彭城王谓缟曰："卿不慕王侯八珍，而好苍头水厄。海上有逐臭之夫，里内有学颦之妇，以卿言之，即是也。"盖彭城王家有吴奴，故以此言戏之。后梁武帝子西丰侯萧正德归降时，元乂欲为设茗，先问："卿于水厄多少？"正德不晓乂意，答曰："下官生于水乡，而立身以来，未遭阳侯之难。"元乂与举座之客皆笑焉。

《海录碎事》：晋司徒长史王濛，字仲祖，好饮茶，客至辄饮之。士大夫甚以为苦，每欲候濛，必云："今日有水厄。"

《续搜神记》：桓宣武有一督将，因时行病后虚热，更能饮复茗，一斛二斗乃饱，才减升合，便以为不足，非复一日。家贫，后有客造之，正遇其饮复茗，亦先闻世有此病，仍令更进五升，乃大吐，有一物出如升大，有口，形质缩皱，状似牛肚。客乃令置之于盆中，以一斛二斗复浇之，此物噏之都尽，而止觉小胀。又增五升，便悉混然从口中涌出。即吐此物，其病遂瘥，或问之："此何病？"客答云："此病名斛二瘕。"

《潜确类书》：进士权纾文云："隋文帝微时，梦神人易其脑骨，自尔脑痛不止。后遇一僧曰：'山中有茗草，煮而饮之当愈。'帝服之有效，由是人竞采啜。因为之赞。其略曰：'穷《春秋》，演河图，不如载茗一车。'"

《唐书》："太和七年，罢吴蜀冬贡茶。太和九年，王涯献茶，以涯为榷茶使，茶之有税自涯始。十二月，诸道盐铁转运榷茶使令狐楚奏：'榷茶不便于民。'从之。""陆龟蒙嗜茶，置园顾渚山下，岁取租茶，自判品第。张又新为《水说》七种，其二惠山泉、三虎丘井、六淞江水。人助其好者，虽百里为致之。日登舟设篷席，赍束书、茶灶、笔床、钓具往来。江湖间俗人造门，罕觌其面。时谓江湖散人，或号天随子、甫里先生，自比涪翁、渔父、江上丈人。后以高士征，不至。"

《国史补》："故老云，五十年前多患热黄，坊曲有专以烙黄为业者。灞浐诸水中，常有昼坐至暮者，谓之浸黄。近代悉无，而病腰脚者多，乃饮茶所致也。""韩晋公滉闻奉天之难，以夹练囊盛茶末，遣健步以进。""常鲁使西番，烹茶帐中，番使问：'何为者？'鲁曰：'涤烦消渴，所谓茶也。'番使曰：'我亦有之。'取出以示曰：'此寿州者，此顾渚者，此蕲门者。'"

唐赵璘《因话录》：陆羽有文学，多奇思，无一物不尽其妙，茶术最著。始造煎茶法，至今鬻茶之家，陶其像，置炀突间，祀为茶神，云：宜茶足利。巩县为瓷偶人，号"陆鸿渐"，买十茶器得一鸿渐，市人沽茗不利，辄灌注之。复州一老僧是陆僧弟子，常诵其《六羡歌》，且有《追感陆僧》诗。

唐何晦《摭言》：郑光业策试，夜有同人突入，吴语曰："必先必先，可相容否？"光业为掇半辅之地。其人曰："仗取一勺水，更讬煎一碗茶。"光业欣然为取水、煎茶。居二日，光业状元及第，其人启谢曰："既烦取水，更便煎茶。当时不识贵人，凡夫肉眼；今日俄为后进，穷相骨头。"

唐李义山《杂纂》：富贵相：捣药碾茶声。

唐冯贽《烟花记》：建阳进茶油花子饼，大小形制各别，极可爱。宫嫔缕金于面，皆以淡妆，以此花饼施于鬓上，时号北苑妆。

唐《玉泉子》：崔蠡知制诰丁太夫人尤，居东都里第时，尚苦节啬，四方寄遗茶药而已，不纳金帛，不异寒素。

《颜鲁公帖》：廿九日南寺通师设茶会，咸来静坐，离诸烦恼，亦非无益。足下此意，语虞十一，不可自外耳。颜真卿顿首顿首。

《开元遗事》：逸人王休居太白山下，日与僧道异人往还。每至冬时，取溪冰敲其晶莹者煮建茗，供宾客饮之。

《李邺侯家传》：皇孙奉节王好诗，初煎茶加酥椒之类，遗泌求诗，泌戏赋云："旋沫翻成碧玉池，添酥散出琉璃眼。"奉节王即德宗也。

《中朝故事》：有人授舒州牧，赞皇公李德裕谓之曰："到彼郡日，天柱峰茶可惠数角。"其人献数十斤，李不受。明年罢郡，用意精求，获数角投之。李阅而受之曰："此茶可以消酒食毒。"乃命烹一瓯，沃于肉食内，以银合闭之。诘旦视其肉，已化为水矣。众服其广识。

段公路《北户录》：前朝短书杂说，呼茗为薄，为夹。又梁《科律》有薄茗、千夹云云。

唐苏鹗《杜阳杂编》：唐德宗每赐同昌公主馔，其茶有绿华、紫英之号。

《凤翔退耕传》：元和时，馆阁汤饮待学士者，煎麒麟草。

温庭筠《采茶录》：李约字存博，汧公子也。一生不近粉黛，雅度简远，有山林之致。性嗜茶，能自煎，尝谓人曰："当使汤无妄沸，庶可养茶。始则鱼目散布，微微有声；中则四际泉涌，累累若贯珠；终则腾波鼓浪，水气全消。此谓老汤三沸之法，非活火不能成也。"客至不限瓯数，竟日爇火，执持茶器弗倦。曾奉使行至陕州硖石县东，爱其渠水清流，旬日忘发。

《南部新书》："杜豳公悰，位及人臣，富贵无比。尝与同列言平生不称意有三，其一为澧州刺史，其二贬司农卿，其三自西川移镇广陵，舟次瞿塘，为骇浪所惊，左右呼唤不至，渴甚，自泼汤茶吃也。""大中三年，东都进一僧，年一百二十岁。宣皇问服何药而至此，僧对曰：'臣少也贱，不知药。性本好茶，至处惟茶是求。或出，日过百余碗，如常日亦不下四五十碗。'因赐茶五十斤，令居保寿寺，名饮茶所曰茶寮。""有胡生者，失其名，以钉铰为业，居雪溪而近白萍洲。去厥居十余步有古坟，胡生每瀹茗必奠酹之。尝梦一人谓之曰：'吾姓柳，平生善为诗而嗜茗。及死，葬室在于今居之侧，常衔子之惠，无以为报，欲教子为诗。'胡生辞以不能，柳强之曰：'子但率言之，当有致矣。'既寤，试构思，果若有冥助者。厥后遂工焉，时人谓之'胡钉铰诗。'柳当是柳恽也。又一说，列子终于郑，今墓在效数，谓贤者之迹，而或禁其樵牧焉。里有胡生者，性落魄。家贫，少为洗镜、铰钉之业。遇有甘果名茶美醴，辄祭于列御寇之祠垄，以求聪慧而思学道。历稔，忽梦一人，取刀划其腹，以一卷书置于心腑。及觉，而吟咏之意，皆工美之词，所得不由于师友也。既成卷轴，尚不弃于猥贱之业，真隐者之风。远近号为'胡钉铰'云。"

张又新《煎茶水记》：代宗朝，李季卿刺湖州，至维扬逢陆处士鸿渐。李素熟陆名，有倾盖之欢，因之赴郡，泊扬子驿，将食，李曰："陆君善于茶，盖天下闻名矣，况扬子南零水又殊绝。今者二妙，千载一遇，何旷之乎？"命军士谨信者操舟挈瓶，深诣南零。陆利器以俟之。俄水至，陆以勺扬其水曰："江则江矣，非南零者，似临岸之水。"使曰："某操舟深入，见者累百，敢虚绐乎？"陆不言，既而倾诸盆，至半，陆遽止之，又以勺扬之曰："自此南零者矣。"使蹶然大骇，服罪曰："某自南零赍至岸，舟荡覆半，至，惧其少，挹岸水增之，处士之鉴，神鉴也，其敢隐乎。"李与宾从数十人皆大骇愕。

《茶经》本传：羽嗜茶，著《经》三篇。时鬻茶者，至陶羽形置炀突间，祀为茶神。有常伯熊者，因羽论，复广著茶之功。御史大夫李季卿宣慰江南，次临淮，知伯熊善煮茗，召之。伯熊执器前，季卿为再举杯。其后尚茶成风。

《金銮密记》：金銮故例，翰林当直学士，春晚人困，则日赐成像殿茶果。

《梅妃传》：唐明皇与梅妃斗茶，顾诸王戏曰："此梅精也，吹白玉笛，作惊鸿舞，一座光辉，斗茶今又胜吾矣。"妃应声曰："草工之戏，误胜陛下。设使调和四海，烹饪鼎鼐，万乘自有宪法，贱妾何能较胜负也。"上大悦。

杜鸿渐《送茶与杨祭酒书》：顾渚山中紫笋茶两片，一片上太夫人，一片充昆弟同饮，此物但恨帝未得尝，实所叹息。

《白孔六帖》：寿州刺史张镒，以饷钱百万遗陆宣公赟。公不受，止受茶一串，曰："敢不承公之赐。"

《海录碎事》：邓利云："陆羽，茶既为癖，酒亦称狂。"

《侯鲭录》：唐右补阙綦毋㫤，[音英] 博学有著述才，性不饮茶，尝著《伐茶饮序》，其略曰："释滞消壅，一日之利暂佳；瘠气耗精，终身之累斯大。获益则归功茶力，贻患则不咎茶灾。岂非为福近易知，为祸远难见欤。"㫤在集贤，无何以热疾暴终。

《苕溪渔隐丛话》：义兴贡茶非旧也。李栖筠典是邦，僧有献佳茗，陆羽以为冠于他境，可荐于上。栖筠从之，始进万两。

《合璧事类》：唐肃宗赐张志和奴婢各一人，志和配为夫妇，号渔童、樵青。渔童捧钓收纶，芦中鼓枻；樵青苏兰薪桂，竹里煎茶。

《锦绣万花谷》：《顾渚山茶记》云："山有鸟如鸲鹆而小，苍黄色，每至正二月作声云'春起也'，至三四月作声云'春去也'。采茶人呼为报春鸟。"

董逌《陆羽点茶图跋》：竟陵大师积公嗜茶久，非渐儿煎烹不向口。羽出游江湖四五载，师绝于茶味。代宗召师入内供奉，命宫人善茶者烹以饷，师一啜而罢。帝疑其诈，令人私访，得羽召入。翌日，赐师斋，密令羽煎茗遗之，师捧瓯喜动颜色，且赏且啜，一举而尽。上使问之，师曰："此茶有似渐儿所为者。"帝由是叹师知茶，出羽见之。

《蛮瓯志》：白乐天方斋，刘禹锡正病酒，乃以菊苗齑、芦菔鲊馈乐天，换取六斑茶以醒酒。

《诗话》：皮光业字文通，最耽茗饮。中表请尝新柑，筵具甚丰，簪绂丛集。才至，未顾尊罍，而呼茶甚急，径进一巨瓯，题诗曰："未见甘心氏，先迎苦口师。"众哗云："此师固清高，难以疗饥也。"

《太平清话》：卢仝自号癖王，陆龟蒙自号怪魁。

《潜确类书》：唐钱起，字仲文，与赵莒为茶宴，又尝过长孙宅，与朗上人作茶会，俱有诗纪事。

《湘烟录》：闵康侯曰："羽著《茶经》，为李季卿所慢，更著《毁茶论》。其名疾，字季疵者，言为季所疵也。事详传中。"

《吴兴掌故录》：长兴啄木岭，唐时吴兴、毗陵二太守造茶修贡，会宴于此。上有境会亭，故白居易有《夜闻贾常州崔湖州茶山境会欢宴》诗。

包衡《清赏录》：唐文宗谓左右曰："若不甲夜视事，乙夜观书，何以为君？"尝召学士于内庭，论讲经史，较量文章，宫人以下侍茶汤饮馔。

《名胜志》：唐陆羽宅在上饶县东五里。羽本竟陵人，初隐吴兴苕溪，自号桑苎翁，后寓新城时，又号东冈子。刺史姚骥尝诣其宅，凿沼为溟渤之状，积石为嵩华之形。后隐士沈洪乔葺而居之。

《饶州志》：陆羽茶灶在余干县冠山石峰。羽尝品越溪水为天下第二，故思居禅寺，凿石为灶，汲泉煮茶。曰丹炉，晋张氲作，大德时总管常福生，从方士搜炉下，得药二粒，盛以金盒，及归开视，失之。

《续博物志》：物有异体而相制者，翡翠屑金，人气粉犀，北人以针敲冰，南人以线解茶。

《太平山川记》：茶叶寮，五代时于履居之。

《类林》：五代时，鲁公和凝，字成绩，在朝率同列，递日以茶相饮，味劣者有罚，号为汤社。

《浪楼杂记》：天成四年，度支奏，朝臣乞假省觐者，欲量赐茶药，文班自左右常侍至侍郎，宜各赐蜀茶三斤，蜡面茶二斤，武班官各有差。

马令《南唐书》：丰城毛炳好学，家贫不能自给，入庐山与诸生留讲，获镪即市酒尽醉。时彭会好茶，而炳好酒，时人为之语曰："彭生作赋茶三片，毛氏传诗酒半升。"

《十国春秋·楚王马殷世家》：开平二年六月，判官高郁请听民售茶，北客收其征以赡军，从之。秋七月，王奏运茶河之南北，以易缯纩、战马，仍岁贡茶二十五万斤，诏可。由是属内民得自摘山造茶而收其算，岁入万计。高另置邸阁居茗，号曰八床主人。

《荆南列传》：文了，吴僧也，雅善烹茗，擅绝一时。武信王时来游荆南，延住紫云禅院，日试其艺，王大加欣赏，呼为汤神，奏授华亭水大师。人皆目为乳妖。

《谈苑》：茶之精者北苑，名白乳头。江左有金蜡面。李氏别命取其乳作片，或号曰"京挺""的乳"二十余品。又有研膏茶，即龙品也。

释文莹《玉壶清话》：黄夷简雅有诗名，在钱忠懿王俶幕中，陪樽俎二十年。开宝初，太宜赐俶"开吴镇越崇文耀武功臣制诰"。俶遣夷简入谢于朝，归而称疾，于安溪别业保身潜遁。著《山居》诗，有"宿雨一番蔬甲嫩，春山几焙茗旗香"之句。雅喜治宅，咸平中，归朝为光禄寺少卿，后以寿终焉。

《五杂俎》：建人喜斗茶，故称茗战。钱氏子弟取雪上瓜，各言其中子之的数，剖之以观胜负，谓之瓜战。然茗犹堪战，瓜则俗矣。

《潜确类书》：伪闽甘露堂前，有茶树两株，郁茂婆娑，宫人呼为清人树。每春初，嫔嫱戏于其下，采摘新芽，于堂中设倾筐会。

《宋史》："绍兴四年初，命四川宣抚司支茶博焉。""旧赐大臣茶有龙凤饰，明德太后曰：'此岂人臣可得。'命有司别制入香京挺以赐之。"

《宋史·职官志》：茶库掌茶，江、浙、荆、湖、建、剑茶茗，以给翰林诸司赏赉出鬻。

《宋史·钱俶传》：太平兴国三年，宴俶长春殿，令刘、李煜预坐。俶贡茶十万斤，建茶万斤，及银绢等物。

《甲申杂记》：仁宗朝，春试进士集英殿，后妃御太清楼观之。慈圣光献出饼角以赐进士，出七宝茶以赐考官。

《玉海》：宋仁宗天圣三年，幸南御庄观刈麦，遂幸玉津园，宴群臣，闻民舍机杼，赐织妇茶彩。

陶谷《清异录》："有得建州茶膏，取作耐重儿八枚，胶以金缕，献于闽王镠，遇通文之祸，为内侍所盗，转遗贵人。""符昭远不喜茶，尝为同列御史会茶，叹曰：'此物面目严冷，了无和美之态，可谓冷面草也。'""孙樵《送茶与焦刑部书》云：'晚甘侯十五人遣侍斋阁。此徒皆乘雷而摘，拜水而和，盖建阳舟山碧水之乡，月涧云龛之品，慎勿贱用之。'""汤悦有《森伯颂》，盖名茶也。方饮而森然严乎齿牙，既久，而四肢森然，二义一名，非熟乎汤瓯境界者谁能目之。""吴僧梵川，誓愿燃顶供养双林。传大士自往蒙顶山上结庵种茶，凡三年，味方全美。得绝佳者曰'圣杨花''吉祥蕊'，共不逾五斤，持归供献。""宣城何子华邀客于剖金堂，酒半，出嘉阳严峻所画陆羽像悬之，子华因言：'前代惑骏逸者为马癖，泥贯索者为钱癖，爱子有誉儿癖，耽书者有《左传》癖，若此叟溺于茗事，何以名其癖？'杨粹仲曰：

'茶虽珍，未离草也，宜追目陆氏为甘草癖。'一座称佳。"

《类苑》："学士陶谷得党太尉家姬，取雪水烹团茶以饮，谓姬曰：'党家应不识此'？姬曰：'彼粗人安得有此，但能于销金帐中浅斟低唱，饮羊膏儿酒耳。'陶深愧其言。""胡峤《飞龙涧饮茶》诗云：'沾牙旧姓余甘氏，破睡当封不夜侯。'陶谷爱其新奇，令犹子彝和之。彝应声云：'生凉好唤鸡苏佛，回味宜称橄榄仙。'彝时年十二，亦文词之有基址者也。"

《延福宫曲宴记》：宣和二年十二月癸巳，召宰执亲王学士曲宴于延福宫，命近侍取茶具，亲手注汤击拂。少顷，白乳浮盏面，如疏星淡月，顾诸臣曰："此自烹茶。"饮毕，皆顿首谢。

《宋朝纪事》：洪迈选成《唐诗万首绝句》，表进，寿皇宣谕："阁学选择甚精，备见博洽，赐茶一百銙，清馥香一十贴，薰香二十贴，金器一百两。"

《乾淳岁时纪》：仲春上旬，福建漕司进第一纲茶，名"北苑试新"，方寸小銙，进御止百銙，护以黄罗软盝，借以青箬，裹以黄罗，夹复臣封朱印，外用朱漆小匣镀金锁，又以细竹丝织笈贮之，凡数重。此乃雀舌水芽，所造一銙之值四十万，仅可供数瓯之啜尔。或以一二赐外邸，则以生线分解转遗，好事以为奇玩。

《南渡典仪》：车驾幸学，讲书官讲讫，御药传旨宣坐赐茶。凡驾出，仪卫有茶酒班殿侍两行，各三十一人。

《司马光日记》：初除学士待诏李尧卿宣召称："有敕。"口宣毕，再拜，升阶，与待诏坐，啜茶。盖中朝旧典也。

欧阳修《龙茶录后序》：皇祐中，修《起居注》，奏事仁宗皇帝，屡承天问，以建安贡茶并所以试茶之状谕臣，论茶之舛谬。臣追念先帝顾遇之恩，览本流涕，辄加正定，书之于石。以永其传。

《随手杂录》："子瞻在杭时，一日中使至，密谓子瞻曰：'某出京师辞官家，官家曰：辞了娘娘来。某辞太后殿，复到官家处，引某至一柜子旁，出此一角密语曰：赐与苏轼，不得令人知。遂出所赐，乃茶一斤，封题皆御笔。'子瞻具札，附进称谢。""潘中散适为处州守，一日作醮，其茶百二十盏皆乳花，内一盏如墨，诘之，则酌酒人误酌茶中。潘焚香再拜谢过，即成乳花，僚吏皆惊叹。"

《石林燕语》故事：建州岁贡大龙凤、团茶各二斤，以八饼为斤。仁宗时，蔡君谟知建州，始别择茶之精者为小龙团，十斤以献，斤为十饼。仁宗以非故事，命劾之，大臣为请，因留而免劾，然自是遂为岁额。熙宁中，贾清为福建运使，又取小团之精者为密云龙，以二十饼为斤，而双袋谓之双角团茶。大小团袋皆用绯，通以为赐也。密云龙独用黄盖，专以奉玉食。其后又有瑞云翔龙者。宣和后，团茶不复贵，皆以为赐，亦不复如向日之精。后取其精者为茶，岁赐者不同，不可胜纪矣。

《春渚记闻》：东坡先生一日与鲁直、文潜诸人会，饭既，食骨鎚儿血羹。客有须薄茶者，因就取所碾龙团遍啜座客。或曰："使龙茶能言，当须称屈。"

魏了翁《先茶记》：眉山李君铿，为临邛茶官，吏以故事，三日谒先茶。君诘其故，则曰："是韩氏而王号，相传为然，实未尝请命于朝也。"君曰："饮食皆有先，而况茶之为利，不惟民生食用之所资，亦马政、边防之攸赖。是之弗图，非忘本乎！"于是撤旧祠而增广焉，且请于郡，上神之功状于朝，宣赐荣号，以侈神赐。而驰书于靖，命记成役。

《拊掌录》：宋自崇宁后复榷茶，法制日严。私贩者固已抵罪，而商贾官券清纳有限，道路有程。纤悉不如令，则被击断，或没货出告。昏愚者往往不免。其侪乃目茶笼为草大虫，言伤人如虎也。

《苕溪渔隐丛话》：欧公《和刘原父扬州时会堂绝句》云："积雪犹封蒙顶树，惊雷未发建溪春。中州地暖萌芽早，入贡宜先百物新。"［时会堂即造贡茶所也。］余以陆羽《茶经》考之，不言扬州出茶，惟毛文锡《茶谱》云："扬州禅智寺，隋之故官，寺傍蜀冈，其茶甘香，味如蒙顶焉。"第不知入贡之因，起何时也。

《卢溪诗话》：双井老人以青沙蜡纸裹细茶寄人，不过二两。

《青琐诗话》：大丞相李公昉尝言，唐时目外镇为粗官，有学士贻外镇茶，有诗谢云："粗官乞与真虚掷，赖有诗情合得尝。"［外镇即薛能也。］

《玉堂杂记》：淳熙丁酉十一月壬寅，必大轮当内直，上曰："卿想不甚饮，比赐宴时，见卿面赤。赐小春茶二十，叶世英墨五团，以代赐酒。"

陈师道《后山丛谈》："张忠定公令崇阳，民以茶为业。公曰：'茶利厚，官将取之，不若早自异也。'命拔茶而植桑，民以为苦。其后榷茶，他县皆失业，而崇阳之桑皆已成，其为绢而北者，岁百万匹矣。""文正李公既薨，夫人诞日，宋宣献公时为侍从。公与其僚二十余人诣第上寿，拜于帘下，宣献前曰：'太夫人不饮，以茶为寿。'探怀出之，注汤以献，复拜而去。"

张芸叟《画墁录》："有唐茶品，以阳羡为上供，建溪、北苑未著也。贞元中，常衮为建州刺史，始蒸焙而研之，谓研膏茶。其后稍为饼样，而穴其中，故谓之一串。陆羽所烹，惟是草茗尔。迨本朝建溪独盛，采焙制作，前世所未有也，士大夫珍尚鉴别，亦过古先。丁晋公为福建转运使，始制为凤团，后为龙团，贡不过四十饼，专拟上供，即近臣之家，徒闻之而未尝见也。天圣中，又为小团，其品迥嘉于大团。赐两府，然止于一斤，惟上大斋宿两府，八人共赐小团一饼，缕之以金。八人析归，以侈非常之赐，亲知瞻玩，赓唱以诗，故欧阳永叔有《龙茶小录》。或以大团赐者，辄剖方寸，以供佛、供仙、奉家庙，已而奉亲并待客享子弟之用。熙宁末，神宗有旨，建州制密云龙，其品又加于小团。自密云龙出，则二团少粗，以不能两好也。予元祐中详定殿试，是年分为制举考第，各蒙赐三饼，然亲知分遗，殆将不胜。""熙宁中，苏子容使北，姚麟为副，曰：'盍载些小团茶乎？'子容曰：'此乃供上之物，畴敢与北人。'未几有贵公子使北，广贮团茶以往，自尔北人非团茶不纳也，非小团不贵也。彼以二团易蕃罗一匹，此以一罗酬四团，少不满意，即形言语。近有贵貂守边，以大团为常供，密云龙为好茶云。"

《鹤林玉露》：岭南人以槟榔代茶。彭城《墨客挥犀》："蔡君谟，议茶者莫敢对公发言，建茶所以名重天下，由公也。后公制小团，其品尤精于大团。一日，福唐蔡叶丞秘教召公啜小团，坐久，复有一客至，公啜而味之曰：'此非独小团，必有大团杂之。'丞惊，呼童诘之，对曰：'本碾造二人茶，继有一客至，造不及，即以大团兼之。'丞神服公之明审。""王荆公为学士时，尝访君谟，君谟闻公至，喜甚，自取绝品茶，亲涤器，烹点以待公，冀公称赏。公于夹袋中取消风散一撮，投茶瓯中，并食之。君谟失色，公徐曰：'大好茶味'。君谟大笑，且叹公之真率也。"

鲁应龙《闲窗括异志》：当湖德藏寺有水陆斋坛，往岁富民沈忠建每设斋，施主虔诚，则茶现瑞花，故花俨然可睹，亦一异也。

周辉《清波杂记》：先人尝从张晋彦觅茶，张答以二小诗云："内家新赐密云龙，只到调元六七公。赖有山家供小草，犹堪诗老荐春风。""仇池诗里识焦坑，风味官焙可抗衡。钻余权幸亦及我，十辈遣前公试烹。"诗总得偶病，此诗俾其子代书，后误刊《于湖集》中。焦坑产庾岭下，味苦硬，久方回甘。如"浮石已干霜后水，焦坑新试雨前茶"，东坡《南还回至章贡显圣寺》诗也。后屡得之，初非精品，特彼人自以为重，包裹钻权幸，亦岂能望建溪之胜？

《东京梦华录》：旧曹门街北山子茶坊内，有仙洞、仙桥，仕女往往夜游，吃茶于彼。

《五色线》：骑火茶，不在火前，不在火后故也。清明改火，故曰骑火茶。

《梦溪笔谈》：王东城素所厚惟杨大年。公有一茶囊，惟大年至，则取茶囊具茶，他客莫与也。

《华夷花木考》：宋二帝北狩，到一寺中，有二石金刚并拱手而立。神像高大，首触桁栋，别无供器，止有石盂、香炉而已。有一胡僧出入其中，僧揖坐问："何来？"帝以南来对。僧呼童子点茶以进，茶味甚香美。再欲索饮，胡僧与童子趋堂后而去。移时不出，入内求之，寂然空舍。惟竹林间有一小室，中有石刻胡僧像，并二童子侍立，视之俨然如献茶者。

马永卿《嬾真子录》：王元道尝言：陕西子仙姑，传云得道术，能不食，年约三十许，不知其实年也。陕西提刑阳翟李熙民逸老，正直刚毅人也，闻人所传甚异，乃往青平军自验。既见道貌高古，不觉心服，因曰："欲献茶一杯可乎？"姑曰："不食茶久矣，今勉强一啜。"既食，少顷垂两手出，玉雪如也。须臾，所食之茶从十指甲出，凝于地，色犹不变。逸老令就地刮取，且使尝之，香味如故，因大奇之。

《朱子文集·与志南上人书》：偶得安乐茶，分上廿瓶。

《陆放翁集·同何元立蔡肩吾至丁东院汲泉煮茶》诗云：云芽近自峨眉得，不减红囊顾渚春。旋置风炉清樾下，他年奇事属三人。

《周必大集·送陆务观赴七闽提举常平茶事》诗云：暮年桑苎毁《茶经》，应为征行不到闽。今有云孙持使节，好因贡焙祀茶人。

《梅尧臣集》：有晏成绩太祝遗双井茶五品，茶具四枚，近诗六十篇，因赋诗为谢。

《黄山谷集》：有《博士王扬休碾密云龙，同事十三人饮之戏作》。

《晁补之集·和答曾敬之秘书招能赋堂烹茶》诗：一碗分来百越春，玉溪小暑却宜人。红尘他日同回首，能赋堂中偶坐身。

《苏东坡集》：《送周朝议守汉川诗》云："茶为西南病，甿俗记二李。何人折其锋，矫矫六君子。[二李，杞与稷也。六君子谓师道与侄正儒、张永徽、吴醇翁、吕元钧、宋文辅也。盖是时蜀茶病民，二李乃始敝之人，而六君子能持正论者也。]""仆在黄州，参寥自吴中来访，馆之东坡。一日，梦见参寥所做诗，觉而记其两句云：'寒食清明都过了，石泉槐火一时新。'后七年，仆出守钱塘，而参寥始仆居西湖智果寺院，院有泉出石缝间，甘冷宜茶。寒食之明日，仆与客泛湖自孤山来谒参寥，汲泉钻火烹黄蘗茶。忽悟所梦诗，兆于七年之前。众客皆惊叹。知传记所载，非虚语也。"

东坡《物类相感志》："芽茶得盐，不苦而甜。"又云："吃茶多腹胀，以醋解之。"又云："陈茶烧烟，蝇速去。"

《杨诚斋集·谢傅尚书送茶》：远饷新茗，当自携大瓢，走汲溪泉，束涧底之散薪，然折脚之石鼎，烹玉尘，啜香乳，以享天上故人之惠。愧无胸中之书传，但一味搅破菜园耳。

郑景龙《续宋百家诗》：本朝孙志举，有《访王主簿同泛菊茶》诗。

吕元中《丰乐泉记》：欧阳公既得酿泉，一日会客，有以新茶献者。公敕汲泉瀹之。汲者道仆覆水，伪汲他泉。公知其非酿泉，诘之，乃得是泉于幽谷山下，因名丰乐泉。

《侯鲭录》：黄鲁直云："烂蒸同州羊，沃以杏酪，食之以匕，不以箸。抹南京面作槐叶冷淘，糁以襄邑熟猪肉，饮共城香稻，用吴人鲙松江之鲈。既饱，以康山谷帘泉烹曾坑斗品。少焉，卧北窗下，使人诵东坡《赤壁》前后赋，亦足少快。"

《苏舜钦传》：有兴则泛小舟出盘、阊二门，吟啸览古，渚茶野酿，足以消忧。

《过庭录》：刘贡父知长安，妓有茶娇者，以色慧称。贡父惑之，事传一时。

贡父被召至阙，欧阳永叔去城四十五里迓之，贡父以酒病未起。永叔戏之曰："非独酒能醉人，茶亦能醉人多矣。"

《古今合璧事类备要》："觉林寺僧志崇制茶有三等：待客以惊雷荚，自奉以萱草带，供佛以紫茸香。凡赴茶者，辄以油囊盛余沥。""江南有驿官，以干事自任。白太守曰：'驿中已理，请一阅之'。刺史乃往，初至一室为酒库，诸酝皆熟，其外悬一画神，问：'何也？'曰：'杜康。'刺史曰：'公有余也。'又至一室为茶库，诸茗毕备，复悬画神，问：'何也？'曰：'陆鸿渐。'刺史益喜。又至一室为菹库，诸俎咸具，亦有画神，问：'何也？'曰：'蔡伯喈。'刺史大笑，曰：'不必置此。'""江浙间养蚕，皆以盐藏其茧而缫丝，恐蚕蛾之生也。每缫毕，即煎茶叶为汁，捣米粉搜之。筛于茶汁中煮为粥，谓之洗缸粥。聚族以啜之，谓益明年之蚕。"

《经锄堂杂记》：松声、涧声、禽声、夜虫声、鹤声、琴声、棋声、落子声、雨滴阶声、雪洒窗声、煎茶声，皆声之至清者。

《松漠纪闻》：燕京茶肆设双陆局，如南人茶肆中置棋具也。

《梦粱录》：茶肆列花架，安顿奇松、异桧等物于其上，装饰店面，敲打响盏。又冬月添卖七宝擂茶、馓子葱茶。茶肆楼上专安着妓女，名曰花茶坊。

《南宋市肆记》："平康歌馆，凡初登门，有提瓶献茗者。虽杯茶，亦犒数千，谓之点花茶。""诸处茶肆，有清乐茶坊、八仙茶坊、珠子茶坊、潘家茶坊、连三茶坊、连二茶坊等名。""谢府有酒名胜茶。"

宋《都城纪胜》：大茶坊皆挂名人书画，人情茶坊本以茶汤为正。水茶坊，乃娼家聊设果凳，以茶为由，后生辈甘于费钱，谓之干茶钱。又有提茶瓶及龊茶名色。

《臆乘》：杨炫之作《洛阳伽蓝记》，曰食有酪奴，盖指茶为酪粥之奴也。

《琅嬛记》：昔有客遇茅君，时当大暑，茅君于手巾内解茶叶，人与一叶，客食之五内清凉。茅君曰："此蓬莱穆陀树叶，众仙食之以当饮。"又有宝文之蕊，食之不饥，故谢幼贞诗云："摘宝文之初蕊，拾穆陀之坠叶。"

杨南峰《手镜》载：宋时姑苏女子沈清友，有《续鲍令晖香茗》。

孙月峰《坡仙食饮录》：密云龙茶极为甘馨，宋廖正，一字明略，晚登苏门，子瞻大奇之。时黄、秦、晁、张号苏门四学士，子瞻待之厚，每至必令侍妾朝云取密云龙烹以饮之。一日，又命取密云龙，家人谓是四学士，窥之乃明略也。山谷诗有"乔云龙"，亦茶名。

《嘉禾志》：煮茶亭在秀水县西南湖中，景德寺之东禅堂。宋学士苏轼与文长老尝三过湖上，汲水煮茶，后人因建亭以识其胜。今遗址尚存。

《名胜志》：茶仙亭在滁州琅琊山，宋时寺僧为刺史曾肇建，盖取杜牧《池州茶山病不饮酒》诗"谁知病太守，犹得作茶仙"之句。子开诗云："山僧独好事，为我结茅茨。茶仙榜草圣，颇宗樊川诗。"盖绍圣二年肇知是州也。

陈眉公《珍珠船》："蔡君谟谓范文正曰：'公《采茶歌》云：黄金碾畔绿尘飞，碧玉瓯中翠涛起。今茶绝品，其色甚白，翠绿乃下者耳，欲改为'玉尘飞''素涛起'，如何？'希文曰'善'。""又，蔡君谟嗜茶，老病不能饮，但把玩而已。"

《潜确类书》："宋绍兴中，少卿曹戬之母喜茗饮。山初无井，戬乃斋戒祝天，斫地才尺，而清泉溢涌，因名孝感泉。大理徐恪，建人也，见贻乡信铤子茶，茶面印文曰'玉蝉膏'，一种曰'清风使'。""蔡君谟善别茶，建安能仁院有茶生石缝间，盖精品也。寺僧采造得八饼，号石岩白。以四饼遗君谟，以四饼密遣人走京师遗王内翰禹玉。岁余，君谟被召还阙，过访禹玉，禹玉命子弟于茶筒中选精品碾以待蔡，蔡捧瓯未尝，辄曰：'此极似能仁寺石岩白，公何以得之？'禹玉未信，索帖验之，乃服。"

《月令广义》：蜀之雅州名山县蒙山有五峰，峰顶有茶园，中顶最高处曰上清峰，产甘露茶。昔有僧病冷且久，尝遇老父询其病，僧具告之。父曰："何不饮茶？"僧曰："本以茶冷，岂能止乎？"父曰："是非常茶，仙家有所谓雷鸣者，而亦闻乎？"僧曰："未也。"父曰："蒙之中顶有茶，当以春分前后多构人力，俟雷之发声，并手采摘，以多为贵，至三日乃止。若获一两，以本处水煎服，能祛宿疾。服二两，终身无病。服三两，可以换骨。服四两，即为地仙。但精洁治之，无不效者。"僧因之中顶筑室，以俟及期，获一两余，服未竟而病瘥。惜不能久住博求。而精健至八十余岁，气力不衰。时到城市，观其貌若年三十余者，眉发绀绿。后入青城山，不知所终。今四顶茶园不废，惟中顶草木繁茂，重云积雾，蔽亏日月，鸷兽时出，人迹罕到矣。

《太平清话》：张文规以吴兴白苎、白萍洲、明月峡中茶为三绝。文规好学，有文藻。苏子由、孔武仲、何正臣诸公，皆与之游。

夏茂卿《茶董》："刘煜，字子仪，尝与刘筠饮茶，问左右：'汤滚也未？'众曰：'已滚。'筠云：'金曰鲦哉。'煜应声曰：'吾与点也。'""黄鲁直以小龙团半铤，题诗赠晁无咎，有云：'曲几蒲团听煮汤，煎成车声绕羊肠。鸡苏胡麻留渴羌，不应乱我官焙香。'东坡见之曰：'黄九怎地怎得不穷。'"

陈诗教《灌园史》："杭妓周韶有诗名，好蓄奇茗，尝与蔡公君谟斗胜，题品风味，君谟屈焉。""江参，字贯道，江南人，形貌清癯，嗜香茶以为生。"

《博学汇书》：司马温公与子瞻论茶墨云："茶与墨二者正相反，茶欲白，墨欲黑；茶欲重，墨欲轻；茶欲新，墨欲陈。"苏曰："上茶妙墨俱香，是其德同也；皆坚，是其操同也。"公叹以为然。

元耶律楚材诗《在西域作茶会值雪》，有"高人惠我岭南茶，烂赏飞花雪没车"之句。

《云林遗事》：光福徐达左，构养贤楼于邓尉山中，一时名士多集于此。元镇为尤数焉，尝使童子入山担七宝泉，以前桶煎茶，以后桶濯足。人不解其意，或问之，曰："前者无触，故用煎茶，后者或为泄气所秽，故以为濯足之用。"其洁癖如此。

陈继儒《泥古录》：至正辛丑九月三日，与陈征君同宿愚庵师房，焚香煮茗，图石梁秋瀑，翛然有出尘之趣。黄鹤山人王蒙题画。

周叙《游嵩山记》：见会善寺中有元雪庵头陀茶榜石刻，字径三寸，遒伟可观。

钟嗣成《录鬼簿》：王实甫有《苏小郎夜月贩茶船》传奇。

《吴兴掌故录》：明太祖喜顾渚茶，定制岁贡止三十二斤，于清明前二日，县官亲诣采茶，进南京奉先殿焚香而已，未尝别有上供。

《七修汇稿》：明洪武二十四年，诏天下产茶之地，岁有定额，以建宁为上，听茶户采进，勿预有司。茶名有四：探春、先春、次春、紫笋，不得碾揉为大小龙团。

杨维桢《煮茶梦记》：铁崖道人卧石床，移二更，月微明，及纸帐梅影，亦及半窗，鹤孤立不鸣。命小芸童汲白莲泉，燃槁湘竹，授以凌霄芽为饮供。乃游心太虚，恍兮入梦。

陆树声《茶寮记》：园居敞小寮于啸轩埤垣之西，中设茶灶，凡瓢汲、罂、注、濯、拂之具咸庀。择一人稍通茗事者主之，一人佐炊汲。客至，则茶烟隐隐起竹外。其禅宾过从予者，与余相对结跏趺坐，啜茗汁，举无生话。时杪秋既望，适园无净居士，与五台僧演镇、终南僧明亮，同试天池茶于茶寮中。漫记。

《墨娥小录》：千里茶，细茶一两五钱，孩儿茶一两，柿霜一两，粉草末六钱，薄荷叶三钱。右为细末调匀，炼蜜丸如白豆大，可以代茶，便于行远。

汤临川《题饮茶录》：陶学士谓"汤者，茶之司命"，此言最得三昧。冯祭酒精于茶政，手自料涤，然后饮客。客有笑者，余戏解之云："此正如美人，又如古法书名画，度可着俗汉手否！"

陆钘《病逸漫记》：东宫出讲，必使左右迎请讲官。讲毕，则语东宫官云："先生吃茶。"

《玉堂丛语》：愧斋陈公，性宽坦，在翰林时，夫人尝试之。会客至，公呼："茶！"夫人曰："未煮。"公曰："也罢。"又呼曰："干茶！"夫人曰："未买。"公曰："也罢。"客为捧腹，时号"陈也罢"。

沈周《客坐新闻》：吴僧大机所居古屋三四间，洁净不容唾。善瀹茗，有古井清冽为称。客至，出一瓯为供饮之，有涤肠渧胃之爽。先公与交甚久，亦嗜茶，每入城必至其所。

沈周《书岕茶别论后》：自古名山，留以待羁人迁客，而茶以资高士，盖造物有深意。而周庆叔者为《岕茶别论》，以行之天下。度铜山金穴中无此福，又恐仰屠门而大嚼者未必领此味。庆叔隐居长兴，所至载茶具，邀余素瓯黄叶间，共相欣赏。恨鸿渐、君谟不见庆叔耳，为之覆茶三叹。

冯梦桢《快雪堂漫录》：李于鳞为吾浙按察副使，徐子与以岕茶之最精饷之。比遇子与于昭庆寺问及，则已赏皂役矣。盖岕茶叶大梗多，于鳞北士，不遇宜也。纪之以发一笑。

闵元衡《玉壶冰》：良宵燕坐，篝灯煮茗，万籁俱寂，疏钟时闻，当此情景，对简编而忘疲，彻衾枕而不御，一乐也。

《瓯江逸志》："永嘉岁进茶芽十斤，乐清茶芽五斤，瑞安、平阳岁进亦如之。""雁山五珍：龙湫茶、观音竹、金星草、山药、官香鱼也。茶即明茶。紫色而香者，名玄茶，其味皆似天池而稍薄。"

王世懋《二酉委谭》：余性不耐冠带，暑月尤甚，豫章天气蚤热，而今岁尤甚。春三月十七日，觞客于滕王阁，日出如火，流汗接踵，头涔涔几不知所措。归而烦闷，妇为具汤沐，便科头裸身赴之。时西山云雾新茗初至，张右伯适以见遗，茶色白大，作豆子香，几与虎邱埒。余时浴出，露坐明月下，亟命侍儿汲新水烹尝之。觉沆瀣入咽，两腋风生。念此境味，都非宦路所有。琳泉蔡先生老而嗜茶，尤甚于余。时已就寝，不可邀之共啜。晨起复烹遗之，然已作第二义矣。追忆夜来风味，书一通以赠先生。

《涌幢小品》：王琏，昌邑人，洪武初，为宁波知府。有给事来谒，具茶。给事为客居间，公大呼："撤去！"给事惭而退。因号"撤茶太守"。

《临安志》：栖霞洞内有水洞，深不可测，水极甘冽，魏公尝调以渝茗。

《西湖志余》：杭州先年有酒馆而无茶坊，然富家燕会，犹有尊供茶事之人，谓之茶博士。

《潘子真诗话》：叶涛诗极不工而喜赋咏，尝有《试茶》诗云"碾成天上龙兼凤，煮出人间蟹与虾。"好事者戏云："此非试茶，乃碾玉匠人尝南食也。"

董其昌《容台集》："蔡忠惠公进小团茶，至为苏文忠公所讥，谓与钱思公进姚黄花同失士气。然宋时君臣之际，情意蔼然，犹见于此。且君谟未尝以贡茶干宠，第点缀太平世界一段清事而已。东坡书欧阳公滁州二记，知其不肯书《茶录》。余以苏法书之，为公忏悔。否则蛰龙诗句，几临汤火，有何罪过。凡持论不大远人情可也。""金陵春卿署中，时有以松萝茗相贻者，平平耳。归来山馆得啜尤物，询知为闵汶水所蓄。汶水家在金陵，与余相及，海上之鸥，舞而不下，盖知希为贵，鲜游大人者。昔陆羽以精茗事，为贵人所侮，作《毁茶论》，如汶水者，知其终不作此论矣。"

李日华《六研斋笔记》：摄山栖霞寺有茶坪，茶生榛莽中，非经人剪植者。唐陆羽入山采之，皇甫冉做诗送之。

《紫桃轩杂缀》：泰山无茶茗，山中人摘青桐芽点饮，号女儿茶。又有松苔，极饶奇韵。

《钟伯敬集》：《茶讯》诗云："犹得年年一度行，嗣音幸借采茶名。"伯敬与徐波元叹交厚，吴楚风烟相隔数千里，以买茶为名，一年通一讯，遂成佳话，谓之茶讯。""尝见钱谦益《茶供说》云：娄江逸人朱汝圭，精于茶事，将以茶隐，欲求为之记，愿岁岁采渚山青芽，为余作供。余观楞严坛中设供，取白牛乳、砂糖、纯蜜之类。西方沙门婆罗门，以葡萄、甘蔗浆为上供，未有以茶供者。鸿渐长于芯苴者也，杼山禅伯也，而鸿渐《茶经》、杼山《茶歌》俱不云供佛。西土以贯花燃香供佛，不以茶供，斯亦供养之缺典也。汝圭益精心治办茶事，金芽素瓷，清净供佛，他生受报，往生香国。经诸妙香而作佛事，岂但如丹丘羽人饮茶，生羽翼而已哉。余不敢当汝圭之茶供，请以茶供佛。后之精于茶道者，以采茶供佛、为佛事，则自余之谂汝圭始，爰作《茶供说》以赠上。"

《五灯会元》："摩突罗国有一青林枝叶茂盛地，名曰优留茶。""僧问如宝禅师曰：'如何是和尚家风？'师曰：'饭后三碗茶。'僧问谷泉禅师曰：'未审客来，如何祗待？'师曰：'云门胡饼赵州茶'。'"

《渊鉴类函》："郑愚《茶诗》：'嫩芽香且灵，吾谓草中英。夜臼和烟捣，寒炉对雪烹。'因谓茶曰草中英。""素馨花曰裨茗，陈白沙《素馨记》以其能少裨于茗耳。一名那悉茗花。'"

《佩文韵府》：元好问诗注："唐人以茶为小女美称。"

《黔南行记》："陆羽《茶经》纪黄牛峡茶可饮，因令舟人求之。有媪卖新茶一笼，与草叶无异，山中无好事者故耳。""初余在峡州问士大夫黄陵茶，皆云粗涩不可饮。试问小吏，云：'惟僧茶味善。'令求之，得十饼，价甚平也。携至黄牛峡，置风炉清樾间，身自候汤，手摭得味。既以享黄牛神，且酌元明尧夫云：'不减江南茶味也。'乃知夷陵士大夫以貌取之耳。"

《九华山录》：至化城寺，谒金地藏塔，僧祖瑛献土产茶，味可敌北苑。

冯时可《茶录》：松郡佘山亦有茶，与天池无异，顾采造不如。近有比丘来，以虎丘法制之，味与松萝等。老衲亟逐之曰："毋为此山开膻径而置火坑。"

冒巢民《岕茶汇钞》："忆四十七年前，有吴人柯姓者，熟于阳羡茶山，每桐初露白之际，为余入岕，箬笼携来十余种，其最精妙者，不过斤许数两耳。味老香深，具芝兰金石之性。十五年以为恒。后宛姬从吴门归余，则岕片必需半塘顾子兼，黄熟香必金平叔，茶香双妙，更入精微。然顾、金茶香之供，每岁必先虞山柳夫人、吾邑陇西之倩姬与余共宛姬，而后他及。""金沙于象明携岕茶来，绝妙。金沙之于精鉴赏，甲于江南，而岕山之棋盘顶，久归于家，每岁其尊人必躬往采制。今夏携来庙后、棋顶、涨沙、本山诸种，各有差等，然道地之极真极妙，二十年所无。又辨水候火，与手自洗，烹之细洁，使茶之色香性情，从文人之奇嗜异好，一一淋漓而出。诚如丹丘羽人所谓饮茶生羽翼者，真衰年称心乐事也。""吴门七十四老人朱汝圭，携茶过访。与象明颇同，多花香一种。汝圭之嗜茶自幼，如世人之结斋于胎年，十四入芥，迄今，春夏不渝者百二十番，夺食色以好之。有子孙为名诸生，老不受其养。谓不嗜茶，为不似阿翁。每辣骨入山，卧游虎呵，负笼入肆，啸傲瓯香。晨夕涤瓷洗叶，啜弄无休，指爪齿颊与语言激扬赞颂之津津，恒有喜神妙气与茶相长养，真奇癖也。"

《岭南杂记》：潮州灯节，饰姣童为采茶女，每队十二人或八人，手挈花篮，迭进而歌，俯仰抑扬，备极妖研。又以少长者二人为队首，擎彩灯，缀以扶桑、茉莉诸花。采女进退作止，皆视队首。至各衙门或巨室唱歌，赉以银钱、酒果。自十三夕起至十八夕而止。余录其歌数首，颇有《前溪》《子夜》之遗。

郎瑛《七修类稿》："歙人闵汶水，居桃叶渡上，予往品茶其家，见其水火皆自任，以小酒盏酌客，颇极烹饮态，正如德山担青龙钞，高自矜许而已，不足异也。秣陵好事者，尝诮闽无茶，谓闽客得闽茶咸制为罗囊，佩而嗅之以代旃檀。实则闽不重汶水也。闽客游秣陵者，宋比玉、洪仲韦辈，类依附吴儿强作解事，贱家鸡而贵野鹜，宜为其所诮欤。三山薛老亦秦淮汶水也。薛尝言汶水假他味作兰香，究使茶之真味尽失。汶水而在，闻此亦当色沮。薛尝住为峛，自为剪焙，遂欲驾汶水上。余谓茶难以香名，况以兰定茶，乃咫尺见也，颇以薛老论为善。""延邵人呼制茶人为碧竖，富沙陷后，碧竖尽在绿林中矣。""蔡忠惠《茶录》石刻在瓯宁邑庠壁间。予五年前拓数纸寄所知，今漫漶不如前矣。""闽酒数郡如一，茶亦类是。今年予得茶甚夥，学坡公义酒事，尽合为一，然与未合无异也。"

李仙根《安南杂记》：交趾称其贵人曰翁茶。翁茶者，大官也。

《虎丘茶经补注》："徐天全自金齿谪回，每春末夏初，入虎丘开茶社。""罗光玺作《虎丘茶记》，嘲山僧有'替身茶'。""吴匏庵与沈石田游虎丘，采茶手煎对啜，自言有茶癖。"

《渔洋诗话》：林确斋者，亡其名，江右人。居冠石，率子孙种茶，躬亲畚锸负担，夜则课读《毛诗》《离骚》。过冠石者，见三四少年，头着一幅布，赤脚挥锄，琅然歌出金石，窃叹以为古图画中人。

《尤西堂集》有《戏册茶为不夜侯制》。

朱彝尊《日下旧闻》：上巳后三日，新茶从马上至，至之日宫价五十金，外价二三十金。不一二日，即二三金矣。见《北京岁华记》。

《曝书亭集》：锡山听松庵僧性海，制竹火炉，王舍人过而爱之，为作山水横幅，并题以诗。岁久炉坏，盛太常因而更制，流传客下，群公多为吟咏。顾梁汾典籍仿其遗式制炉，及来京师，成容若侍卫以旧图赠之。丙寅之秋，梁汾携炉及卷过余海波寺寓，适姜西溟、周青士、孙恺似三子亦至，坐青藤下，烧炉试武夷茶，相与联句成四十韵，用书于册，以示好事之君子。

蔡方炳《增订广舆记》：湖广长沙府攸县，古迹有茶王城，即汉茶陵城也。

葛万里《清异录》："倪元镇饮茶用果按者，名清泉白石。非佳客不供。有客请见，命进此茶。客渴，再及而尽，倪意大悔，放盏入内。""黄周星九烟梦读《采茶赋》，只记一句云：施凌云以翠步。"

《别号录》：宋曾几吉甫，别号茶山。明许应元子春，别号茗山。

《随见录》：武夷五曲朱文公书院内有茶一株，叶有臭虫气，及焙制出时，香逾他树，名曰臭叶香茶。又有老树数株，云系文公手植，名曰宋树。

《西湖游览志》："立夏之日，人家各烹新茗，配以诸色细果，馈送亲戚比邻，谓之七家茶。""南屏谦师妙于茶事，自云得心应手，非可以言传学到者。"

刘士亨有《谢璘上人惠桂花茶》诗云：金粟金芽出焙篝，鹤边小试兔丝瓯。叶含雷信三春雨，花带天香八月秋。味美绝胜阳羡种，神清如在广寒游。玉川句好无才续，我欲逃禅问赵州。

李世熊《寒支集》：新城之山有异鸟，其音若箫，遂名曰箫曲山。山产佳茗，亦名箫曲茶。因作歌纪事。

《禅玄显教篇》：徐道人居庐山天池寺，不食者九年矣。畜一墨羽鹤，尝采山中新茗，令鹤衔松枝烹之。遇道流，辄相与饮几碗。

张鹏翀《抑斋集》有《御赐郑宅茶》云：青云幸接于后尘，白日捧归乎深殿。从容步缓，膏芬齐出螭头；肃穆神凝，乳滴将开蜡面。用以濡毫，可媲文章之草；将之比德，勉为精白之臣。

※ 译文

《晋书》中说：温峤上奏要求调取御用所需要的茶叶，在上面列举了真正上好的茶叶上千种，普通茶叶三百大簿。

《洛阳伽蓝记》中说：王肃刚刚到北魏的时候，不吃羊肉和酪浆之类的东西，常常将鲫鱼羹当饭吃，渴了就喝茶水。京师里面的人说王肃一喝就是一斗，被称为有漏洞的盛茶器。几年后，高祖看见他吃羊肉和酪粥很多，就对王肃说："羊肉跟鱼羹相比哪样更好些呢？茶跟酪浆相比怎么样呢？"王肃回答说："羊是陆地上所出产最好的，而鱼是水中的灵长，两者的特点不同，并且各有自己珍贵的地方，根据味道来说，那是有很大的区别了。羊就好比是齐鲁大国，鱼就好比邾莒小国，只有茗味道不行，所以才成为了酪的奴隶。"高祖大笑。彭城王对王肃说："过去你不重视齐鲁大国，却偏偏爱邾莒小国，这是为什么呢？"王肃回答说："家乡以茶和鲫鱼为美，不得不喜欢。"彭城王又说："你明日到我家，我为你设邾莒之食，也有酪奴。"因此叫茗饮为酪奴。那时候，给事中刘缟因为仰慕王肃的为人，因此专门向他学习，也来喝茶。彭城王又对刘缟说："你不仰慕王侯将相的珍馐佳肴，却去爱好什么苍头的水厄。海上有追逐臭味的人，市井有效颦的妇人，对比你的行为你就是这样的人。"因为彭城王家里有吴地的奴隶，所以才出此戏言。后来梁武帝的儿子西丰侯萧正德归降，那时元义想为他准备茶水，先问他："你需要多少水厄呢？"正德不明白元义话中所包含的意思，回答说："下官生于水乡，但是出生以来，从来就没有遭受阳侯这样的灾难。"元义和在座所有的客人都笑了起来。

《海录碎事》记载：晋朝的司徒长史王濛，字仲祖，喜欢喝茶，来了客人总是让他们饮茶。士大夫觉得这件事很苦恼，所以每次要去见王濛的时候就会说："今天有水灾了。"

《续搜神记》中说：桓宣武有一个有名的督将，因生病后身体虚热，更能够喝茶了。要喝一斛二斗才行，才少喝了一点，就觉得没有喝足，像这样已经不止一天了。家里贫穷以后，一天有客人来造访，正好碰见他正在喝茶，在此之前，客人已经听说了他有这种毛病，便让他再喝五升，于是他大吐，吐出了一个像升子那样大的东西，而且还长着嘴巴，看起来全身收缩褶皱，就像牛肚一样。客人叫人把它放进盆中，再加上一斛二斗的茶水，这东西都将它喝干了，看起来才有点胀。再增加五升，那它就再也喝不下去了。吐出了这个东西之后，督将的病很快就好了，有人问："这是什么病呢？"客人回答说："这种病的名字就叫作'斛二瘕'。"

《潜确类书》载：进士权纾文说："隋文帝年轻时，梦见神人改变了他的脑骨，从此脑袋开始不断地疼痛。后来遇见了一个和尚说：'山里面有一种茗草，煮了喝之后应该可以痊愈'。隋文帝饮用之后果然有效，于是大家就竞相去采摘饮用。因此有人写诗赞叹，大概说：'穷春秋，演河图，还比不上载茗一车。'"

《唐书》记载："太和七年取消了吴和蜀两地冬天进贡的茶叶。太和九年王涯进贡茶，于是任命王涯为榷茶使，茶叶收税就是从他开始的。在十二月的时候，盐铁转运榷茶使令狐楚上奏皇上：'茶叶征税对老百姓是不利的。'皇上就听从他的建议。""陆龟蒙喜欢喝茶，在顾渚山下置办了园子，每年从茶叶中收取茶租，等级自己评判。张又新写了《水说》七种，第二是惠山泉，第三是虎丘井，第六是淞江水。有的人为了满足他的嗜好，即使从百里远的地方也为他送水来。陆龟蒙每天在船上搭篷，带着束书、茶灶、笔床、钓具，往来汲水品茶。一般的人来造访他，很少有能够见到他的。那时候称他为江湖散人，或者称为天随子、甫里先生，自比为涪翁、渔夫、江上丈人。后来官府任命他为高士召集，他也不去。"

《国史补》载："老人们说：五十年前很多人患热黄病，民间出现了专门以烙黄为业的人。在灞浐这条水系中，经常有人从早坐到晚，被称为浸黄。近代没有了，而得腰腿病的人却多了，这都是喝茶造成的。""韩晋公滉听说有奉天之难，就用夹练囊装茶末，派遣人很快进献上去。""常鲁出使西番的时候，在帐篷中煮茶，番人问：'这是什么？'常鲁说：'去烦止渴，这就是茶。'番人说：'我也有。'取出茶叶给他看，说：'这是寿州的，这是顾渚的，这是蕲门的。'"

唐赵璘在《因话录》中说：陆羽很有文采，常常有很多的奇思妙想，没有一件事不精通，尤其精通茶术。他发明了煎茶的方法，至今卖茶的人家，还把他的陶像供奉在灶头上，当茶神祭祀，说：能保佑茶好多赚钱。巩县出产一种瓷偶人，称为"陆鸿渐"，买十件茶器送一个瓷鸿渐，商人茶卖得不好，就往瓷人里灌注。复州一个老和尚是陆羽的弟子，经常背诵陆羽的《六羡歌》，还作有《追感陆僧》的诗。

唐代何晦在《摭言》中说：郑光业参加策试时，夜里有同样参加策试的人突然进来，用吴地的方言说："先来的人，能不能容我住下？"光业为他腾出半铺的地方。此人又说："为我汲取一瓢水，请再代煎一碗茶吧。"光业欣然为他取水煎茶。住了两天，光业考了个状元，这个人写信谢罪说："既麻烦你为我取水，还让你煎茶。当时不识贵人，真是凡夫肉眼；今天我立刻就落榜了，骨子里都是穷相。"

唐代李义山所著《杂纂》中说：富贵人家的标志：有捣药碾茶的声音。

唐代冯贽《烟花记》记载：建阳向宫中进献了茶油花子饼，它们大小形状都不一样，特别可爱。宫中的嫔妃描金在脸上，都以淡色为主，把这种茶油花子饼插在鬓角上，当时号称为北苑妆。

唐代《玉泉子》一书记载：崔蠡担任知制诰为母亲守孝，住在东都里府第的时候，生活清苦节俭，各地寄送的物品只有药品和茶叶而已，不接受金银锦缎，生活一直清寒朴素。

《颜鲁公帖》说：二十九日南寺的通师大师举行茶会，都来静坐，祛除烦恼，这也不是没有好处。阁下的意思，言语之间可以猜度一二，不可见外。颜真卿再次顿首致谢。

《开元遗事》记载：王休隐居在太白山下，每天与和尚道士异人交往。每到冬天的时候，就敲取晶莹的溪冰煮建茶，与宾客一起饮用。

《李邺侯家传》记载：皇帝的孙子奉节王爱好诗歌，开始煎茶加酥椒之类的东西，送给泌，求他作诗，泌作诗取笑他说："旋沫翻成碧玉池，添酥散出琉璃眼。"奉节王就是德宗啊。

《中朝故事》载：有人任舒州牧的时候，赞皇公李德裕对他说："等你到了舒州，天柱峰的茶叶可以给我惠赠一点。"那个人向他进献了几十斤，李德裕不肯接受。第二年那个人调离，费心求得精品，送给他几两。李德裕欣然接受，说："这种茶叶可以解除酒的危害。"于是让人烹煮了一酒杯，放在肉食里面，用银盒子封闭起来。第二天再来看肉，已经化成水了。众人都佩服称赞皇公的见识。

段公路《北户录》中说：前朝有一些文章把茗称为薄，称为夹。又有梁《科律》中称它为薄茗、千夹等。

唐代苏鹗《杜阳杂编》记载：唐德宗每次赏赐给同昌公主的茶，其中有叫作绿华、紫英的称号。

《凤翔退耕传》记载：在元和年间，馆阁煮麒麟草来招待学士。

温庭筠《采茶录》记载：李约字存博，是李勉的儿子。他一生不近女色，风度优雅，有山林隐士的雅致。他特别喜欢喝茶，能够自己煎煮，曾经对人说："不要使水一味地沸腾，这样可以养茶。开始的时候，水泡就像是散布在上面的鱼眼睛，有很小的声音；然后就像泉水一样四围喷涌，泛起成串的珠子；最后就像澎湃的波浪，水气全部消散了。这就是所谓的老汤三沸的办法，不是活火是不能达到这种效果的。"客人来的时候不限制瓯数，整天烧火，不停地拿着茶器烹茶都不觉得疲倦。曾经奉命出使经过陕州硖石县东边，因为爱那里清澈的渠水，盘桓十几天都没有出发。

《南部新书》记载："杜幽公悰，地位显赫，非常的富贵。曾与同行人说起平生不如意的事情有三件：一是出任澧州的刺史，第二是被贬为司农卿，第三是从西川到广陵，船经过瞿塘江的时候，被大风浪所惊吓，却没有办法呼唤到一个随从，特别地渴，于是自己煎茶喝。""大中三年，东都来了一个和尚，有一百二十岁。宣皇问他服用了什么药这样长寿？和尚回答说：'我出身低贱，不曾吃药。一生喜欢喝茶，每到一处都化求茶水，有的时候一天求的茶超过了上百碗，就是最平常的时候也不少于喝四五十碗。'因此宣皇赏赐给他五十斤茶叶，让他居住在保寿寺，将喝茶的地方称为茶寮。""有姓胡的人，他的名字已经不知道了，以钉铰为职业，居住在云溪靠近白苹洲的地方。距离他家十几步有一座古坟，胡生每次喝茶必定要对古坟奠祭一杯。后来梦到一个人对他说：'我姓柳，善于做诗且喜欢喝茶。死了之后，埋葬在你现在居所的旁边，经常得到你的恩惠，我没有什么可以回报的，想教你作诗。'胡生推辞说他不行，柳坚持说：'你尽管坦率直言到时候就行了。'醒了之后，尝试着去构思作诗，果然觉得好像有人在暗中帮助一样。以后他的诗写得很工整，后来的人称他为'胡钉铰诗。'这里所指的柳应该是柳恽。还有一种说法是，列子在郑国去世，现在他的墓地在郊外杂草丛生的地方，当地人认为这是贤者的墓地，不允许人到那里砍柴放牧。当地有一个姓胡的人，生性落魄。家里很贫穷，小的时候从事洗镜、做钉子的工作。每当有甘甜的果子、好的茶水和美味佳肴，就把它拿到列子的祠堂里面去祭祀，来求变得聪明而懂道理。有一天，忽然梦见一个人，用刀划开他的腹部，将一卷书放在他的心肺里面。等到醒来，有了做诗的感觉，结果做出的都是非常工美的词句，都不是从老师和朋友那里学来的。他就算具备了这样的才华，也不放弃以前的工作，真是具有隐者的风度。远近的人都称他为'胡钉铰'。"

张又新在《煎茶水记》中说：代宗朝的时候，李季卿任湖州的刺史，到维扬的时候碰到了陆羽。李季卿一向熟知陆羽大名，有仰慕之意，因此前去拜访，在扬子驿馆，快要吃饭的时候，李季卿说："陆处士善于煮茶水，这是天下闻名的，何况扬子南零的水又很不一般。现在碰到这两种妙处，真是千载难逢的好机会，怎么能错过呢？"于是让军中亲信拿着瓶子划着船，去南零取水。陆羽准备好器具等着。过了一会儿水到了，陆羽用勺子舀起水说："江水倒是江水，并不是南零的水，好像是岸边的水。"使者说："我划船深入到里面，超过上百的人看见，难道还有假吗？"陆羽不再说话，然后把水往盆子里倒，倒到一半的时候，陆羽才停住，又用勺子舀起水来说："从这里开始才是南零的水了。"使者顿时大吃一惊，马上认罪说："我从南零运水到岸边时，船一晃洒掉了一半，怕水太少了，于是将岸边的水加到了里面，处士的判别能力，真是圣明，我怎么还敢隐瞒呢！"李季卿和他的随从几十人都感到很惊愕。

《茶经》本传中说：陆羽喜欢喝茶，著有《茶经》三篇。当时喜欢煮茶的人，将陆羽的陶像放在灶龛间，作为茶神祭祀。有个叫常伯熊的，因为受陆羽的影响，也写文章说茶的好处。御史大夫李季卿到江南的时候，次日到了淮水，知道伯熊擅长煮茶，于是把他叫来。伯熊在茶器前煮茶，李季卿喝了好几杯。后来喝茶就成了风气。

《金銮密记》中说：金銮以前的惯例，翰林院值班的学生，春天的傍晚，容易犯困，于是每天赐给成像殿茶果。

《梅妃传》中说：唐明皇与梅妃斗茶，对各位王爷开玩笑说："这人是梅精，吹白玉制成的笛子，跳惊鸿舞，使满座生辉，现在斗茶又赢了我。"妃子回答说："这只是草民的游艺，偶然胜了陛下。假若论治理天下，处理国家大事，万岁自然有自己的好办法，我就不能和你比较胜负了。"皇上听了十分开心。

杜鸿渐《送茶与杨祭酒书》中说：取顾渚山里面的紫笋茶叶两片，一片送给太夫人，一片众兄弟同饮，这种东西皇上没有品尝，实在有些令人叹息。

《白孔六帖》中记载：寿州刺史张镒，送给陆宣公百万两银钱。陆宣公拒绝接受百万两银钱，只接受了一串茶叶说："怎么敢不接受你的赏赐呢！"

《海录碎事》中记载：邓利说："陆羽，茶上可以称为癖，酒上也可以称为狂。"

《侯鲭录》中记载：唐代的右补阙綦毋旻，博学多才且有很多著作，但不喜欢喝茶，曾经著有《伐茶饮序》，他在书中说："茶能消除体内的阻滞和疲劳，好处还只是短暂的；消耗精气，累及终身的危害才算大。只要是好处就归功于茶，获得坏处却不去追究茶叶的责任。难道不是福近容易知道，祸远却难以预见。"旻在集贤殿任职，不久因为热疾而暴病身亡。

《苕溪渔隐丛话》记载：义兴的贡茶并不是过去就有的。李栖筠在此当官的时候，有和尚进献上好的茶叶，陆羽认为这种茶叶比其他地方的品种要好，可以作为贡品献给皇上。李栖筠采纳了他的说法，才开始进献万两贡茶。

《合璧事类》记载：唐肃宗赐给张志和一个奴一个婢，志和让他们结为夫妇，称为渔童、樵青。渔童负责整理渔具，芦中划船；樵青主要负责砍柴伐薪，竹林中煎茶。

《锦绣万花谷》载：《顾渚山茶记》中说："山中有像鸲鹆一样的苍黄色小鸟，但比鸲鹆要小，每到正月、二月发出'春起也'的叫声，到三四月的时候发出'春去也'的叫声。采茶人把它叫作报春鸟。"

董逌在《陆羽点茶图跋》中说：竟陵大师积公虽然喜欢喝茶已经很久了，但是不是陆羽煎的茶他尝都不尝。在陆羽出游的四五年中，大师拒绝喝茶。代宗把大师请进大内伺候，让宫里善于煮茶的人烹煮好茶给他尝试，竟陵大师喝一口就不喝了。皇上怀疑他有诈，让人私自去寻访，将陆羽请进宫中。第二天，暗中命令将陆羽所煎制的茶水给他，大师捧着茶瓯喜形于色，一边欣赏一边喝，一下子就喝光了。皇上让人去问他，大师说："这茶好像是陆羽所泡的啊。"皇上于是赞叹大师精通茶道，让陆羽出来和他相见。

《蛮瓯志》记载：白乐天斋戒的时候，刘禹锡酒醉，于是用菊苗酱、芦菔干送给白乐天，以换取六斑茶叶来醒酒。

《诗话》中说：皮光业字文通，最喜欢喝茶。中表兄弟请他品尝新鲜的柑橘，筵席很丰盛，到了很多有身份的人。文通一到，不看酒杯就大声叫茶，径直喝了一大杯，题诗说："未见甘心氏，先迎苦口师。"众人都取笑说："此师固清高，难以疗饥也。"

《太平清话》中记载：卢仝自己号称为癖王，陆龟蒙自己号称为怪魁。

《潜确类书》中说：唐钱起字仲文，跟赵莒一起举行茶宴，曾经到长孙家，又跟朗上人一起举行茶会，这些事情都有诗记载的。

《湘烟录》中说：闵康侯说："陆羽著作《茶经》，但被李季卿所看不起，所以又著有《毁茶论》。他名疾，字季疵，就是说为季所疵。此事详细记在他的传记里面。"

《吴兴掌故录》记载：长兴的啄木岭，唐朝时候吴兴、毗陵两郡太守造茶修贡，在这里举行宴会。上面有个境会亭，所以白居易有《夜闻贾常州崔湖州茶山境会欢宴》诗。

包衡《清赏录》中记载：唐文宗对旁边的人说："如果不在上半夜处理事情，下半夜看书，怎么可以做君王呢？"曾经招学士在内庭谈论经史、评论文章，宫里的下人服侍他们喝茶吃饭。

《名胜志》记载：唐朝陆羽的故居在上饶县东面五里左右的地方。陆羽本来是竟陵人，开始隐居在吴兴苕溪，自称为桑苎翁；后来住在新城时，又号称为东冈子。刺史姚骥曾经拜访过他的宅子，内有人工开凿的湖，垒石而成的假山。后来隐士沈洪乔修葺之后居住在里面。

《饶州志》记载：陆羽的茶灶做在余干县冠山的石峰上。陆羽品尝了越溪的水之后评为天下第二，所以想居住在禅寺里面，将石头凿成灶，汇集泉水煮茶。有一个炉子被称为丹炉，是晋朝时期的张氲制作的，元朝大德时期的总管常福生，跟从方士搜寻该炉，得到了两粒丹药，盛放在金盒子里面。回家再打开来看的时候，已经不见了。

《续博物志》记载：不同的物体之间可以相互制约，翡翠可以屑金，人气可以粉犀，北方的人用针来敲冰，南方的人用线将茶叶分解开。

《太平山川记》中说：茶叶寮，五代时期的于履居住在里面。

《类林》中说：五代时候，鲁公和凝，字成绩，在朝中率领同僚，整天品茶，味道不好的要处罚，被称为汤社。

《浪楼杂记》中说：天成四年，度支的奏章中说，朝臣请假省亲的，要适当地赐给茶药，文官从左右常侍到侍郎，每个人赏赐蜀茶三斤，蜡面茶叶两斤，武官根据不同的情况赐给茶药。

马令《南唐书》中记载：丰城的毛炳勤奋好学，家里贫穷不能养活自己，就到庐山教书，获得钱财就到市集上去买酒喝，直到醉了。那时的彭会喜欢茶而毛炳喜欢酒，所以人们说："彭生作赋茶三片，毛氏传诗酒半升。"

《十国春秋·楚王马殷世家》中记载：开平二年六月，判官高郁请求让老百姓买卖茶叶，对北方商人收税以补给军队，这个意见被采纳。七月的时候，王奏请在南北之间通过水路运送茶叶，来换取丝绸、战马，每年进贡茶叶二十五万斤，皇上准许。从此以后管辖之内的百姓可以自行采摘制造茶叶，按照他们的收入来征税，每年收入以万计。高郁还另建房屋放茶，称为八床主人。

《荆南列传》中载：吴国有个和尚叫文了，有烹煮茶叶的雅致，可以称为一时之绝。武信王到荆南来游玩的时候，暂时住在紫云禅院，每天看他的茶艺，武信王大加赞赏，把他称为汤神，奏请将他授封为华亭水大师。别人都把他看成乳妖。

《谈苑》中载：茶叶最好的产自北苑，名字叫作白乳头。江左有茶叶名叫金蜡面。李氏命人取它的乳芽制作成茶片，称为"京挺""的乳"等二十多个品种。还有研膏茶，就是所谓的龙品。

释文莹《玉壶清话》中说：黄夷简有很雅致的诗名，在钱忠懿王俶府中，做幕僚二十年。开宝年初，太祖赐钱王为"开吴镇越崇文耀武功臣制诰"。钱王俶派夷简到朝上去谢恩，回来之后就患病了，到安溪隐居修养身心。著有《山居》诗，有"宿雨一番蔬甲嫩，春山几焙茗旗香"这样的句子。他喜欢治办住宅，在咸平年间，回到朝中被封为光禄寺少卿，后来寿终年。

《五杂组》载：建人喜欢斗茶，因此称为茗战。钱氏子弟摘取蔓上的瓜，各自猜测其中瓜子的数目，剖开之后来分辨胜负，所以被称为瓜战。然而茗战可以，瓜战就显得有些俗气了。

《潜确类书》载：在伪闽王宫甘露堂的前面，有两棵茶树，茂盛婆娑，宫里的人把它叫作清人树。每年初春的时候，宫中的嫔妃都在它们的下面嬉戏，采摘新生长出来的茶芽，到屋子里面开设倾筐会。

《宋史》载："绍兴四年初，让四川的宣抚司拿出了很多茶叶。""以前赐给大臣的茶叶上面有龙凤的装饰，明德太后说：'这种茶叶哪是身为人臣可以得到的呢？'命令有司另外制作叫京挺的茶送进宫中以赐给大臣们。"

《宋史·职官志》载：茶库是负责管理茶的，江、浙、荆湖、建、剑等地所产的茶叶，以便赏赐给诸位翰林。

《宋史·钱俶传》中说：太平兴国三年，皇上在长春殿设宴款待钱俶，命刘铩、李煜陪坐，钱俶进献贡茶十万斤，建茶万斤，以及银钱布匹等东西。

《甲申杂记》中说：仁宗年间，春试的时候进士聚集在大殿之上，后宫嫔妃们在楼上观看。太后拿出茶饼来赏赐进士，拿七宝茶来赏赐考官。

《玉海》中记载：宋仁宗天圣三年，皇上到南御庄视察割麦，随后到了玉津园，摆宴款待群臣，听到民房之中的机杼之声，赏赐茶叶给织布的妇女们。

陶谷《清异录》中记载："有得到建州茶膏的人，取来做成八枚小块，把金丝贴在上面，献给闽王镠，后来发生通文之祸，被内侍偷走，转送给贵人。""符昭远不喜欢喝茶，御史们举行茶会，他说：'这种东西面目最为冷峻，看起来没有一点儿和美之意，可以称为冷面草了。'""孙樵在《送茶与焦刑部书》中说：'派遣晚甘侯十五人去侍奉斋阁。这些茶叶都是春雷刚动时去采来的，煎水调和。都是产自建阳舟山碧水之乡，月涧云龛的精品，千万不要将它糟蹋了。'""汤悦著作有《森伯颂》，讲的都是名茶，刚饮时觉得口中森然，时间长了之后四肢觉得很森然，两种不同含义系于一名，如果不是深谙茶道的人谁能够分辨得出来呢？""吴地的和尚梵川，发誓要在蒙山顶种茶树。让大士往蒙顶盖庵房，种茶树三年，才采制成香味俱美的好茶。得到最好的，被称为'圣杨花''吉祥蕊'，总共不超过五斤，拿回来进献。""宣城何子华邀请客人到剖金堂，酒喝到一半的时候，拿出嘉阳岩峻所画的陆羽像挂起来，子华因此说：'前代爱好马的叫马癖，喜欢敛财的叫钱癖，喜爱儿子的叫誉儿癖，爱书的人有《左传》癖，像这个人沉溺于茗事，那应该叫什么癖呢？'杨粹仲说：'茶叶虽然珍贵，但是仍然离不开草木的本质，应该将陆羽追奉为甘草癖。'满座的人都认为很好。"

《类苑》中说："学士陶谷得到了党太尉家的家姬，拿雪水烹煮团茶喝，对姬说：'党家应该不认识这个东西。'姬说：'他们都是粗人，怎么会有这些东西呢？只能在销金帐中浅斟低唱，喝羊膏酒罢了。'陶谷为自己的话感到深深的愧疚。""胡峤在《飞龙涧饮茶》诗说：'沾牙旧姓余甘氏，破睡当封不夜侯。'陶谷喜爱这新奇的诗句，让侄子彝来对诗，彝应声说：'生凉好唤鸡苏佛，回味宜称橄榄仙。'彝那时候十二岁，文辞已有了一定的基础。"

《延福宫曲宴记》中说：宣和二年十二月癸巳，皇上召集宰相、执事、亲王、学士到延福宫里参加宴席，命令身边的侍从取来茶具，皇上亲手泡茶。过了一会儿，杯子上面浮现出了乳白色的泡沫，像流星淡月一样，皇上回头对大臣们说："这是我亲自煮的茶。"喝完之后，大臣们都磕头谢恩。

《宋朝纪事》中说：洪迈选编的《唐诗万首绝句》，上朝进献，寿皇称赞他："阁学选择的很精练，评点广博恰当，赏赐茶叶一百铐，清馥香十帖，薰香二十帖，金器一百两。"

《乾淳岁时纪》中说：在仲春上旬，福建漕运司进献第一批茶，名字叫作"北苑试新"，方寸大小的铐，进贡给皇上的也只有百铐，把它们放在黄罗软盒里面，盖上青色的竹叶，再在外面裹上黄罗，再盖上大红封印，用红漆小盒子装上，再加一把镀金锁，用细竹丝织的箱子储存，一般都要经过这些步骤。这就是所说的雀舌水芽，最早出来的一铐能值四十万，却只能喝几瓯而已。皇上也只偶尔赏赐一点给外面的官员，而且要用生线将茶分开来送，好事的人认为是奇特的玩意。

《南渡典仪》中说：皇上亲临学堂时，在讲学官讲完了之后，御药传圣旨让讲学官坐下并赐茶。只要圣驾出巡，司仪卫队中就有茶酒班的殿侍分侍在两旁，各有三十一个人。

《司马光日记》中记载：刚被任命的学士待诏李尧卿宣诏："有敕。"宣召完毕，再拜，走上台阶。与待诏坐在一起，喝茶。这些都是中朝的旧典了。

欧阳修《龙茶录后序》记载：皇祐年间，编撰《起居注》，向仁宗皇帝启奏事情的时候，多次被皇上询问建安贡茶并告诉所烹之茶的情形，谈论有关茶叶的谬误。我想起先帝知遇之恩，看了批阅后的文本感激落泪，于是加以订正，将它刻在石头上。以便能够永远流传下去。

《随手杂录》载："子瞻在杭州的时候，有一天朝中使者来到这里，悄悄对他说：'我到京师向皇上辞行的时候，皇上说：辞了娘娘再来。于是我辞别了太后，再来到皇上那里，皇上把我拉到一个柜子的旁边，拿给我一件东西悄悄说：将这个赏赐给苏轼，不能让别的人知道。于是拿出所赏赐的东西，原来是一斤茶叶，上面封题都是御笔。'苏轼写了一封信，交附中使向皇上道谢。""潘中散当处州守的时候，一天做祭礼，一百二十杯茶里都是白色的水花，中间有一杯是黑色的，责问下人，原来是倒酒的人把酒倒入了茶里面。潘中散焚香再拜谢过，茶水就成了白色的水花，手下的人都非常惊叹。"

《石林燕语》载：以前，每年建州进贡大龙凤、团茶各二斤，八块为一斤。仁宗的时候，蔡君谟任建州知府，开始采摘茶叶之中的精品，制造成小龙团，十斤进献，十块为一斤。仁宗认为有违惯例，要处罚，大臣们为他求情，因此才留下来免予处罚，然而从那以后小龙团就变成每年进贡的物品。熙宁年间，贾清任福建转运使，又挑出小团之中上好的制作成"密云龙"，用二十块为一斤，分为双袋，被称为双角团茶。大小团袋都用绯红色的，可以作为赏赐的物品。密云龙只用黄色的盖子，专门用它来供奉给皇上御用。后来又有被称为瑞云翔龙的品种。宣和年间之后，团茶不再那么贵重，都用它来作为赏赐的物品，也没有以前那么精致。后来将团茶好的挑选出来制成茶，每年赏赐的人不一样，简直没有办法记录了。

《春渚记闻》中说：东坡先生有一天与鲁直、文潜等人相约会面，吃完饭后，再吃骨头的血羹。有客人说需要喝薄茶才行，于是就取出碾细的龙团茶分给在座的宾客饮用。有人说："要是龙团能说话，必定要叫屈。"

魏了翁在《先茶记》中记载：眉山的李君铿任临邛茶官的时候，官吏说按规矩，新茶三天内必须先进献朝廷。李君铿问他原因，他说："韩氏为王时传下来的一贯做法，但实际还没有请命于朝廷。"李君铿说："饮食都有先后，何况茶叶这种东西，不只是百姓衣食所依靠，就是马政、边防对它都有依赖。这些不顾，难道不是忘本吗？"于是拆掉以前的祠堂再加大，而且将郡上神灵的功劳奏请到朝廷，希望能够赏赐一个名号，以此来告慰神灵。于是就把这件事情记下来了，写成了这篇文章。

《拊掌录》中载：宋朝从崇宁年之后又开始专营茶叶，管理的法律非常严格。私自贩运茶叶的人固然已经抓捕认罪，而正当经营的商贾也必须限期交清官券，所行商路也有规范。稍有不遵从法令的，就会被截下，将货物没收并出示布告。昏愚的人往往免不了遭殃。茶商同道把茶全部称为草大虫，意思是说茶叶也会像老虎一样伤人。

《苕溪渔隐丛话》中说：欧公在《和刘原父扬州时会堂绝句》中说："积雪犹封蒙顶树，惊雷未发建溪春。中州地暖萌芽早，入贡宜先百物新。"（原注说："当时的会堂，是制造贡茶的地方。"）我用陆羽的《茶经》来考证，没有说过扬州出产茶叶，只有毛文锡在《茶谱》里面说："扬州的禅智寺，是隋朝的故宫，寺庙依傍着山冈，茶味甘甜清香，跟蒙顶的味道一样。"但是就是不知道入贡的起因以及入贡的年代。

《卢溪诗话》中说：双井老人将细茶包裹在青沙蜡纸里面寄给别人，也不超过二两。

《青琐诗话》中说：大丞相李公昉曾经说过，唐朝的时候别人把外镇看成是粗官，经常有学士赠送茶叶给外镇，因此有诗回谢说："粗官乞与真虚掷，赖有诗情合得尝。"（原注：外镇就是薛能。）

《玉堂杂记》中说：淳熙丁酉年十一月壬寅，轮到必大在大内值班，皇上说："你应该是不太会喝酒，赏赐宴席的时候，我看见你面色赤红。赏赐你小春茶二十镑，叶世英墨五团，用它们来代替酒。"

陈师道在《后山丛谈》中说："张忠定公任崇阳县令的时候，老百姓以种茶为职业。张忠公说：'茶叶的利润很丰厚，官府将要收取，不如早点改种其他的东西。'于是下令拔掉茶叶种植桑树，老百姓认为深受其苦。后来专营茶叶的时候，其他地方的百姓都失业了，而崇阳的桑已经制成了绢卖到了北方，每年上万匹。""李文正去世以后，夫人过生日，宋宣献公那时是侍从。他与自己的同僚二十多个人一起去为她祝寿，在帘外跪拜，宣献上前说：'太夫人不喝酒，现在我就用茶为您祝寿。'从怀里面拿出茶来，冲水献上，再拜辞而去。"

张芸叟在《画墁录》中说："唐朝的茶叶之中，以阳羡的最好，建溪、北苑的茶叶还不怎么著名。贞元年间，常衮任建州刺史的时候，才开始蒸焙碾细它，被称为研膏茶。后来做成饼的样子，而在中间穿上洞，所以称为一串。陆羽所烹煮的，只不过是草茗。到了本朝建溪时期才开始变得兴盛起来，采摘烘焙制作，是以前所没有见过的，士大夫珍惜茶关注鉴别茶的好坏，也是从前没有的。丁晋公任福建转运使的时候，才开始制造凤团，后来是龙团，每年贡品也只有四十块，专门用来上贡，就是附近当官的人家，也只是听说而没有见过。天圣年间又制造了小团，这个品种比大团更好。赏赐给两府的，也只有一斤，只有皇上大斋宿两府，八个人才总共赏赐小团一块，在上面用金丝装饰起来。八个人分开拿回去，认为这是非常珍贵的赏赐，把它看成是很珍稀的观赏物品，用诗歌来赞美它，所以欧阳修有《龙茶小录》。有的赏赐的是大团，也只是割取一点用来供佛、供仙、供奉家庙，然后用来招待亲友、客人和赏给自己的后人用。熙宁末年，神宗有旨，建州制造密云龙，它的品质又比小团更好。自从白色的密云龙出来之后，两团就显得有点粗糙了，因为不能都兼顾的缘故。我在元祐年间制定殿试，那一年分为制举考第，各自蒙皇上赏赐得到三块茶饼，然而分送给亲知都不够。""熙宁年间，苏子容出使北方的时候，姚麟为副手，姚麟说：'你带了小团茶叶吗？'子容说：'这是进贡给皇上的物品，怎么敢赠送给北方的人呢？'过了不久，有贵公子出使到北方，大量进购团茶带去，从此以后，北方的人非团茶不收，不是小团茶就不觉得珍贵。他们用二团换一匹蕃马，而我们这里却一匹蕃马换四团，嫌少不满意，立即就翻脸吵起来。近来有贵貂驻守边关，大团为常用，只说密云龙是好茶。"

《鹤林玉露》中记载：岭南人经常用槟榔来代替茶叶。彭城写的《墨客挥犀》中说："蔡君谟，议论茶的人在他的面前不敢说话，建茶之所以名满天下，都是因为他的缘故。后来他制造的小团，品质又比大团要好。有一天，福唐蔡叶丞秘密让人去叫他来喝小团，坐了很长时间，又有一位客人来了，蔡君谟喝了茶说：'这里面不只有小团，一定还夹带有大团。'蔡叶丞立即把童子叫来责问，童子回答说：'本来只碾造了两个人的茶叶，后来又来了一位客人，已经来不及再来制造了，于是就在里面掺杂了大团。'蔡叶丞为他的精准判断而折服不已。""王荆公为学士的时候，曾经拜访过蔡君谟，蔡君谟听说他来了，非常高兴，自己取来上等的好茶，亲自洗干净器具，煮水泡茶来招待他，希望得到王荆公的称赞。荆公从夹袋里面取出一撮消风散，放进茶杯中，一起喝了下去。蔡君谟大惊失色，他却慢慢地说：'茶叶的味道真好。'蔡君谟大笑，感叹王荆公实在是很坦率。"

鲁应龙《闲窗括异志》中说：当湖德藏寺有水陆斋坛，是以前的富民沈忠修建的。每次来这里设斋，施主虔诚，那么茶水就会呈现出祥瑞的花纹，而且里面的花仿佛能够看得见，这也是一种很奇怪的现象。

周辉在《清波杂记》中记载：我的先人曾经从张晋彦那里找茶叶，张晋彦用两首小诗来回答他："内家新赐密云龙，只到调元六七公。赖有山家供小草，犹堪诗老荐春风。""仇池诗里识焦坑，风味官焙可抗衡。钻余权幸亦及我，十辈遣前公试烹。"那时候张晋彦刚好病了，这首诗是让他的儿子代写的，后来误刊在《于湖集》里面。焦坑茶产于庾岭下面，味道苦硬，时间放长了味道才变得甘甜。就像是"浮石已干霜后水，焦坑新试雨前茶"，东坡《南还回至章贡显圣寺》诗中所说的一样。后来多次得到它，开始的时候并不是精品，但是那里的人都觉得很贵重，把它包裹起来专门送给有权势的人，品质怎么能比建溪的好呢？

《东京梦华录》中说：旧曹门街北山子茶坊里面有仙洞、仙桥，仕女往往晚上到那里去喝茶游玩。

《五色线》记载：之所以被称为骑火茶，是因为它不在火前，也不在火后的缘故。清明节的时候玫火，所以称为骑火茶。

《梦溪笔谈》中记载：王东城一向只对杨大年比较器重。他有一个茶囊，只有大年到来的时候，才把茶囊取出来泡茶，其他的客人是不可能享受这种待遇的。

《华夷花木考》中记载：宋二帝被金人俘虏北上，来到一所寺庙里，有两个石制的金刚并排拱手站立在那里。神像十分高大，头部都快碰到了屋顶的横木，没有其他的贡器，只有石盂和香炉。有一个胡僧从里面出来，作揖问："你从哪里来呢？"皇上回答从南面。和尚让童子泡茶，茶水的味道十分香美。想要再喝的时候，胡僧和童子往堂后去了。很长时间都没有出来，到里面去看，发现是一座空的房舍。山林之间只有一座很小的房子，里面有一个石头刻成的胡僧像，两个童子侍立在两旁，看起来就像献茶的人。

马永卿《嫩真子录》中说：王元道曾经说：据说陕西的子仙姑，得到了法术，能够不吃东西，看起来大约有三十多岁，但是不知道她的实际年龄。陕西提刑阳翟李熙民逸老，是一位正直刚毅的人，听别人说得很神奇，于是亲自到青平军去查证。看到她道貌高古，不觉心里折服，因此说："我想献给你一杯茶可以吗？"仙姑说："很久没有喝茶了，今天暂且喝一口吧！"喝了之后，一会儿垂下两手，手指白如玉雪。过了一会，所喝的茶水都从十指之间流出，滴落在地上凝住了，颜色还没有改变。逸老让人就地刮起来，再尝试之后，觉得香味跟以前一样，因此觉得非常惊奇。

《朱子文集·与志南上人书》中记载：偶尔得到安乐茶，分成二十瓶奉上

《陆放翁集·同何元立蔡肩吾至丁东院汲泉煮茶》诗中说：云芽近自峨眉得，不减红囊顾渚春。旋置风炉清樾下，他年奇事属三人。

《周必大集·送陆务观赴七闽提举常平茶事》诗中说：暮年桑苎毁《茶经》，应为征行不到闽。今有云孙持使节，好因贡焙祀茶人。

《梅尧臣集》中有晏成续太祝遗双井茶五品，茶具四枚，近诗六十篇，因赋诗为谢。

《黄山谷集》中有《博士王扬休碾密云龙，同事十三人饮之戏作》。

《晁补之集·和答曾敬之秘书招能赋堂烹茶》诗中说：一碗分来百越春，玉溪小暑却宜人。红尘他日同回首，能赋堂中偶坐身。

《苏东坡集》：《送周朝议守汉川诗》中说："茶为西南病，岷俗记二李。何人折其锋，矫矫六君子。"（二李指的是杞与稷。六君子指的是师道和正儒、张永徽、吴醇翁、吕元钧、宋文辅。这就是蜀地当时实施茶榷危害百姓，二李是始作俑者，而六君子是能坚持正确言论的人。）"我在黄州，参寥从吴中来访，居住在东坡。一天，梦见参寥作的诗句，醒来还记得其中的两句：'寒食清明都过了，石泉槐火一时新。'七年后，我到钱塘去任职，而参寥当时居住在西湖智果寺院，院子里面的石缝中间有泉水流出，味道甘冷很适宜泡茶。寒食节的第二天，我与客人一起从湖中孤山坐船来看望参寥，汲取泉水放在火上烹煮黄檗茶。忽然想起以前梦见的诗，那是发生在七年以前的事情。在座的客人都感觉到非常吃惊。知道传记上所记载的故事，并不是虚构的。"

东坡《物类相感志》中记载："茶芽中放进盐，不显得苦反而会显得很甜。"又说："喝茶容易导致腹部胀痛，可以用醋缓解这种症状。"又说："用陈茶叶烧烟，很快就能驱赶苍蝇。"

《杨诚斋集·谢傅尚书送茶》记载：承蒙您从远方寄来新茶，应当自己携带大瓢，

汲取溪底的泉水，将散柴火放在水的下面，选择有脚的石鼎，烹煮这样香甜的茶水，用来享受天上故人的恩惠。可惜胸中没有书可以流传，只是一味在菜园里面翻腾而已。

郑景龙《续宋百家诗》：本朝的孙志举，写有《访王主簿同泛菊茶》诗。

吕元中《丰乐泉记》中说：欧阳修得到酿泉后，一天会见客人的时候，有人送给他新茶叶。欧阳修让仆人汲取泉水来泡茶叶。半路汲水的人把水洒了，便用其他泉水代替。欧阳修知道他汲取的不是酿泉的水，责问他，原来另一泉水是幽谷山下的，因此把它叫作丰乐泉。

《侯鲭录》：黄鲁直说："把同州羊蒸烂，再在上面浇上杏酪，用刀子切着吃，不用筷子。把南京面和槐树的叶子一起冷淘，加上襄邑的熟猪肉，蒸饮共城的香稻，吃吴人制作松江的鲈鱼。饱了之后，用康山谷帘泉烹煮曾坑斗品茶。一会儿，卧在北窗下，让人来诵读东坡的前后《赤壁》赋，足以称为快事了。"

《苏舜钦传》中说：有兴致的时候就乘小船出盘、阊两道门，谈古论今，煮茶野酿，足以消除忧虑了。

《过庭录》中说：刘贡父在长安任职的时候，妓女当中有个叫茶娇的，以美色和聪慧而著称。因此贡父受到了迷惑，事情过了一段时间贡父被召至京城，欧阳修到城外四十五里去迎接他，贡父因为喝醉酒没有起来。欧阳修戏说他："不只酒能醉人，茶也能让人迷惑很长时间啊。"

《古今合璧事类备要》中说："觉林寺和尚志崇制作茶叶有三个等级：招待客人用惊雷荚，自己喝用萱草带，供佛的时候用紫茸草。凡是来喝茶的人，都用油囊来装剩下来的茶水。""江南有驿官，自认为做事干练。对太守说：'驿馆中的事情已经料理完毕，请你一一过目。'刺史于是就来了，开始到的一间屋子是酒库，酿造的酒都还是热的，它的外面悬挂一张神画，问：'这是谁呀？'回答：'杜康。'刺史说：'他确实可以称得上酒神。'又到了一间房子是茶库，各种出名的茶叶里面都有，也悬挂着一张神画，问：'这是谁呢？'回答说：'陆鸿渐。'刺史也很高兴。又到一间屋子，是放咸菜的，各种咸菜都有，也悬挂了一张神像，问：'这是谁？'答：'蔡伯喈。'刺史大笑，说：'这张神像就不必挂了。'""江浙那里养蚕，都将盐藏在茧里面再去缫丝，这是为了防止蚕茧生出了蚕蛾。每次缫完了之后，就把茶叶煎成汁水，将米粉捣细。筛在茶水里面煮为粥，称为洗缸粥。让整个族的人都来喝它，据说是对明年的蚕业生产有好处。"

《经锄堂杂记》记载：松声、涧声、禽声、夜虫声、鹤声、琴声、棋声、落子声、雨滴台阶的声音、雪落在窗户上的声音、煎茶声，都是清雅的声音。

《松漠纪闻》记载：北京的茶肆里面设置了双陆局，就像南方人的茶肆那准备了棋具。

《梦粱录》记载：茶肆中安置了花架，把奇松、异桧等东西放在上面，用它来装饰门面，敲打响杯子。到了冬天的时候，添上卖七宝擂茶、馓子葱茶。茶肆的楼上还专门安置有妓女，名叫花茶坊。

《南宋市肆记》中说："平康歌馆里面，凡是初次登门的，都有人提着瓶子来献茶。即使是一杯茶，也要犒劳几千钱，被称为点花茶。""各地方的茶肆，有清乐茶坊、八仙茶坊、珠子茶坊、潘家茶坊、连三茶坊、连二茶坊等名称。""谢府有种酒名字叫胜茶。"

宋朝《都城纪胜》中说：大茶坊里面都挂有名人的书画，人情茶坊，本来应该是以茶水为主。水茶坊是娼家所设置的地方，随便放些果盘坐椅，以茶为由，一些人心甘情愿付钱，被称为干茶钱。还有提茶瓶和龊茶名色的。

《臆乘》中记载：杨炫之作的《洛阳伽蓝记》说食有酪奴，指的就是茶是酪粥的奴婢。

《琅嬛记》中记载：以前有人遇到茅君，那时候正是最炎热的大暑，茅君在手巾里面拿出茶叶，给每个人一点茶叶，客人吃了之后五脏六腑都觉得很清凉。茅君说："这是蓬莱穆陀树的叶子，仙人把它当饭吃。"还有宝文的蕊，吃了它不会感到饥饿，所以谢幼贞诗中说："摘宝文之初蕊，拾穆陀之坠叶。"

杨南峰《手镜》记载：宋朝时期姑苏的女子沈清友，作诗《续鲍令晖香茗》。

孙月峰《坡仙食饮录》中说：密云龙茶特别甘甜清香，宋廖正，又字明略，拜师在苏轼门下较晚，苏轼视为奇才。那时黄、秦、晁、张号称是苏门四学士，苏轼待他们很好，每次来的时候必定要让侍妾朝云取密云龙烹饮款待。一天，朝云又来取密云龙，家里的人以为是招待四学士，偷看了之后才知是明略。山谷诗中有"矞云龙"，也是茶叶的名字。

《嘉禾志》中说：煮茶亭在秀水县西南湖中，景德寺的东禅堂。宋代学士苏轼与文长老曾经三次经过湖上，汲取湖水煮茶，后有人因此建造亭子作为标志。现在遗址仍然存在。

《名胜志》中说：茶仙亭位于滁州的琅琊山，宋朝时期的和尚为刺史曾肇所建造，名字来源于杜牧《池州茶山病不饮酒》诗里面的"谁知病太守，犹得作茶仙"这样的句子。子开的诗中说："山僧独好事，为我结茅茨。茶仙榜草圣，颇宗樊川诗。"绍圣二年肇知州作。

陈眉公《珍珠船》载："蔡君谟对范文正说：'你在《采茶歌》中说：黄金碾畔绿尘飞，碧玉瓯中翠涛起。现在茶叶中上好的品种，颜色很白，翠绿是不好的，因此想改成'玉尘飞''素涛起'怎么样？'范文正认为很不错。""还有，蔡君谟好茶，到了老年病得不能喝茶，只好把玩罢了。"

《潜确类书》记载："在宋朝绍兴年间，少卿曹戬的母亲非常喜欢喝茶。开始的时候山中是没有井的，曹戬虔诚地向上天祈祷，在地上挖了才一尺，清澈的泉水就溢满奔涌了出来，因此把它叫作孝感泉。大理的徐恪，是建地的人，收到家乡的信和铤子茶，茶叶的上面印着文字说叫'玉蝉膏'，另一种叫'清风使'。""蔡君谟善于辨别茶叶，建安的能仁院有茶叶生长在石缝之间，那是精品。寺庙里的和尚采摘制作了八块，称为石岩白。将四块送给蔡君谟，将另外四块暗中派人到京城送给内翰王禹玉。一年之后，蔡君谟被召回了朝廷，过去访问禹玉，禹玉让弟子在茶筒中精选好的茶叶碾碎来招待蔡君谟，蔡君谟捧着茶瓯没有喝就说：'这特别像是能仁寺的石岩白，你是怎么得到的呢？'禹玉不信，把帖子拿过来检验，才折服。"

《月令广义》中记载：蜀地雅州名山县的蒙山有五座山峰，山峰顶部有茶园，中顶最高的地方被称为上清峰，出产甘露茶。曾经有和尚患上冷病已经很久了，遇见一位老人，老人询问他的病，和尚将病情据实相告。老人说："为什么不喝茶呢？"和尚说："茶水本身就是凉性的，又怎么能治病呢？"老人回答说："不是一般的茶叶，是仙家所说的雷鸣茶，你听说过吗？"和尚说："没有。"老人说："蒙山的中顶有茶，应当在春分前后多叫一些人力，等有雷声之后，一起去采摘，越多越好，到三日后就要停止。如果获得了一两，用本地的水煎服，能够祛除积存很长时间的病痛。服食二两的话，全身就没有病痛了。如果服食了三两，简直可以被称为脱胎换骨。服四两，就可以为地仙了。只要用清洁的茶来治疗，没有不能见效的。"和尚因此在中顶建造房屋，等到那个时候，获得了一两多，没有服用完病就已经痊愈了。只可惜不能在那里久住多求。而身体康健到八十多岁，气力仍旧没有变得衰弱。那时他到城里来，看他的外貌就像是三十多岁的样子，眉毛和头发都呈黑绿色。后来进了青城山，不知道最后去了哪里。现在四顶茶园仍然还在，只有中顶草木茂盛，上面有重重的积雾，遮挡住了日月，时常有猛兽出没，是人迹罕至的地方。

《太平清话》中说：张文规以吴兴白苎、白蘋洲、明月峡中的茶叶为三绝。文规好学，很有文采。苏子由、孔武仲、何正臣等人，都与他一起游玩。

夏茂卿《茶董》记载："刘煜，字子仪，曾经和刘筠一起喝茶，问旁边的人：'水开了吗？'众人说：'开了。'刘筠说：'都说开了。'刘煜应声说：'我来点。'""黄鲁直在半块小龙团上题诗赠送给晁无咎，说：'曲几薄团听煮汤，煎成车声绕羊肠。鸡苏胡麻留渴羌，不应乱我官焙香。'东坡见了之后说：'黄九这样怎么能不穷？'"

陈诗教《灌园史》记载："杭州的歌妓周韶善于作诗，特别喜欢储存好茶，曾经与蔡君谟比试，题品茶的风味，蔡君谟认输。""江参字贯道，江南人，相貌清瘦，嗜好香茶就像爱惜自己的生命一样。"

《博学汇书》中说：司马温公跟子瞻讨论茶叶和墨时说："茶与墨二者正好相反，

茶要白，而墨要黑；茶要重，而墨要轻；茶要新，而墨要陈。"苏子瞻说："上好的茶和好的墨都很香，是因为它们有相同的品行；茶饼和墨锭都很坚硬，因此它们有着相同的本质。"司马温听后赞叹，深深地表示同意。

元朝耶律楚材的诗《在西域作茶会值雪》中，有"高人惠我岭南茶，烂赏飞花雪没车"这样的优美诗句。

《云林遗事》中说：光福徐达左在邓尉山中建造了养贤楼，当时很多有名的人士集聚在这里。元镇尤其出名，他曾经派童子到山里面去挑七宝泉的水，用前桶里的水先来煎茶，用后桶里的水洗脚。别人不理解他的意思，有人问他，他回答说："刚开始的水没有被任何东西接触过，所以用来煎茶，后面的水可能被挑水人排出来的气息污染了，因此用它来洗脚。"他就爱干净到了这种程度。

陈继儒《泥古录》中说：到正辛丑年九月三日，和陈征一起住在愚庵师房里，烧香煮茶，画山石和秋天的瀑布，悠然有脱离尘世的情趣。黄鹤山人王蒙题画。

周叙在《游嵩山记》中记载：看见会善寺里面有元雪庵头陀茶榜石刻，字径三寸，笔迹苍劲有力值得欣赏。

钟嗣成《录鬼簿》中说：王实甫有《苏小郎夜月贩茶船》作品。

《吴兴掌故录》中说：明朝太祖喜欢喝顾渚茶，规定每年只需要进贡三十二斤，清明节前两日，县官亲自去指挥采茶，只是到南京春先殿去焚香而已，也没有别的上供规定。

《七修汇稿》中说：明朝洪武二十四年，昭告天下采茶的地方，每年都有一定的数量，以建宁的最好，让茶户采摘，不必通过官府。茶叶有四种名字：探春、先春、次春、紫笋，不要碾揉制成大小龙团。

杨维桢《煮茶梦记》中说：铁崖道人卧在石床上，到了二更，月亮有一点明朗，帐子上面显现出了梅花的影子，照在半扇的窗户上，野鹤孤立不鸣。让小云童子汲取白莲泉水，燃烧枯槁湘竹，把凌霄芽煮了喝。这真如神游太虚一般，仿佛进入了梦乡。

陆树声《茶寮记》中说：开一个小茶寮在啸轩矮墙的西面，中间设置有茶灶，瓢、罂、注、濯、拂这些器具。挑选一个稍微懂一点茶事的人来管理它，另一个帮着烧火汲水。客人来了，就会茶烟看到隐隐升起在竹林的外面。如果是出家人来到这里，就和我一起相对而坐，喝着茶水，一点也不会生分。正是秋天快到的时候，无净居士来了，和五台的和尚演镇、终南的和尚明亮，一起在茶寮中品尝天池茶。所以这就被记录下来了。

《墨娥小录》中说：千里茶，是用细茶一两五钱，孩儿茶一两，柿霜一两，粉草末六钱，薄荷叶三钱，碾成细末调配均匀，炼成像白豆一样大的蜜丸，可以用来代替茶叶，出远门带上方便。

汤临川《题饮茶录》中说：陶学士说："汤，是茶叶的灵魂。"这种说法最能体现它的精髓。冯祭酒精通茶艺，亲手烹煮，然后让客人饮用。客人当中有笑他的，我开玩笑说："这就像美人一样，又像古代的有名书画，怎么可以让俗人的手所玷污呢？"

陆《病逸漫记》中说：太子上课，必定让左右侍从去迎接讲官。讲完了以后，对讲官说："先生吃茶。"

《玉堂丛语》中说：愧斋陈公，性格宽厚坦荡，在翰林院任职的时候，他的夫人曾经试探他。客人来了，他喊："上茶！"夫人回答说："还没有煮。"他说："也罢。"又喊："干茶！"夫人回答："还没有买。"他说："也罢。"客人捧腹大笑，因此将他叫作"陈也罢"。

沈周《客坐新闻》中记载：吴地的和尚大机所居住的古屋有三四间，干净得不容许你在那里吐唾沫。他善于茶事，有清澈甘洌的古井供他使用。客人来的时候，拿出一瓯茶来给客人喝，能够洗涤肠胃令人非常清爽。先公跟他交往的时间很长，也喜欢喝茶，每次到城里去必定要到他那里。

沈周《书岕茶别论后》中记载：自古以来名山是留给被贬之士游玩的，而茶是留给高雅之士品尝的，所以造物是有着一定深意的。而周庆叔著《岕茶别论》，所以传遍天下。我猜想贪财的富贵人家没有这种福气，恐怕吃大鱼大肉的人未必能领略到其中的意味。庆叔隐居在长兴，走到哪里都带着茶具，他邀请我在素瓯黄叶之间，共同欣赏。只可惜鸿渐、君谟没有看见庆叔啊，为此我盖上茶长叹三声。

冯梦桢在《快雪堂漫录》中记载：李于鳞在浙江任按察副使的时候，徐子与把岕茶中最精致的赠送给他。等到子与在昭庆寺遇到他问到这件事情，他已经赏赐给皂役们了。因为岕茶叶子大梗比较多，对于李于鳞这样的北方人来说，不容易见到好的。所以写下来笑话一下。

闵元衡在《玉壶冰》中记载：这么好的夜晚，烧火煮茶，四周十分静寂，远处的钟声时常传来，此情此景，看书而忘记疲劳，即使不睡觉也不觉得疲惫，真是一件快乐的事情。

《瓯江逸志》载："永嘉每年进献茶芽十斤，乐清进贡茶芽五斤，瑞安、平阳每年进贡的茶芽也是如此。""雁山五珍指的是：龙湫茶、观音竹、金星草、山药、官香鱼。茶就是明茶。紫色而带着香气的，就叫玄茶，它的味道都跟天池很相近，只是稍微淡一点。"

王世懋在《二酉委谭》中说：我的性格就是戴不住帽子，尤其是天气炎热的时候，豫章的天气燥热，而今年更加突出。春三月十七日，和客人一起在滕王阁喝酒，太阳出来像火一样，汗水流到了脚跟，头上涔涔的汗水让人不知所措。回来之后非常烦闷，妻子为我烧水沐浴，于是就裸着身体进去。西山的云雾新茶正好到了，张右伯留下来给我，茶叶白而大，发出豆子一样的香味，几乎跟虎丘差不多。一会儿我就沐浴完了，坐在外面的明月下面，让服侍的童子汲取新水来烹煮茶叶。喝下去之后，只觉得两边腋下就像生了风一样。想到这样的意境，连官场前途都不能跟它比。琳泉蔡先生老了之后喜欢喝茶，比我还要厉害。可惜已经到了睡觉的时间，不能邀请他一起来喝茶。早晨起来再烹煮送给他，已经是不同的意味。回想起昨天晚上的风味，因此书写下来赠送给他。

《涌幢小品》载：王琏，昌邑人，洪武初年，任宁波知府。有给事来拜访，茶准备好了。得知给事为客人说情，王琏大叫："撤去！"给事因为惭愧而退下。因此被称为"撤茶太守"。

《临安志》记载：栖霞洞里面有水洞，深不可测，水特别甘甜清冽，魏公曾经将它调试用来泡茶。

《西湖志余》载：杭州以前有酒馆而没有茶坊，但是富贵人家聚会，有专门负责茶事的人，这种人被称为茶博士。

《潘子真诗话》中说：叶涛的诗特别不工整而他又偏偏喜欢作诗，曾经在《试茶》诗中说："碾碎天上龙兼凤，煮出人间蟹与虾。"好事的人开玩笑说："这不是试茶，是碾玉的工匠品尝南方的食品。"

董其昌在《容台集》中记载：蔡忠惠公进献小团茶，导致被苏文忠所议论，说他跟钱思进献姚黄花一样有失节气。然而宋朝时期的君臣之间，情意非常浓厚，在这里可以体现出来。而且君谟也没有因贡茶求得皇上恩宠，点缀出一段太平世界的清事。在滁州东坡写欧阳公的两篇文章，知道他不肯写《茶录》。我以苏的笔法书写《茶录》，向君谟先生忏悔。不然蛰龙的诗句，几乎靠近了汤火，又有什么过错呢？只要所持的言论不要跟人情相差太远就行了。""金陵春卿的府上，经常有人送给他松萝茶叶，很普通。回来住在山馆喝到了特别好的茶，询问之后才知道是闵汶水所收藏的。汶水的家在金陵，与我很近，隐士之心就像海上的鸥鸟，飞着不下来，因知稀为贵，很少和达官贵人往来。以前陆羽因为精通茶事，被贵人侮辱，作《毁茶论》。像汶水这样的人，知道他终究不会这样作此论的。"

李日华在《六研斋笔记》中说：摄山栖霞寺中有茶坪，茶叶生长在杂草中间，没有经过人工的修剪处理。唐代的陆羽到山上去采摘，皇甫冉写诗来送他。

《紫桃轩杂缀》载：泰山没有茶叶，山中居住的人采摘青桐芽泡着喝，叫作女儿茶。还有松苔，韵味特别得好。

《钟伯敬集》载：《茶讯》诗中说："犹得年年一度行，嗣音幸借采茶名。"伯敬与徐波元交往很深厚，吴楚之间相隔几千里，以买茶为名，一年通一次消息，于是就成了佳话，被称为茶讯。""曾经看到《茶供说》中说：娄江隐逸人士朱汝圭，对茶事非常精通，想请我给他写一篇文章，愿意每年采摘渚山中的青芽，送给我作为供品。我看楞严坛中所设置的供品，都是白牛乳、砂糖、纯蜜之类的东西。西方的沙门婆罗门，用葡萄、甘蔗浆作为上供的物品，没有用茶来进贡。鸿渐是生长于佛寺中的人，杼山是修禅的人，而鸿渐的《茶经》、杼山的《茶歌》都没有说过用茶供佛的事情。西方用贯花焚香供佛，不用茶供，用茶供养说来是没有记录的。朱汝圭一向对茶的事情很精细，很好的茶芽素净的瓷器，清静供佛，来生能够得到回报，往生到天国去。用这么多的好香来作佛事，难道不是跟丹丘羽人喝茶，生出了羽翼一样吗？我不敢当汝圭的茶供，用茶供佛吧。后来精通茶道的人，采茶来供佛、作佛事，那就是从汝圭开始的，所以我写《茶供说》送给他。"

《五灯会元》中说："摩突罗国有一块林木茂盛的地方，名叫优留茶。""和尚问宝禅师说：'什么是和尚的家风？'宝禅师回答说：'饭后三碗茶。'和尚问谷泉禅师说：'如果有客人来的话，怎么接待？'谷泉禅师说：'云门胡饼赵州茶。'"

《渊鉴类函》载："郑愚《茶诗》：'嫩芽香且灵，吾谓草中英。夜臼和烟捣，寒炉对雪烹。'因此说茶是草中的英灵。""素馨花被称为神茗，陈白沙《素馨记》认为它对茶稍有益处。又被称为那悉茗花。"

《佩文韵府》记载：元好问的诗注："唐代的人用茶作为小女的美称。"

《黔南行记》记载："陆羽的《茶经》里面记载有黄牛峡的茶可以饮用，因此让船家去求取。有妇女卖新茶一笼，跟草叶没有什么区别，这是因为山中没有好茶事的人。""当初我在峡州问士大夫黄陵茶叶味道如何，都说味道粗涩不可以喝。试着问小吏，说：'只有和尚的茶味道好。'让他去求取，最后得到了十块茶饼，价格不贵。带到黄牛峡，放在清凉树荫下的风炉上，自己来煮汤，味道很好。以茶祭奠过黄牛神后，同元明尧喝了之后说：'不比江南的茶味道差。'这才知道夷陵的士大夫只是以貌取物罢了。"

《九华山录》中记载：到达化城寺，拜访金地藏塔，和尚祖瑛献上当地产的土茶，味道可以胜过北苑。

冯时可《茶录》中记载：松郡佘山也有茶叶，与天池没有什么区别，只是采摘和制作比不上天池。最近有和尚来了，用虎丘的方法来制造，味道跟松萝差不多。老和尚把他赶走了说："不要用这种方法把这座山推到火坑里面去。"

冒巢民《岕茶汇钞》中记载："记得四十七年前，有姓柯的吴地人，对阳羡的茶叶很熟悉，每次茶树刚刚露出白色的时候，他就进入茶园，用竹笼带回来十几种，其中最好的，不过一斤或者几两。味道清香，具备了芝兰金石的性质。十五年一直如此。后来宛姬从吴门嫁到我家里，那么岕片必须是半塘顾先生制作，黄熟香必须要有金平叔制作，茶香双妙，更细致入微了。从提供此顾、金茶香，每年必须按照虞山柳夫人、我们家乡陇西的倩姬、我和宛姬，然后再是其他人这样的顺序。""金沙的于象明携带着岕茶而来，真是太好了。金沙于家对茶叶鉴赏很精通，江南第一，而岕山的棋盘顶早就属于于家，每年他们家的长者必定要亲自去采摘制造。今年夏天又带来了庙后、棋顶、涨沙、本山等品种，各有差异，更是特别得地道美好，可以说二十年都没有过。如果能掌握好水温和火候，自己将手洗干净之后用细小洁净的器具烹煮，那么茶叶的颜色和香味会更好，正好把文人的特殊爱好一一发挥出来。就像丹丘羽人所说的喝茶生出羽翼的人一样，真正是晚年最称心如意的事情了。""吴门七十四岁老人朱汝圭，带着茶叶来拜访。跟象明的差不多，只是多了一种花的香味。汝圭从小就喜欢喝茶，就像是与生俱来的习惯一样。十四岁喝茶，到现在春夏不停经过了一百二十番，好饮茶超过了对食色之爱。有子孙是有名的生员，但是老了也不需要他们来赡养，因为他们不喝茶，不像他们的爷爷一样。每次壮着胆子进山，跟老虎和虫兽们周旋，背着茶笼进入茶肆，啸傲茶香。早晚都在洗碗烹茶，没完没了，手舞足蹈；喜形于色，说出了很多赞美的话，大有神情气色跟茶叶相提并论之势，真是很奇怪的癖好。"

《岭南杂记》中说：潮州的灯节，把姣童装饰成采茶女，每一列队伍十二人或者八个人，手里提着花篮，边走边唱着歌谣，跳着舞，特别的好看。还将比较年长的两个放在队伍前面，举着彩灯，戴上扶桑、茉莉等花。后面的人是进是退，都要看队首之人。到各个衙门或者大户人家唱歌，人家会赏赐给她们银钱、酒果。从正月十三晚上开始到十八日的晚上结束。我记录下来她们的几首歌曲，很有《前溪》《子夜》的味道。

郎瑛《七修类稿》载："歙州人闵汶水居住在桃叶渡上面，我到他的家里去品茶，看见他的水和火都自己控制，用小酒杯来招待客人，很像烹茶的样子，就像德山挑着青龙钞，显得有一点清高罢了，不足为奇。秣陵好事的人，曾经讥讽福建没有茶叶，说福建的人得到福建的茶叶之后都制作成罗囊，佩带在身上并且闻它用来代替檀香。实际上是福建的人不重视汶水。闽人到秣陵游玩，像宋比玉、洪仲章等人，都靠吴儿强作解事，不重视家鸡而重视野鹜，当然就被别人所嘲笑了。三山的薛老也是秦淮的汶水。薛曾经说汶水借助别的味道而作兰花的香味，这样就导致茶叶的味道没有了。如果汶水在的话，听到这个应该也感到很沮丧了。薛曾经住在为廨，自己挑选烘焙，想超过汶水。我说茶叶很难因为香而出名，何况用兰花香来比较，真是短见，我认为薛老说得很对。""延邵人把制造茶叶的人称为碧竖，富沙失陷后，制造茶叶的人都在绿林之中。""蔡忠惠将《茶录》刻在瓯宁邑学校的墙上。5年前我曾经用几张纸拓下，寄给我认识的人，现在字迹漫漶已经不如从前清楚了。""福建几个郡的酒都一样，茶叶也是这样。今年我得到的茶叶有很多种，学习东坡处理酒的办法，将它们合而为一，却跟没有合之前是一样的。"

李仙根在《安南杂记》中说：交趾称贵人为翁茶。翁茶，就是大官的意思。

《虎丘茶经补注》记载："徐天全从金齿被贬回，每年春末夏初的时候，到虎丘去开茶社。""罗光玺著《虎丘茶记》来嘲笑山里的和尚有'替身茶'的说法。""吴匏庵与沈石田一起到虎丘去游玩，采摘茶叶之后亲自去煎着对喝，自己都说有茶癖。"

《渔洋诗话》中说：林确斋，不知道其名字，江右人。居住在冠石，带领子孙一起种茶，自己亲自挖土挑担，晚上就读《毛诗》《离骚》。经过冠石的人，看见三四个头上戴着头巾，光着脚挥舞着锄头，唱着歌的少年，私下感叹以为是古代图画中的人物呢。

《尤西堂集》有《戏册茶为不夜侯制》的记载。

朱彝尊在《日下旧闻》中说：上巳后三天，新茶用马运来，到宫里的价格是五十金，宫外的价格是二三十金。过不了一两天，就只有二三金了。见《北京岁华记》。

《曝书亭集》记载：锡山听松庵的和尚性海，制成竹火炉，王舍人经过的时候很喜爱，为他作了山水横幅，并在上面题了诗。时间长了炉子坏了，盛太仿照它重新制作，流传到城里，群公多为他作诗。顾梁汾根据典籍仿照它的样子制造炉子，等来到了京城，侍卫成容若用以前的图来赠送给他。丙寅的秋天，梁汾带着炉子和书经过我在海波寺的寓所，正好姜西溟、周青士、孙恺似三个人也来了，坐在青藤下面烧炉子品尝武夷的茶叶，一起联句成四十韵，将它写下来，用来给好事的君子看。

蔡方炳在《增订广舆记》中说：湖广长沙府的攸县，古迹有茶王城，就是汉代的茶陵城。

葛万里在《清异录》中说："倪元镇加进果子的喝茶，叫作清泉白石。不是要好的客人不拿出来。有客人拜见，就让拿出这种茶来。客人口渴，倒上茶就喝完了，倪元镇觉得很后悔，把杯子收到里面去了。""黄周星九烟梦读《采茶赋》，只记得其中的一句：'施凌云以翠步。'"

《别号录》记载：宋朝的曾几字吉甫，别号茶山。明朝的许应元字子春，别号为茗山。

《随见录》记载：武夷五曲朱文公的书院内有一株茶树，叶子发出臭虫气，等到烘焙制造出来的时候，香气胜过了其他的茶树，名叫臭叶香茶。还有几棵老树，据说是文公亲自栽种的，名叫宋树。

《西湖游览志》记载："立夏那一天，每家人都各自煮自己的新茶，配上各种颜色的细果，赠送给亲戚邻居，叫作七家茶。""南屏谦师精通于茶事，自己认为得心应手，不是言传就可以学得到的。"

刘士亨有《谢璘上人惠桂花茶》诗（见原文，此略）。

李世熊在《寒支集》中说：新城的山上有种异常的鸟，它的声音就像箫一样，于是把它的名字叫作箫曲山。山中出产好的茶叶，也叫箫曲茶，因此作歌记事。

《禅玄显教篇》记载：徐道人住在庐山天池寺，不吃东西已经九年了。养了一只黑色羽毛的仙鹤，在山中采摘新茶，让仙鹤衔松枝来煮茶。遇到同道名流，就一起喝几碗。

张鹏翀的《抑斋集》有《御赐郑宅茶》：（见原文，此略）。

八茶之出

※ 原文

《国史补》：风俗贵茶，其名品益众。剑南有蒙顶石花，或小方、散芽，号为第一。湖州有顾渚之紫笋，东川有神泉小团、绿昌明、兽目。峡州有小江园、碧涧寮、明月房、茱萸寮，福州有柏岩、方山露芽，婺州有东白、举岩、碧貌，建安有青凤髓，夔州有香山，江陵有楠木，湖南有衡山，睦州有鸠坑。洪州有西山之白露，寿州有霍山之黄芽。绵州之松岭，雅州之露芽，南康之云居，彭州之仙崖、石花，渠江之薄片，邛州之火井、思安，黔阳之都濡、高株、泸川之纳溪、梅岭，义兴之阳羡、春池、阳凤岭，皆品第之最著者也。

《文献通考》：片茶之出于建州者有龙、凤、石乳、的乳、白乳、头金、蜡面、头骨、次骨、末骨、粗骨、山挺十二等，以充岁贡及邦国之用。洎本路食茶，余州片茶，有进宝双胜、宝山两府出兴国军；仙芝、嫩蕊、福合、禄合、运合、脂合出饶、池州；泥片出虔州；绿英、金片出袁州；玉津出临江军；灵川出福州；先春、早春、华英、来泉、胜金出歙州；独行灵草、绿芽片金、金茗出潭州；大拓枕出江陵、大小巴陵；开胜、开捲、小捲、生黄翎毛出岳州；双上绿牙、大小方出岳、辰、澧州；东首、浅出薄侧出光州。总二十六名，其两浙及宣、江、鼎州止以上中下或第一至第五为号。其散茶，则有太湖、龙溪、次号、末号出淮南；岳麓、草子、杨树、雨前、雨后出荆、湖；清口出归州；茗子出江南。总十一名。

叶梦得《避暑录话》：北苑茶正所产为曾坑，谓之正焙；非曾坑为沙溪，谓之外焙。二地相去不远，而茶种悬绝。沙溪色白过于曾坑，但味短而微涩，识者一啜，如别泾渭也。余始疑地气土宜，不应顿异如此。及来山中，每开辟径路，刿治岩窦，有寻丈之间，土色各殊，肥瘠紧缓燥润，亦从而不同。并植两木于数步之间，封培灌溉略等，而生死丰悴如二物者。然后知事不经见，不可必信也。草茶极品惟双井、顾渚，亦不过各有数亩。双井在分宁县，其地属黄氏鲁直家也。元丰间，鲁直力推赏于京师，族人交致之，然岁仅得一二斤尔。顾渚在长兴县，所谓吉祥寺也，其半为今刘侍郎希范家所有。两地所产，岁亦止五六斤。近岁寺僧求之者，多不暇精择，不及刘氏远甚。余岁求于刘氏，过半斤则不复佳。盖茶味虽均，其精者在嫩芽。取其初萌如雀舌者，谓之枪。稍敷而为叶者，谓之旗。旗非所贵，不得已取一枪一旗犹可，过是则老矣。此所以为难得也。

《归田录》：腊茶出于剑建，草茶盛于两浙。两浙之品，日注为第一。自景祐以后，洪州双井白芽渐盛，近岁制作尤精，囊以红纱，不过一二两，以常茶十数斤养之，用避暑湿之气。其品远出日注上，遂为草茶第一。

《云麓漫钞》：茶出浙西，湖州为上，江南常州次之。湖州出长兴顾渚山中，常州出义兴君山悬脚岭北岸下等处。

《蔡宽夫诗话》："玉川子《谢孟谏议寄新茶》诗有'手阅月团三百片'及'天子须尝阳羡茶'之句。则孟所寄，乃阳羡茶也。""杨文公《谈苑》：'蜡茶出建州，陆羽《茶经》尚未知之，但言福建等州未详，往往得之，其味极佳。江左近日方有蜡面之号。'丁谓《北苑茶录》云：'创造之始，莫有知者。'质之三馆检讨杜镐，亦曰在江左日，始记有研膏茶。欧阳公《归田录》亦云'出福建'，而不言所起。按唐氏诸家说中，往往有蜡面茶之语，则是自唐有之也。"

《事物记原》：江左李氏别令取茶之乳作片，或号京铤、的乳及骨子等，是则京铤之品，自南唐始也。《苑录》云："的乳以降，以下品杂炼售之，惟京师去者，至真不杂，意由此得名。"或曰，自开宝来，方有此茶。当时识者云，金陵僭国，惟曰都下，而以朝廷为京师。今忽有此名，其将归京师乎！

罗廪《茶解》：按唐时产茶地，仅仅如季疵所称。而今之虎丘、罗岕、天池、顾渚、松萝、龙井、雁荡、武夷、灵川、大盘、日铸、朱溪诸名茶，无一与焉。乃知灵草在有之。但培植不佳，或疏于采制耳。

《潜确类书·茶谱》：袁州之界桥，其名甚著，不若湖州之研膏、紫笋，烹之有绿脚垂下。又婺州有举岩茶，片片方细，所出虽少，味极甘芳，煎之如碧玉之乳也。

《农政全书》：玉垒关外宝唐山，有茶树产悬崖，笋长三寸五寸，方有一叶两叶。涪州出三般茶：最上宾化，其次白马，最下涪陵。

《煮泉小品》：茶自浙以北皆较胜。惟闽广以南，不惟水不可轻饮，而茶亦当慎之。昔鸿渐未详岭南诸茶，但云"往往得之，其味极佳"。余见其地多瘴疠之气，染着水草，北人食之，多致成疾，故谓人当慎之也。

《茶谱通考》：岳阳之含膏冷，剑南之绿昌明，蕲门之团黄，蜀川之雀舌，巴东之真香，夷陵之压砖，龙安之骑火。

《江南通志》：苏州府吴县西山产茶，谷雨前采焙。极细者，贩于市，争先腾价，以雨前为贵也。

《吴郡虎丘志》：虎丘茶，僧房皆植，名闻天下。谷雨前摘细芽焙而烹之，其色如月下白，其味如豆花香。近因官司征以馈远，山僧供茶一斤，费用银数钱。是以苦于赍送。树不修葺，甚至刈斫之，因以绝少。

米襄阳《志林》：苏州穹隆山下有海云庵，庵中有二茶树，其二株皆连理，盖二百余年矣。

《姑苏志》：虎丘寺西产茶，朱安雅云："今二山门西偏，本名茶岭。"

陈眉公《太平清话》：洞庭中西尽处，有仙人茶，乃树上之苔藓也，四皓采以为茶。

《图经续记》：洞庭小青山坞出茶，唐宋入贡。下有水月寺，因名水月茶。

《古今名山记》：支硎山茶坞多种茶。

《随见录》：洞庭山有茶，微似岕而细，味甚甘香，俗呼为"吓杀人"。产碧螺峰者尤佳，名碧螺春。

《松江府志》：佘山在府城北，旧有佘姓者修道于此，故名。山产茶与笋，并美，有兰花香味。故陈眉公云："余乡佘山茶与虎丘相伯仲。"

《常州府志》：武进县章山麓有茶巢岭，唐陆龟蒙尝种茶于此。

《天下名胜志》："南岳古名阳羡山，即君山北麓。孙皓即封国后，遂禅此山为岳，故名。唐时产茶充贡，即所云南岳贡茶也。""常州宜兴县东南别有茶山。唐时造茶入贡，又名唐贡山，在县东南三十五里，均山乡。"

《武进县志》：茶山路在广化门外十里之内，大墩小墩连绵簇拥，有山之形。唐代湖、常二守会阳羡造茶修贡，由此往返，故名。

《檀几丛书》："茗山在宜兴县西南五十里永丰乡，皇甫冉曾有《送羽南山采茶》诗，可见唐时贡茶在茗山矣。""唐李栖筠守常州日，山僧献阳羡茶。陆羽品为芬芳冠世，产可供上方。遂置茶舍于洞灵观，岁造万两入贡。后韦夏卿徙于无锡县罨画溪上，去湖汊一里所。许有谷诗云：'陆羽名荒旧茶舍，却教阳羡置邮忙'是也。""义兴南岳寺，唐天宝中有白蛇衔茶子坠寺前，寺僧种之庵侧，由此滋蔓，茶味倍佳，号曰蛇种。土人重之，每岁争先饷遗。官司需索，修贡不绝。迨今方春采茶，清明日，县令躬享白蛇于卓锡泉亭，隆厥典也。后来檄取，山农苦之，故袁高有'阴岭茶未吐，使者牒已频'之句。郭三益诗:'官符星火催春焙,却使山僧怨白蛇。'卢仝《茶歌》:'安知百万亿苍生,命坠颠崖受辛苦。'可见贡茶之累民,亦自古然矣。"

《洞山茶系》:"罗岕,去宜兴而南,逾八九十里。浙直分界,只一山冈,冈南即长兴山。两峰相阻,介就夷旷者,人呼为岕云。履其地,始知古人制字有意。今字书"岕"字,但注云'山名耳'。有八十八处,前横大涧,水泉清驶,漱润茶根,泄山土之肥泽,故洞山为诸岕之最。自西氿溯涨渚而入,取道茗岭,甚险恶。[县西南八十里。]自东氿溯湖汊而入,取道瀹岭,稍夷,才通车骑。""所出之茶,厥有四品:第一品,老庙后。庙祀山之土神者,瑞草丛郁,殆比茶星胙衅矣。地不下二三亩,茗溪姚像先与婿分有之。茶皆古本,每年产不过二十斤,色淡黄不绿,叶筋淡白而厚,制成梗绝少。入汤色柔白如玉露,味甘,芳香藏味中,空濛深永,啜之愈出,致在有无之外。第二品,新庙后、棋盘顶、纱帽顶、毛巾条、姚八房及吴江周氏地,产茶亦不能多。香幽色白,味冷隽,与老庙不甚别,啜之差觉其薄耳。此皆洞顶岕也。总之岕品至此,清如孤竹,和如柳下,并入圣矣。今人以色浓香烈为岕茶,真耳食而眯其似也。第三品,庙后涨沙、大袁头、姚洞、罗洞、王洞、范洞、白石。第四品,下涨沙、梧桐洞、余洞、石场、丫头岕、留青岕、黄龙、岩灶、龙池,此皆平洞本岕也。外山之长潮、青口、渚庄、顾渚、茅山岕,俱不入品。"

《岕茶汇钞》:洞山茶之下者,香清叶嫩,着水香消。棋盘顶、纱帽顶、雄鹅头、茗岭,皆产茶地。诸地有老柯、嫩柯,惟老庙后无二,梗叶丛密,香不外散,称为上品也。

《镇江府志》:润州之茶,傲山为佳。

《寰宇记》:扬州江都县蜀冈有茶园,茶甘旨如蒙顶。蒙顶在蜀,故以名冈。上有时会堂、春贡亭,皆造茶所,今废,见毛文锡《茶谱》。

《宋史·食货志》:散茶出淮南,有龙溪雨前、雨后之类。

《安庆府志》:六邑俱产茶,以桐之龙山、潜之闵山者为最。蒔茶源在潜山县。香茗山在太湖县。大小茗山在望江县。

《随见录》:宿松县产茶,尝之颇有佳种,但制不得法。倘别其地,辨其等,制以能手,品不在六安下。

《徽州志》:茶产于松萝,而松萝茶乃绝少,其名则有胜金、嫩桑、仙芝、来泉、先春、运合、华英之品,其不及号者为片茶八种。近岁茶名,细者有雀舌、莲心、金芽;次者为芽下白,为走林,为罗公;又其次者为开园,为软枝,为大方。制名号多端,皆松萝种也。

吴从先《茗说》:松萝子土产也,色如梨花,香如豆蕊,饮如嚼雪。种愈佳,则色愈白,即经宿无茶痕,固足美也。秋露白片子更轻清若空,但香大惹人,难久贮,非富家不能藏耳。真者其妙若此，略混他地一片，色遂作恶，不可观矣。然松萝地如掌，所产几许，而求者四方云至，安得不以他混耶？

《黄山志》：莲花庵旁，就石缝养茶，多轻香冷韵，袭人断腭。

《昭代丛书》：张潮云："吾乡天都有抹山茶，茶生石间，非人力所能培植。味淡香清，足称仙品。采之甚难，不可多得。"

《随见录》：松萝茶近称紫霞山者为佳，又有南源、北源名色。其松萝真品殊不易得。黄山绝顶有云雾茶，别有风味，超出松萝之外。

《通志》：宁国府属宣、泾、宁、旌、太诸县，各山俱产松萝。

《名胜志》：宁国县鸦山在文脊山北，产茶充贡。《茶经》云"味与蕲州同"。宋梅询有"茶煮鸦山雪满瓯"之句。今不可复得矣。

《农政全书》：宣城县有丫山，形如小方饼横铺，茗芽产其上。其山东为朝日所烛，号曰阳坡，其茶最胜。太守荐之，京洛人士题曰"丫山阳坡横文茶"，一名"瑞草魁"。

《华夷花木考》：宛陵茗池源茶，根株颇硕，生于阴谷，春夏之交，方发萌芽。茎条虽长，旗枪不展，乍紫乍绿。天圣初，郡守李虚己同太史梅询尝试之，品以为建溪、顾渚不如也。

《随见录》：宣城有绿雪芽，亦松萝一类。又有翠屏等名色。其泾川涂茶，芽细、色白、味香，为上供之物。

《通志》：池州府属青阳、石埭、建德，俱产茶。贵池亦有之，九华山闵公墓茶，四方称之。

《九华山志》：金地茶，西域僧金地藏所植，今传枝梗空筒者是。大抵烟霞云雾之中，气常温润，与地上者不同，味自异也。

《通志》："庐州府属六安、霍山，并产名茶，其最著惟白茅贡尖，即茶芽也。每岁茶出，知州具本恭进。""六安州有小岘山出茶，名小岘春，为六安极品。霍山有梅花片，乃黄梅时摘制，色香两兼而味稍薄。又有银针、丁香、松萝等名色。"

《紫桃轩杂缀》：余生平慕六安茶，适一门生作彼中守，寄书托求数两，竟不可得，殆绝意乎。

陈眉公《笔记》："云桑茶出琅琊山，茶类桑叶而小，山僧焙而藏之，其味甚清。""广德州建平县雅山出茶，色香味俱美。"

《浙江通志》："杭州钱塘、富阳及余杭、径山多产茶。""《天中记》：'杭州宝云山出者，名宝云茶。下天竺香林洞者，名香林茶。上天竺白云峰者，名白云茶。'""田子艺云：'龙泓今称龙井，因其深也。《郡志》称有龙居之，非也。盖武林之山，皆发源天目，有龙飞凤舞之谶，故西湖之山以龙名者多，非真有龙居之也。

有龙，则泉不可食矣。泓上之阁，亟宜去之，浣花诸池尤所当浚。'"

《湖壖杂记》：龙井产茶，作豆花香，与香林、宝云、石人坞、垂云亭者绝异。采于谷雨前者尤佳，啜之淡然，似乎无味，饮过后，觉有一种太和之气，弥沦于齿颊之间，此无味之味乃至味也。为益于人不浅，故能疗疾。其贵如珍，不可多得。

《坡仙食饮录》：宝严院垂云亭亦产茶，僧怡然以垂云茶见饷，坡报以大龙团。

陶谷《清异录》：开宝中，窦仪以新茶饷予，味极美，奁面标云"龙陂山子茶"。龙陂是顾渚山之别境。

《吴兴掌故》："顾渚左右有大小官山，皆为茶园。明月峡在顾渚侧，绝壁削立，大涧中流，乱石飞走，茶生其间，尤为绝品。张文规诗所谓'明月峡中茶始生'，是也。""顾渚山，相传以为吴王夫差于此顾望原隰可为城邑，故名。唐时，其左右大小官山皆为茶园，造茶充贡，故其下有贡茶院。"

《蔡宽夫诗话》：湖州紫笋茶出顾渚，在常、湖二郡之间，以其萌苗紫而似笋也。每岁入贡，以清明日到，先荐宗庙，后赐近臣。

冯可宾《岕茶笺》：环长兴境，产茶者曰罗嶰、曰白岩、曰乌瞻、曰青东、曰顾渚、曰涤浦，不可指数。独罗嶰最胜。环嶰境十里而遥为嶰者，亦不可指数。嶰而曰岕，两山之介也。罗隐居此，故名，在小秦王庙后，所以称庙后罗岕也。洞山之岕，南面阳光，朝旭夕辉，云滃雾浡，所以味迥别也。

《名胜志》：茗山在萧山县西三里，以山中出佳茗也。又上虞县后山，茶亦佳。

《方舆胜览》：会稽有日铸岭，岭下有寺，名资寿。其阳坡名油车，朝暮常有日，茶产其地，绝奇。欧阳文忠云："两浙草茶，日铸第一。"

《紫桃轩杂缀》：普陀老僧贻余小岩茶一裹，叶有白茸，瀹之无色，徐引觉凉透心腑。僧云："本岩岁止五六斤，专供大士，僧得啜者寡矣。"

《普陀山志》：茶以白华岩顶者为佳。

《天台记》：丹丘出大茗，服之生羽翼。

桑庄《茹芝续谱》：天台茶有三品：紫凝、魏岭、小溪是也。今诸处并无出产，而土人所需，多来自西坑、东阳、黄坑等处。石桥诸山，近亦种茶，味甚清甘，不让他郡，盖出自名山雾中，宜其多液而全厚也。但山中多寒，萌以较迟，兼之做法不佳，以此不得取胜。又所产不多，仅足供山居而已。

《天台山志》：葛仙翁茶圃在华顶峰上。

《群芳谱》：安吉州茶亦名紫笋。

《通志》：茶山在金华府兰溪县。

《广舆记》：鸠坑茶出严州府淳安县。方山茶出衢州府龙游县。

劳大与《瓯江逸志》：浙东多茶品，雁荡山称第一。每岁谷雨前三日，采摘茶芽进贡。一枪两旗而白毛者，名曰明茶；谷雨日采者，名雨茶。一种紫茶，其色红紫，其味尤佳，香气尤清，又名玄茶，其味皆似天池而稍薄。难种薄收，土人厌人求索，园圃中少种，间有之亦为识者取去。按卢仝《茶经》云："温州无好茶，天台瀑布水、瓯水味薄，惟雁荡山水为佳。"此茶亦为第一，曰去腥腻、除烦恼、却昏散、消积食。但以锡瓶贮者，得清香味，无以锡瓶贮者，其色虽不堪观，而滋味且佳，同阳羡山岕茶无二无别。采摘近夏，不宜早，炒做宜熟不宜生，如法可贮二三年。愈佳愈能消宿食醒酒，此为最者。

王草堂《茶说》：温州中垒及漈上茶皆有名，性不寒不热。

屠粹忠《三才藻异》：举岩，婺茶也，片片方细，煎如碧乳。

《江西通志》："茶山在广信府城北，陆羽尝居此。""洪州西山白露鹤岭，号绝品，以紫清香城者为最。及双井茶芽，即欧阳公所云'石上生茶如凤爪'者也。又罗汉茶如豆苗，因灵观尊者自西山持至，故名。"

《南昌府志》：新建县鹅冈西有鹤岭，云物鲜美，草林秀润，产名茶异于他山。

《通志》："瑞州府出茶芽，廖暹《十咏》呼为雀舌香焙云。其余临江、南安等府俱出茶，庐山亦产茶。""袁州府界桥出茶，今称仰山、稠平、木平者佳，稠平者尤妙。""赣州府宁都县出林岕，乃一林姓者以长指甲炒之，采制得法，香味独绝，因之得名。"

《名胜志》：茶山寺在上饶县城北三里，按《图经》，即广教寺。中有茶园数亩，陆羽泉一眼。羽性嗜茶，环居皆植之，烹以是泉，后人遂以广教寺为茶山寺云。宋有茶山居士曾吉甫，名几，以兄开忏秦桧，奉祠侨居此寺，凡七年，杜门不问世故。

《丹霞洞天志》：建昌府麻姑山产茶，惟山中之茶为上，家园植者次之。

《饶州府志》：浮梁县阳府山，冬无积雪，凡物早成，而茶尤殊异。金君卿诗云："闻雷已荐鸡鸣笋，未雨先尝雀舌茶。"以其地暖故也。

《通志》："南康府出匡茶，香味可爱，茶品之最上者。""九江府彭泽县九都山出茶，其味略似六安。"

《方舆记》：德化茶出九江府。又崇义县多产茶。

《吉安府志》：龙泉县匡山有苦斋，章溢所居，四面峭壁，其下多白云，上多北风，植物之味皆苦。野蜂巢其间，采花蕊作蜜，味亦苦。其茶苦于常茶。

《群芳谱》：太和山骞林茶，初泡极苦涩，至三四泡，清香特异，人以为茶宝。

《福建通志》：福州、泉州、建宁、延平、兴化、汀州、邵武诸府，俱产茶。

《古今合璧事类备要》：建州出大片方山之芽，如紫笋，片大极硬。须汤浸之，方可碾。治头痛，江东老人多服之。

《天下名山记》："鼓山半岩茶，色香，风味当为闽中第一。不让虎丘、龙井也。

雨前者每两仅十钱，其价廉甚。一云前朝每岁进贡，至杨文敏当国，始奏罢之。然近来官取，其扰甚于进贡矣。""柏岩，福州茶也。岩即柏梁台。"

《兴化府志》：仙游县出郑宅茶，真者无几，大都以赝者杂之，虽香而味薄。

陈懋仁《泉南杂志》：清源山茶，青翠芳馨，超轶天池之上。南安县英山茶，精者可亚虎丘，惜所产不若清源之多也。闽地气暖，桃李冬花，故茶较吴中差早。

《延平府志》：棕毛茶出南平县，半岩者佳。

《建宁府志》：北苑在郡城东，先是建州贡茶首称北苑龙团，而武夷石乳之名未著。至元时，设场于武夷，遂与北苑并称。今则但知有武夷，不知有北苑矣。吴越间人颇不足闽茶，而甚艳北苑之名，不知北苑实在闽也。

宋无名氏《北苑别录》："建安之东三十里，有山曰凤凰，其下直北苑，旁联诸焙，厥土赤壤，厥茶惟上上。太平兴国中，初为御焙，岁模龙凤，以羞贡篚，盖表珍异。庆历中，漕台益重其事，品数日增，制度日精。厥今茶自北苑上者，独冠天下，非人间所可得也。方其春虫震蛰，群夫雷动，一时之盛，诚为大观。故建人谓至建安而不至北苑，与不至者同。仆因摄事，得研究其始末，姑摭其大概，修为十余类目，曰《北苑别录》云。""御园：九窠十二陇，麦窠，壤园，龙游窠，小苦竹，苦竹里，鸡薮窠，苦竹，苦竹源，鼯鼠窠，教练陇，凤凰山，大小焊，横坑，猿游陇，张坑，带园，焙东，中历，东际，西际，官平，石碎窠，上下官坑，虎膝窠，楼陇，蕉窠，新园，天楼基，院坑，曾坑，黄际，马鞍山，林园，和尚园，黄淡窠，吴彦山，罗汉山，水桑窠，铜场，师如园，灵滋，苑马园，高畬，大窠头，小山。又四十六所，广袤三十余里，自官平而上为内园，官坑而下为外园。方春灵芽萌坼，先民焙十余日，如九窠十二陇、龙游窠、小苦竹、张坑、西际，又为楚园之先也。"

《东溪试茶录》："旧记建安郡官焙三十有八。""丁氏旧录云：'官私之焙千三百三十有六'，而独记官焙三十二。东山之焙十有四：北苑龙焙一，乳橘内焙二，乳橘外焙三，重院四，壑岭五，渭源六，范源七，苏口八，东宫九，石坑十，建溪十一，香口十二，火梨十三，开山十四。南溪之焙十有二：下瞿一，濛洲东二，汾东三，南溪四，斯源五，小香六，际会七，谢坑八，沙龙九，南香十，中瞿十一，黄熟十二。西溪之焙四：慈善西一，慈善东二，慈惠三，船坑四。北山之焙二：慈善东一，丰乐二。外有曾坑、石坑、壑源、叶源、佛岭、沙溪等处。惟壑源之茶，甘香特胜。""茶之名有七：一曰白茶，民间大重，出于近岁，园焙时有之。地不以山川远近，发不以社之先后。芽叶如纸，民间以为茶瑞，取其第一者为斗茶。次曰柑叶茶，树高丈余，径头七八寸，叶厚而圆，状如柑橘之叶，其芽发即肥乳，长二寸许，为食茶之上品。三曰早茶，亦类柑叶，发常先春，民间采制为试焙者。四曰细叶茶，叶比柑叶细薄，树高者五六尺，芽短而不肥乳，今生沙溪山中，盖土薄而不茂也。五曰稽茶，叶细而厚密，芽晚而青黄。六曰晚茶，盖稻茶之类，发比诸茶较晚，生于社后。七曰丛茶，亦曰丛生茶，高不数尺，一岁之间发者数四，贫民取以为利。"

《品茶要录》：壑源、沙溪，其地相背，而中隔一岭，其去无数里之遥，然茶产顿殊。有能出力移栽植之，亦为水土所化。窃尝怪茶之为草，一物耳，其势必犹得地而后异。岂水络地脉偏钟粹于壑源，而御焙占此大冈巍陇，神物伏护，得其余荫耶？何其甘芳精至而美擅天下也。观夫春雷一鸣，筠笼才起，售者已担簦挈囊于其门，或先期而散留金钱，或茶才入笪而争酬所直。故壑源之茶，常不足客所求。其有桀猾之园民，阴取沙溪茶叶，杂就家棬而制之。人耳其名，眂其规模之相若，不能原其实者，盖有之矣。凡壑源之茶售以十，则沙溪之茶售以五，其直大率仿此。然沙溪之园民，亦勇于觅利，或杂以松黄，饰其首面。凡肉理怯薄，体轻而色黄者，试时鲜白，不能久泛，香薄而味短者，沙溪之品也。凡肉理实厚，质体坚而色紫，试时泛盏凝久，香滑而味长者，壑源之品也。

《潜确类书》：历代贡茶以建宁为上，有龙团、凤团、石乳、的乳、绿昌明、头骨、次骨、末骨、鹿骨、山挺等名，而密云龙最高，皆碾屑作饼。至国朝始用芽茶，曰探春、曰先春、曰次春、曰紫笋，而龙凤团皆废矣。

《名胜志》：北苑茶园属瓯宁县。旧《经》云："伪闽龙启中里人张晖，以所居北苑地宜茶，悉献之官，其名始著。"

《三才藻异》："石岩白，建安能仁寺茶也，生石缝间。""建宁府属浦城县江郎山出茶，即名江郎茶。"

《武夷山志》："前朝不贵闽茶，即贡者亦只备宫中浣濯瓯盏之需。贡使类以价，货京师所有者纳之。间有采办，皆剑津廖地产，非武夷也。黄冠每市山下茶，登山贸之，人莫能辨。""茶洞在接笋峰侧，洞门甚隘，内境夷旷，四周皆穿崖壁立。土人种茶，视他处为最盛。""崇安殷令招黄山僧以松萝法制建茶，真堪并驾，人甚珍之，时有'武夷松萝'之目。"

王梓《茶说》：武夷山周回百二十里，皆可种茶。茶性，他产多寒，此独性温。其品有二：在山者为岩茶，上品；在地者为洲茶，次之。香清浊不同，且泡时岩茶汤白，洲茶汤红，以此为别。雨前者为头春，稍后为二春，再后为三春。又有秋中采者，为秋露白，最香。须种植、采摘、烘焙得宜，则香味两绝。然武夷本石山，峰峦载土者寥寥，故所产无几。若洲茶，所在皆是，即邻邑近多栽植，运至山中及星村墟市贾售，皆冒充武夷。更有安溪所产，尤为不堪。或品尝其味，不甚贵重者，皆以假乱真误之也。至于莲子心、白毫皆洲茶，或以木兰花熏成欺人，不及岩茶远矣。

张大复《梅花笔谈》：《经》云："岭南生福州、建州。"今武夷所产，其味极佳，盖以诸峰拔立。正陆羽所云"茶上者生烂石中"者耶！

《草堂杂录》：武夷山有三味茶，苦酸甜也，别是一种，饮之味果屡变，相传能解醒消胀。然采制甚少，售者亦稀。

《随见录》：武夷茶，在山上者为岩茶，水边者为洲茶。岩茶为上，洲茶次之。岩茶，北山者为上，南山者次之。南北两山，又以所产之岩名为名，其最佳者，名曰工夫茶。工夫之上，又有小种，则以树名为名。每株不过数两，不可多得。洲茶名色，有莲子心、白毫、紫毫、龙须、凤尾、花香、兰香、清香、奥香、选芽、漳芽等类。

《广舆记》："泰宁茶出邵武府。""福宁州大姥山出茶，名绿雪芽。"

《湖广通志》：武昌茶，出通山者上，崇阳蒲圻者次之。

《广舆记》：崇阳县龙泉山，周二百里。山有洞，好事者持炬而入，行数十步许，坦平如室，可容千百众，石渠流泉清冽，乡人号曰鲁溪。岩产茶，甚甘美。

《天下名胜志》：湖广江夏县洪山，旧名东山，《茶谱》云：鄂州东山出茶，黑色如韭，食之已头痛。

《武昌郡志》：茗山在蒲圻县北十五里，产茶。又大冶县亦有茗山。

《荆州土地记》：武陵七县道出茶，最好。

《岳阳风土记》：灉湖诸山旧出茶，谓之灉湖茶。李肇所谓"岳州灉湖之含膏"是也。唐人极重之，见于篇什。今人不甚种植，惟白鹤僧园有千余本。土地颇类北苑，所出茶一岁不过一二十斤，土人谓之白鹤茶，味极甘香，非他处草茶可比并。茶园地色亦相类，但土人不甚植尔。

《通志》："长沙茶陵州，以地居茶山之阴，因名。昔炎帝葬于茶山之野。茶山即云阳山，其陵谷间多生茶茗故也。""长沙府出茶，名安化茶。辰州茶出溆浦。郴州亦出茶。"

《类林新咏》：长沙之石楠叶，摘芽为茶，名栾茶，可治头风。湘人以四月四日摘杨桐草，捣其汁拌米而蒸，犹糕糜之类，必啜此茶，乃祛风也。

《古今合璧事类备要》："谭郡之间有渠江，中出茶，而多毒蛇猛兽，乡人每年采撷不过十五六斤，其色如铁，而芳香异常，烹之无脚。""湘潭茶，味略似普洱，土人名曰芙蓉茶。"

《茶事拾遗》：谭州有铁色，夷陵有压砖。

《通志》：靖州出茶油，蕲水有茶山，产茶。

《河南通志》：罗山茶，出河南汝宁府信阳州。

《桐柏山志》：瀑布山，一名紫凝山，产大叶茶。

《山东通志》：兖州府费县蒙山石巅，有花如茶，土人取而制之，其味清香迥异他茶，贡之异品也。

《舆志》：蒙山一名东山，上有白云岩产茶，亦称蒙顶。〔王草堂云：乃石上

之苔为之，非茶类也。〕

《广东通志》："广州韶州南雄、肇庆各府及罗定州，俱产茶。西樵山在郡城西一百二十里，峰峦七十有二，唐末诗人曹松，移植顾渚茶于此，居人遂以茶为生业。""韶州府曲江县曹溪茶，岁可三四采，其味清甘。""潮州大埔县、肇庆恩平县，俱有茶山。德庆州有茶山，钦州灵山县亦有茶山。"

吴陈琰《旷园杂志》：端州白云山出云独奇，山故蔀茶在绝壁，岁不过得一石许，价可至百金。

王草堂《杂录》：粤东珠江之南产茶，曰河南茶。潮阳有凤山茶，乐昌有毛茶，长乐有石茗，琼州有灵茶、乌药茶云。

《岭南杂记》："广南出苦橙茶，俗呼为苦丁，非茶也。茶大如掌，一片入壶，其味极苦，少则反有甘味，噙咽利咽喉之症，功并山豆根。""化州有琉璃茶，出琉璃庵。其产不多，香与峒芥相似。僧人奉客，不及一两。""罗浮有茶，产于山顶石上，剥之如蒙山之石茶，其香倍于广芥，不可多得。"

《南越志》：龙川县出皋卢，味苦涩，南海谓之过卢。

《陕西通志》：汉中府兴安州等处产茶，如金州、石泉、汉阴、平利、西乡诸县各有茶园，他郡则无。

《四川通志》："四川产茶州县凡二十九处，成都府之资阳、安县、灌县、石泉、崇庆等；重庆府之南川、黔江、丰都、武隆、彭水等；夔州府之建始、开县等，及保宁府、遵义府、嘉定州、泸州、雅州、乌蒙等处。""东川茶有神泉、兽目，邛州茶曰火井。"

《华阳国志》：涪陵无蚕桑，惟出茶、丹漆、蜜蜡。

《华夷花木考》：蒙顶茶受阳气全，故芳香。唐李德裕入蜀得蒙饼，以沃于汤瓶之上，移时尽化，乃验其真蒙顶。又有五花茶，其片作五出。

毛文锡《茶谱》：蜀州晋原、洞口、横原、珠江、青城，有横芽、雀舌、鸟觜、麦颗，盖取其嫩芽所造以形似之也。又有片甲、蝉翼之异。片甲者，早春黄芽，其叶相抱如片甲也；蝉翼者，其叶嫩薄如蝉翼也，皆散茶之最上者。

《东斋纪事》：蜀雅州蒙顶产茶，最佳。其生最晚，每至春夏之交始出，常有云雾覆其上，若有神物护持之。

《群芳谱》：峡州茶有小江园、碧涧寮、明月房、茱萸寮等。

陆平泉《茶寮纪事》：蜀雅州蒙顶上有火前茶，最好，谓禁火以前采者。后者谓之火后茶，有露芽、谷芽之名。

《述异记》：巴东有真香茗，其花白色如蔷薇，煎服令人不眠，能诵无忘。

《广舆记》：峨眉山茶，其味初苦而终甘。又泸州茶可疗风疾。又有一种乌茶，出天全六番讨使司境内。

王新城《陇蜀余闻》：蒙山在名山县西十五里，有五峰，最高者曰上清峰。其巅一石大如数间屋，有茶七株，生石下，无缝罅，云是甘露大师手植。每茶时叶生，智炬寺僧辄报有司往视。籍记其叶之多少，采制才得数钱许。明时贡京师仅一钱有奇。环石别有数十株，曰陪茶，则供藩府诸司之用而已。其旁有泉，恒用石覆之，味精妙，在惠泉之上。

《云南记》：名山县出茶，有山曰蒙山，联延数十里，在西南。按《拾遗志》《尚书》所谓"蔡蒙旅平"者，蒙山也，在雅州。凡蜀茶尽在此。

《云南通志》："茶山在元江府城西北普洱界。太华山在云南府西，产茶色似松萝，名曰太华茶。""普洱茶出元江府普洱山，性温味香。儿茶出永昌府，俱作团。又感通茶出大理府点苍山感通寺。"

《续博物志》：威远州即唐南诏银生府之地，诸山出茶，收采无时，杂椒姜烹而饮之。

《广舆记》："云南广西府出茶。又湾甸州出茶，其境内孟通山所产，亦类阳羡茶，谷雨前采者香。""曲靖府出茶，子丛生，单叶，子可作油。"

许鹤沙《滇行纪程》：滇中阳山茶，绝类松萝。

《天中记》：容州黄家洞出竹茶，其叶如嫩竹，土人采以作饮，甚甘美。〔广西容县，唐容州。〕

《贵州通志》：贵阳府产茶，出龙里东苗坡及阳宝山，土人制之无法，味不佳。近亦有采芽以造者，稍可供啜。咸宁府茶出平远，产岩间，以法制之，味亦佳。

《地图综要》：贵州新添军民卫产茶，平越军民卫亦出茶。

《研北杂志》：交趾出茶，如绿苔，味辛烈，名曰登。北人重译，名茶曰钗。

※ 译文

《国史补》载：民间的习俗以茶为贵，因此茶的名字和品种有很多。剑南有蒙顶的石花，或叫小方、散芽，号称为第一。湖州有顾渚的紫笋，东川有神泉的小团、绿昌明、兽目，峡州有小江园、碧涧寮、明月房、茱萸寮，福州有柏岩、方山露芽，婺州有东白、举岩、碧貌，建安有青凤髓，夔州有香山，江陵有楠木，湖南有衡山，睦州有鸠坑，洪州有西山白露，寿州有霍山的黄芽；绵州的松岭，雅州的露芽，南康的云居，彭州的仙崖、石花，渠江的薄片，邛州的火井、思安，黔阳的都濡、高株，泸川的纳溪、梅岭，义兴的阳羡、春池、阳凤岭，都是最好的品种。

《文献通考》载：从建州出产的片茶有龙、凤、石乳、的乳、白乳、头金、蜡面、头骨、次骨、末骨、粗骨、山挺十二个等级，这些用来作为贡品以及国家和地方使用。

余州的片茶，有进宝双胜、宝山两府，都是出自于兴国军；仙芝、嫩蕊、福合、禄合、运合、脂合都是出产于饶州、池州；泥片出自虔州；绿英、金片出自于袁州；玉津出自于临江军；灵川出自福州；先春、早春、华英、来泉、胜金出自歙州；独行灵草、绿芽片金、金茗出自潭州；大拓枕出自江陵、大小巴陵；开胜、开卷、小卷、生黄翎毛出自岳州；双上绿牙、大小方出自岳、辰、澧州；东首、浅山、薄侧出光州。总共二十六种，其中两浙和宣、江、鼎州只以上中下或者第一至第五为号。其中的散茶，则有太湖、龙溪、次号、末号，出自淮南；岳麓、草子、杨树、雨前、雨后，出自荆湖；清口出自归州；茗子出自江南。总共有十一种。

叶梦得在《避暑录话》中说：正宗北苑茶叶出产的地方是曾坑，被称为正焙；不是曾坑是沙溪的，就被称为外焙。这两个地方虽然距离不远，但茶叶品种相差得就很大了。沙溪比曾坑的茶叶颜色要白，但是味道淡而且有一点苦涩，内行人一尝，就能够分出个好坏来。我开始的时候认为即使土地不同，也不应该相差这么大啊。等到了山里，每次开辟路径的时候，破开周围的岩石，在几丈方圆之间，土地的颜色各有不同，土地的肥沃干燥也各有不同。两棵树差不多，把它们种在一起，封焙灌溉也差不多，但还是有的生长茂盛有的枯萎了，从而知道事情没有亲眼见，是不可以完全相信的。草茶之中，最好的品种只有双井和顾渚，也不过各有几亩茶园。双井在分宁县，地属子黄鲁直家。元丰年间，鲁直极力把茶推广到京城，家族的茶都交给他，但是一年也只不过一两斤罢了。顾渚在长兴县，就是所谓的吉祥寺，它的一半归现在侍郎刘希范家所有。两地所出产的茶叶一年也只有五六斤。近年来寺庙里的和尚一味贪多，多数没有功夫去采摘精品，所出茶叶比刘氏的相差太多了。我每年向刘氏要，但是每次超过半斤就不会好。虽然茶叶的味道均匀，但是它最重要的地方在嫩芽。摘取其刚开始像雀舌的萌芽，被称为枪。上面覆盖着叶子的被称为旗。旗并不贵重，只要取一枪一旗就可以了，太多就老了。这就是为什么好茶很难得了。

《归田录》载：腊茶出产于剑建，草茶兴起于两浙。两浙的品种之中，日注是第一位。自景祐年间以后，洪州双井的白芽变得兴盛起来，近几年制作得更加精良，放在红纱里面，也不过一二两，用普通的茶叶十几斤养着，以避免湿热的气息。它的品质远远在日注之上，因此是草茶之中最好的。

《云麓漫钞》载：浙西出产的茶叶湖州最好，江南常州的要差一点。湖州茶出自长兴顾渚山，常州茶出自义兴君山悬脚岭北岸下的一些地方。

《蔡宽夫诗话》载："玉川子《谢孟谏议寄新茶》诗中有'手阅月团三百片'和'天子须尝阳羡茶'的句子。这里说明孟所寄的就是阳羡茶了。""杨文公《谈苑》：'蜡茶出产于建州，陆羽的《茶经》还不清楚，只是说福建等州具体不详，有时得到这种茶，味道很好。江左近日才有叫蜡面的茶。'丁谓在《北苑茶录》中说：'北苑贡茶刚开始的时候，并没有人知道。'问到三馆检讨杜镐，也说在江南任职的时候，才开始记录有研膏茶。欧阳公《归田录》也说'出自福建'，也不说起源于哪里。唐朝各家文献记录中，往往有蜡面茶的说法，那就说明是从唐代开始有的。"

《事物记原》载：南唐的李氏，让人取来茶乳制作成片，叫京铤、的乳和骨子等，那么说京铤的品种，就是从南唐开始的。《苑录》说："的乳以下的品种，是用下品的茶叶掺杂着制作销售的，只有到京师去的，才是正宗的没有杂质，京铤的名字应该就是这样来的。"有人说，从开宝以来，才有这种茶叶。据当时有见识的人说，金陵是僭越之国，只能称为都下，而尊朝廷为京师。今天忽然有这个称呼，难道是南唐将归顺朝廷吗？

罗廪在《茶解》中说：唐代出产茶叶的地方，仅仅就像季疵所说的那样。而现在的虎丘、罗岕、天池、顾渚、松萝、龙井、雁荡、武夷、灵川、大盘、日铸、朱溪等名茶，没有一个记录在列的。现在才发现，灵草到处都存在，只是培植得不当，或者是疏忽于采摘制造。

《潜确类书·茶谱》载：袁州的界桥茶，名声赫赫，但是不如湖州的研膏、紫笋，烹煮之后有绿色的细脚垂下。另外婺州的举岩茶，每一片都方正细小，所以虽然产量很少，味道却极其甘甜芳香，煎煮之后就像碧玉之乳。

《农政全书》载：玉垒关外的宝唐山，有长在悬崖上的茶树，枝芽长到三寸到五寸，才有一两片叶子。涪州出产三种茶叶：最好的是宾化，其次是白马，最差的是涪陵。

《煮泉小品》载：茶叶从浙江往北都比较好。只有闽广往南，不但不能随便喝水，而且茶也应当慎用。以前鸿渐没有详细地说明岭南等茶，只是说"有时会得到，味道很好"。我看见那些地方多有瘴疠之气，草木沾染上了这样的气息，北方人吃了，很容易生病，所以说应该慎用。

《茶谱通考》载：岳阳的含膏冷，剑南的绿昌明，蕲门的团黄，蜀川的雀舌，巴东的真香，夷陵的压砖，龙安的骑火。

《江南通志》载：苏州府吴县西山出产茶叶，在谷雨之前采摘用火烘干。特别精细的，拿到市场上去卖，会被争相抢购价格很高，在谷雨前的才算贵重。

《吴郡虎丘志》载：虎丘茶叶，在寺院僧房中都有种植，闻名天下。在谷雨前采摘细芽，烘焙之后烹煮，颜色就像月下的白色一样，味道就像豆花一样香。近来因为官府征收送至远方，山上的和尚给了一斤茶叶，花费了很多钱财。因此苦于派送，茶树也不修整，甚至把茶树砍掉，所以越来越少甚至没有了。

米襄阳在《志林》中说：苏州的穹隆山下有一座海云庵，庵中有两棵茶树，这两棵树是生长在一起的，已经超过二百多年了。

《姑苏志》载：虎丘寺的西面出产茶叶，朱安雅说："现在二山门偏西的地方，原来的名字叫作茶岭。"

陈眉公在《太平清话》中说：洞庭往西的尽头，有仙人茶，其实是树上的苔藓，有四个白发老人将它采摘下来作为茶叶。

《图经续记》中说：洞庭小青山里面出产茶叶，唐宋时期作为供品进贡。因为下面有水月寺，所以叫作水月茶。

《古今名山记》中说：支硎山的茶坞里面种许多茶叶。

《随见录》载：洞庭山里有茶叶，细小的就像芥茶末，味道甘甜芳香，俗名叫作"吓杀人"。产于碧螺峰的更好，名叫碧螺春。

《松江府志》载：佘山在府城的北面，以前有姓佘的人在这里修道，由此得名。山里出产的茶叶和竹笋都很好，有兰花的香味。所以陈眉公说："我故乡的佘山茶与虎丘茶叶不相上下。"

《常州府志》载：武进县章山的山脚有茶巢岭，唐代的陆龟蒙曾经在这里种茶。

《天下名胜志》记载："南岳古时叫阳羡山，就是君山的北麓。孙皓封国后，于是就把这座山称为岳，名字就是这样得来的。唐代时期产茶充当贡品，所说的就是南岳的贡茶。""常州宜兴县的东南有茶山。唐朝时候的人们采茶入贡，所以又叫作唐贡山，在县城东南三十五里的均山乡。"

《武进县志》记载：茶山路在广化门外十里以内，大墩和小墩连起来簇拥在一起，形成山的形状。唐代的湖、常两地的太守，到阳羡制造茶叶来进贡，就从这里往返，由此而得名。

《檀几丛书》记载："茗山在宜兴县西南五十里的永丰乡，皇甫冉曾经作有《送羽南山采茶》诗，可见唐朝时期的贡茶就在茗山出产。""唐代李栖筠任常州太守的时候，山里的和尚进献阳羡茶。陆羽品尝后认为它的香味无与伦比，可以拿来进贡给皇上。于是就在洞灵观里建造了一个茶舍，每年制造上万两进贡。后来韦夏卿迁徙无锡县的罨画溪上，住在距离湖水一里左右的地方。许有谷的诗中说：'陆羽名荒旧茶舍，却教阳羡置邮忙'，说的就是这个。""义兴的南岳寺，唐朝天宝年间有白蛇衔茶籽落在寺庙的前面，寺里的和尚把它种植在庵旁，由此滋生蔓长，茶味极好，名叫蛇种。当地的人很重视它，每年争先恐后赠送亲友，官府不断索要去作为贡品。直到现在每到春天就如期采茶，清明那一天，县令亲自到卓锡泉水亭去躬请白蛇，典礼十分隆重。后来官府索取太多，山里的茶农深受其苦，所以袁高有'阴岭茶未吐，使者牒以频'的句子。郭三益诗中说：'官符星火催春焙，却使山僧怨白蛇。'卢仝《茶歌》：'安知百万亿苍生，命坠颠崖受辛苦。'可见贡茶连累茶民，自古以来就是这样。"

《洞山茶系》记载："罗岕，在宜兴的南面大约八九十里的地方。浙江与直隶的交界处，只有一座山冈，山冈的南面就是长兴山。两座山之间空旷的地方，别人叫作岕云。踏在这片土地上，才知道古人造的字很有深意。今天的"岕"字，只是注释说是山名。有八十八处景点前面横着特大的山洞，泉水特别清澈，滋润茶树的根部，使山上的土地很肥沃，所以说洞山茶是所有茶中最好的。从汭溯的西面逆流而上，经过茗岭，地势特别险恶。（在县城西南八十里的地方。）从汭溯的东面湖水分叉的地方进入，经过瀍岭，稍平坦，才能够通过车辆。""所出产的茶叶，总共有四个品级：第一品，是老庙后。庙里祭祀的是山上的土地神明，瑞草丛生，所以这里的茶都很好。总共也不过两三亩的面积，苕溪的姚像先和女婿两个人共同拥有。茶树都是古树，每年出产的不超过二十斤，颜色淡黄而不绿，叶子的筋脉淡白而且很厚，制成了梗很少。放入开水里面颜色柔白就像玉露一样，味道很甘甜，芳香藏在味道中，特别深远，越喝越能够品出味来，让人如痴如醉。第二品，生产于新庙后、棋盘顶、纱帽顶、毛巾条、姚八房以及吴江周氏那里，出产的茶叶也不是很多。幽香白色，味道冷峻，与老庙的没有太大的区别，只是喝了之后感觉味道略有淡薄。这些都是洞顶岕。总之岕茶的品质到了这种程度，就像孤竹君、柳下惠一样，都可以称为圣人了。现在的人认为颜色很深香气很浓郁的是岕茶，只是听信传言罢了。第三品，庙后的涨沙、大袁头、姚洞、罗洞、王洞、范洞、白石。第四品，下涨沙、梧桐洞、余洞、石场、丫头岕、留青岕、黄龙、岩灶、龙池，这些都是平洞本岕。外山的长潮、青口、渚庄、顾渚、茅山岕，都不能入品。"

《岕茶汇钞》记载：洞山茶中比较差的，香味清新叶子很嫩，但是放在水里面香味就消散了。棋盘顶、纱帽顶、雄鹅头、茗岭，都是出产茶叶的地方。这些地方有老柯、嫩柯，只有老庙后产的茶叶没有这两种区别，梗叶茂密，放在水里面香气不会往外面流散，称为上品。

《镇江府志》记载：润州的茶叶，以傲山的最好。

《寰宇记》中说：扬州江都县蜀冈有茶园，茶叶甘甜就像是蒙顶出产的。蒙顶在蜀地，所以用蜀来命名此冈。上面有时会堂、春贡亭，都是制造茶叶的地方，现在已经荒废了，见毛文锡《茶谱》。

《宋史·食货志》记载：散茶出自淮南，在龙溪有雨前、雨后之分。

《安庆府志》记载：六邑都出产茶叶，以桐地的龙山、潜地的闵山为最好的。蔚茶源在现在的潜山县。香茗山在太湖县。大小茗山在望江县。

《随见录》记载：宿松县出产茶叶，经过品尝后发现有好的品种，但是制造的时候方法不对。如果是别的地方，分出它们的等级，让内行的能手来制作，品味不在六安之下。

《徽州志》记载：茶叶出产于松萝，而能称为松萝茶却很少，其有名的只有胜金、嫩桑、仙芝、来泉、先春、运合、华英这些品种，另外还有不知道具体名字的被统称为片茶八种。近年来的茶叶，好的有雀舌、莲心、金芽；稍微差一点的有芽下白、走林、罗公；再差一点的是开园、软枝、大方。名称虽然很多，但是都是松萝的品种。

吴从先《茗说》中记载：当地生产的松萝茶，颜色就像是梨花一样，香味就像是豆蕊，喝起来就像是在吃雪。品种越好颜色就越白，即使搁置一个晚上也没有茶痕，本来就称得上美好。秋露白片子更加的清新可人，但是香味浓得熏人，很难长期储存，不是富裕的人家是没有办法贮藏的。真正像这样好的东西，如果混杂有其他地方产的茶叶一片，颜色就会变坏，简直不能看了。然而出产松萝的地方有限，产量很少，而四面八方的人都来求索，怎么能够不掺杂其他的品种呢？

《黄山志》载：莲花庵的附近，在石头的缝隙里面种植茶叶，多半清香冷韵，喝起来香气醉人。

《昭代丛书》载：张潮说："我的家乡天都出产抹山茶，茶树生长在石头之间，不是人力所能栽培的。味道香甜清淡，可以称得上是极品，采摘起来很困难，不容易多得。"

《随见录》载：近来据说紫霞山的松萝茶最好，还有南源、北源这些有名的品种。它们之中真正的松萝实在是不容易得到。黄山的顶峰有云雾茶，别有风味，比松萝更好。

《通志》载：宁国府所治理的宣、泾、宁、旌、太等县，各个山上都出产松萝茶叶。

《名胜志》载：宁国县的鸦山在文脊山的北面，出产茶叶来作贡品。《茶经》中说"味道跟蕲州的一样"。宋代的梅询有"茶煮鸦山雪满瓯"的句子，现在不可能再得到了。

《农政全书》载：宣城县的丫山，形状就像是横铺着的小方饼一样，那里出产茶叶。山的东面早上就被太阳照射，名叫阳坡，那里的茶叶最好。太守将它推荐给别人，京城的人士为它题词说"丫山阳坡横文茶"，又叫"瑞草魁"。

《华夷花木考》载：宛陵茗池出产的茶叶，根部很丰硕，生长在背阴的山谷，春夏交替的时候，才萌发出新芽。茎和枝条虽然很长，但是叶子并不展开，带点紫绿色。天圣初年，郡县太守李虚己和太史梅询曾经尝试过，认为建溪、顾渚都比不上它。

《随见录》载：宣城有绿雪芽，也属于松萝的一种。还有翠屏等各种名茶。其中泾川的涂茶，茶芽很细、颜色很白、味道很香，这都是上贡的品种。

《通志》记载：池州府所治理的青阳、石埭、建德，都出产茶叶。贵池也生产茶叶，九华山的闵公墓茶，来自四面八方的人都称赞它。

《九华山志》记载：金地茶，是西域的和尚金地藏种植的，今天人们传说的枝梗里面是空的就是它。大概是因为生长在烟霞云雾之中，气候温暖湿润，所以与地上的不一样，味道自然就不同了。

《通志》记载："庐州府管辖的六安、霍山，都出产好的茶叶，其中最著名的只有白茅贡尖，就是所说的茶芽。每年茶芽出来的时候，知州拟好奏章进献。""六安州的小岘山出产茶叶，名叫小岘春，是六安中最好的品种。霍山的梅花片，在黄梅季节采摘制造，颜色和香味都具备了，只是味道稍微有点淡。还有银针、丁香、松萝等著名的品种。"

《紫桃轩杂缀》记载：我生平最喜欢六安茶，恰好有一个学生在那里做中守，就写信过去想求取几两，竟然得不到，太绝人意了。

陈眉公在《笔记》中说："云桑茶出自琅琊山，茶叶就像桑叶那样小，山里的和尚烘干储藏，味道非常清爽。""广德州建平县雅山出产茶叶，色香味都很好。"

《浙江通志》载："杭州的钱塘、富阳以及余杭、径山等地都出产茶叶。""《天中记》：'杭州宝云山出产名叫宝云的茶叶。下天竺香林洞里出产名叫香林的茶叶。上天竺白云峰出产名叫白云的茶叶。'""田子艺说：'龙泓现在称为龙井，因为泉水很深的缘故。《郡志》说里面曾有龙居住，故名龙井，其实不然。大概因为武林的山，都是发源于天目，古人认为它有龙飞凤舞的气势，所以西湖的山用龙来命名的很多，不是真的有龙居住在里面。如果有龙的话，那泉水就不能喝了。井上的房子，应该拆去，洗花的池子更应当清理。'"

《湖壖杂记》中说：龙井出产的茶叶，发出豆花一样的香味，与香林、宝云、石人坞、垂云亭所产茶叶都不相同。在谷雨之前采摘的更好，喝的时候觉得味道很淡，好像没有味道一样，饮用之后，有一种很调和的气息，在牙齿和两颊之间游走，这种好像没有味道的味道，才是最好的味道。龙井茶有益人的身心健康，所以能够治疗疾病。它贵重得就像珍珠一样，很难得到。

《坡仙食饮录》载：宝严院垂云亭也出产茶叶，寺里的和尚怡然将垂云茶赠送给苏东坡，苏东坡回送给他大龙团。

陶谷在《清异录》中说：开宝年间，窦仪把新茶赠送给我，味道特别好，盒子的上面标有"龙陂山子茶"。龙陂是顾渚山另外的一处地方。

《吴兴掌故》载："顾渚的两旁有大小官山，都是茶园。明月峡在顾渚的旁边，陡峭的山峰耸立，宏大的涧水从中间流过，石头杂乱无章，茶叶就生长在这里面，所以品质非常好。张文规诗中所说的'明月峡中茶始生'，说的就是这件事。""顾渚山，传说吴王夫差当年在这里，瞭望着平原可以为城池，才这样命名的。唐朝的时候，它的旁边大小官山都是茶园，制造茶叶来充当贡品，所以它的下面有贡茶院。"

《蔡宽夫诗话》中说：湖州的紫笋茶出产于顾渚，在常、湖两郡之间，因为萌芽是紫色而且很像笋子，因此而得名。每年进贡，要在清明的这天送到，皇上先祭奠祖宗，然后再赏赐给最亲近的臣子。

冯可宾在《岕茶笺》中说：环绕着长兴境内，出产茶叶的地方有罗嶰、白岩、乌瞻、青东、顾渚、涤浦，没有办法全部列举出来，只有罗嶰最好。嶰境方圆十里的地方，也被称为嶰地，也没有办法全部列举出来。嶰又叫作岕，意思是指两山之间的。罗隐在这里隐居，所以将它命名为罗嶰，在小秦王庙的后面，被称为庙后罗岕。洞山的岕茶，南面向着阳光，早上迎接初升的太阳，晚上沐浴在夕阳的余晖之下，接受了雨雾的精华，所以味道很特别。

《名胜志》记载：茗山在萧山县西面约三里的地方，因为山里面出产很好的茶叶所以叫茗山。另外上虞县的后山，茶叶也非常的好。

《方舆胜览》记载：会稽山有日铸岭，岭下有寺庙，名叫资寿。山的北面称为油车，早晚都有太阳，那里产的茶，特别的好。欧阳文忠公说："两浙茶草，日铸第一。"

《紫桃轩杂缀》记载：普陀山的老和尚送给我一包小岩茶，叶子上面有白色的茸毛，泡的时候没有颜色，慢慢品味就会觉得凉透了心肺。老和尚说："这种茶叶本山每年只出产五六斤，专供大学士用，能够喝到的僧人很少。"

《普陀山志》记载：茶叶属白华岩顶的为上品。

《天台记》中说：丹丘出产大的茶叶，服用之后能够生出羽翼。

桑庄《茹芝续谱》：天台山的茶叶有三个品种：就是紫凝、魏岭、小溪。现在每个地方并没有出产，而当地人所用的，大多数来自西坑、东阳、黄坑等地方。石桥等山，近来也种植茶叶，味道甘甜清香，不比其他的地方差，因为出自名山云雾中，汁液多而厚实。但是山中的寒气很重，萌发的也很晚，加上制造的方法不恰当，因此品质不能取胜。又因为所出产不多，只能供给山上的居民自用罢了。

《天台山志》记载：葛仙翁的茶园在华顶峰上。

《群芳谱》记载：安吉州的茶叶也叫紫笋。

《通志》记载：茶山在金华府兰溪县。

《广舆记》中说：鸠坑茶出产于严州府淳安县。方山茶出产于衢州府的龙游县。

劳大与在《瓯江逸志》中说：浙江的东部多出产茶叶，雁荡山可以称为第一。在每年谷雨前三天，采摘茶芽来进贡。一枪两旗而且有白色的毛的，名叫明茶；谷雨当天采摘的，被称为雨茶。另外还有一种紫茶，颜色红紫，味道很好，香气很清新，所以又叫作玄茶，它的味道比天池茶稍淡一点。因为又难种且收得少，当地的人很讨厌别人来求索，茶园里种得少，即使有一点也被熟人拿去了。按照卢仝《茶经》里面说的："温州没有好的茶，天台的瀑布水、温州的水，水味很淡，只有雁荡山的水最好。"这种茶也是一等的，可以除腥腻、除烦恼、去昏散、消除积食。用锡瓶来储存的，味道清香，不用锡瓶储存的，颜色不好看但滋味很好，跟阳羡山的茶没什么区别。在接近夏天的时候采摘，不适合过早，炒的时候应该熟而不应该生，用这样的方法制出的茶可以储存两三年。越是好的茶叶越是能够消食和解酒，这效果是很好的。

王草堂在《茶说》中说：温州的中垈和濲上的茶叶都很出名，茶性不冷也不热。

屠粹忠《三才藻异》记载：举岩，就是婺茶，每一片都很方正细小，煎煮出来就像碧乳一样。

《江西通志》记载："茶山在广信府的城北，陆羽曾经在那里居住。""洪州西山的白露鹤岭茶，号称绝品，以紫清香城的为最好。还有双井茶芽，就是欧阳修所说的'石上生茶如凤爪'。还有像豆苗一样的罗汉茶，因为是灵观尊者从西山带到这里来的，所以才如此命名。"

《南昌府志》记载：新建县鹅冈西面有鹤岭，物产鲜美，草木秀丽，所出产的名茶跟其他地方的不一样。

《通志》记载："瑞州府出产的茶芽，廖暹在《十咏》中把它称为雀舌香焙。其他像临江、南安等府都出产茶叶，庐山也出产茶叶。""袁州府界桥出产茶叶，现在被称为仰山、稠平、木平的很好，稠平的最好。""赣州府宁都县出产林岕，是一个姓林的人用长指甲炒的，采摘和制作的方法很恰当，香味也很特别，所以才得到了这个名称。"

《名胜志》记载：茶山寺在上饶县城北三里的地方，按照《图经》的记载，就是广教寺。里面有几亩茶园，陆羽泉一眼。陆羽喜欢喝茶，居住的四周都种植着茶叶，用泉水来煮，于是后来的人就把广教寺称为茶山寺。宋代有被称为茶山居士的曾吉甫，名几，因为他的哥哥得罪了秦桧，所以建造了祠堂在这里居住，七年以来，闭门不问其他的事情。

《丹霞洞天志》记载：建昌府的麻姑山出产茶叶，只有山里产的茶叶是上品，家园种植的差一点。

《饶州府志》记载：浮梁县阳府山，冬天没有积雪，所有的物产都提前生长，而且茶叶尤其不同。金君卿的诗中说："闻雷已荐鸡鸣笋，未雨先尝雀舌茶。"就是因为这个地方很暖和的缘故。

《通志》记载："南康府出产的匡茶，味道清香可爱，茶叶的品质是最好的。""九江府彭泽县九都山出产的茶叶，它的味道跟六安的茶有点相似。"

《方舆记》中说：德化茶出自九江府。还有崇义县多出产茶叶。

《吉安府志》记载：龙泉县匡山出产苦斋，章溢居住在这里，四面都是峭壁，下面有很多白云，上面北风吹拂，所有植物的味道都是苦的。野蜜蜂在里面筑巢，采花蕊酿蜜，味道也很苦。那里的茶叶比一般的都要苦。

《群芳谱》记载：太和山骞林茶，第一次泡的时候味道特别苦涩，泡了三四回之后，就觉得特别清香，人们都认为它是茶宝。

《福建通志》记载：福州、泉州、建宁、延平、兴化、汀州、邵武等地方，都生产茶叶。

《古今合璧事类备要》中说：福州出产大片的方山茶叶，如紫笋，叶片非常大而且特别硬。需要浸在开水里面，才可以碾细。它能够治疗头痛，很多江东的老人都服用它。

《天下名山记》中说："鼓山的半岩茶，颜色和风味，都称得上闽中第一。不比虎丘、龙井差。雨前的每一两仅值十钱，价钱十分便宜。又有说前朝每年进贡，到杨文敏的时候，才开始奏请废除这种规矩。然而近来官府索取，扰民的程度比进贡更加厉害。""柏岩，是福州出产的茶叶。岩就是柏梁台。"

《兴化府志》记载：仙游县所出产的郑宅茶，真正的没有多少，大都掺杂着赝品，虽然很香但是味道却很淡。

陈懋仁在《泉南杂志》中说：清源的山茶，颜色青翠味道芳馨，比天池要好。南安县的英山茶，其中最好的能够比得上虎丘，可惜所出产的没有清源的多。福建那里的气候温暖，桃李冬天就能够开花，所以茶叶采制比吴地的茶叶要早。

《延平府志》记载：棕毛茶出产于南平县，半山上生长的最好。

《建宁府志》记载：北苑在郡城的东面，建州贡茶开始叫北苑龙团，而武夷石乳并不出名。到元朝的时候，在武夷扩大了生产规模，于是才能和北苑齐名。现在的人只知道有武夷，而不知道有北苑。吴越那里的人很不重视闽茶，而特别羡慕北苑的名声，却不知道北苑其实就是闽茶。

宋朝无名氏《北苑别录》记载："建安东面三十里的地方，有一座凤凰山，山的下面就是北苑，旁边有许多烘焙的地方，土壤肥沃，所产的茶是最好的。太平兴国年间，开始烘焙是为了制造贡品，每年做成龙凤团饼，用圆形的竹筐装着，看起来很珍贵。庆历年间，漕台也很重视此事，品种数量逐渐增加，贡茶制造的也更加精致。现在北苑的上等茶叶，是天下最好的，不是普通人可以得到的。当春天到来的时候，很多人一起出动采茶，一时之间，很是壮观。所以建人说到建安而不到北苑，跟没有到是一样的。我因为处理事务，所以研究它的前后始末，现在摘录它的大概，把它编纂成十几种，题目叫作《北苑别录》。""御园：包括九窠十二陇，麦窠，壤园，龙游窠，小苦竹，苦竹里，鸡薮窠，苦竹，苦竹源，鼯鼠窠，教练陇，凤凰山，大小焊，横坑，猿游陇，张坑，带园，焙东，中历，东际，西际，官平，石碎窠，上下官坑，虎膝窠，楼陇，蕉窠，新园，天楼基，院坑，曾坑，黄际，马安山，林园，和尚园，黄淡窠，吴彦山，罗汉山，水桑窠，铜场，师如园，灵滋，苑马园，高畲，大窠头，小山。还有四十六处，方圆三十多里，从官平往上的是内园，官坑往下的是外园。当春天茶芽开始萌发的时候，官焙比茶农要早十几天烘焙，如九窠十二陇、龙游窠、小苦竹、张坑、西际，又是官园中较早造茶的。"

《东溪试茶录》记载："以前记载建安郡的官焙总共有三十八处。""丁氏旧录中说：官府和私人烘焙的总共有一千三百三十六处。但是所记载的只有三十二处官焙。东山的烘焙有十四处：一是北苑龙焙，二是乳橘内焙，三是乳橘外焙，四是重院，五是壑岭，六是渭源，七是范源，八是苏口，九是东宫，十是石坑，十一是建溪，十二是香口，十三是火梨，十四是开山。南溪烘焙的地方总共有十二处：下瞿，漾州东，汾东，南溪，斯源，小香，际会，谢坑，沙龙，南香，中瞿，黄熟。西溪的烘焙有四个地方：慈善西，慈善东，慈惠，船坑。北山烘焙有两个：慈善东，丰乐。另外外焙有曾坑、石坑、壑源、叶源、佛岭、沙溪等处。只有壑源的茶叶，特别甘香。""茶叶的名字称七种：一是白茶，民间很重视，是近几年出产的，各个茶园茶焙经常会生产。产地不论山川的远近，萌发也不论社火先后。茶叶就像纸一样，民间认为是茶中的祥瑞，取其第一者作为斗茶。其次是柑叶茶，树高一丈多，直径七八寸，叶子厚且圆，就像柑橘的叶子，发出的芽就是肥乳，长二寸多，是茶叶之中上好的品种。三是早茶，也跟柑橘叶很相似，经常在早春的时候萌发，民间采制这种茶来试焙。四是细叶茶，叶子比柑橘叶细薄，树高的有五六尺，茶芽短而不肥厚，现在生长在沙溪山里面，因为土地贫瘠所以不茂盛。五是稽茶，叶子细小且厚密，茶芽出来的比较晚而且呈青黄色。六是晚茶，属于稽茶一类，发芽比其他的茶叶都要晚，生长在社火以后。七是丛茶，也叫丛生茶，树高不过几尺，一年能够发出四次新芽，贫民拿它来卖钱。

《品茶要录》记载：壑源、沙溪，两个地方背靠背，中间隔着一道山岭，相距没有几里路，然而出产的茶叶差别却很大。有人费力气移植壑源的茶树到沙溪，也被沙溪的水土所同化。所以难怪说茶为草木，必须先要得到土地的优势而后才能显得不一样。难道不是水络地脉偏偏钟情于壑源吗？而御焙占据了这样的大冈巍陇，神物伏护，难道不是得到了庇护？不然它怎能甘芳美味甲天下呢？春雷一响，竹笼才开始挑出去，而要购买的人已经拿着扁担到了门口，有的人预先留下一点定金，或者茶叶刚刚挑回来就争着报价。所以壑源的茶，常常供不应求。其中有狡猾的园民，暗地里拿沙溪的茶叶夹杂在里面一起制作。人们只是听说过壑源茶的名声，外表看起来又差不多，却弄不清真假的，这种情况是有的。如果壑源茶叶售价是十，那么沙溪茶叶售价就是五，它们的价值基本上是这样。然而沙溪的园民，也争着牟利，有的在里面掺杂上松黄，来装饰它的表面。凡是肉理很薄、很轻而且颜色很黄的，试的时候颜色鲜白，不能长久浮在上面，香味很淡而且保持的时间不长的，就是沙溪茶。凡是肉理厚实、质地坚硬而且带着紫色的，试的时候在茶杯上漂浮的时间很长，香味纯正而且持续时间很长，就是壑源的茶。

《潜确类书》记载：历代的贡茶都认为建宁的最好，名称有龙团、凤团、石乳、的乳、绿昌明、头骨、次骨、末骨、鹿骨、山挺等，而密云龙最好，都是把茶碾碎做成饼。到我朝的时候才开始用芽茶，名为探春、先春、次春、紫笋，而龙凤团都已经没有了。

《名胜志》记载：北苑的茶园从属于瓯宁县。从前的《经》中说："伪闽龙启中的人张晖，用自己居住的北苑的茶叶来进献给官府，它才开始有名。"

《三才藻异》记载："石岩白，是出产于建安能仁寺里面的茶，生长在石缝之间。""建宁府所管辖的浦城县江郎山出产的茶叶，叫作江郎茶。"

《武夷山志》记载："前朝不重视福建的茶叶，即使有作为贡品的也只是宫里面清洗茶杯用。贡使在京师按标价购买茶叶然后上贡给朝廷。偶尔直接采办，都是剑津廖那些地方所出产的，并不要武夷的。道士每年买山下的茶叶，再到山上去卖，人们也不能够分辨出来。""茶洞在接笋峰的旁边，洞门相当狭窄，里面很空旷，四周都是悬崖峭壁。当地人种植茶，认为那个地方最好。""崇安殷令让黄山的和尚用松萝的方法来制作建茶，可以跟松萝茶相提并论，人们都觉得它很珍贵，所以当时有'武夷松萝'这样的称呼。"

王梓在《茶说》中记载：武夷山的周围方圆一百二十里，都可以种植茶叶。别的地方出产的茶，多半是寒性的，而只有这里是暖性的。它们的品种有两个：山上的是岩茶，是最好的；长在地上的是洲茶，略微差一点。香气清浊也不一样，泡的时候岩茶水的颜色是白色的，而洲茶的水却是红色的，这就是不同之处。雨前采制的是初春，往后是二春，再往后就是三春，还有秋天采摘的，是秋露白，最为馨香。岩茶必须要种植、采摘、烘焙得都很到位，则香气和味道才能两绝。然而武夷本来就是石山，山峦之上土很少，所以产量很低。如果是洲茶，到处都是，就是邻近的县城也都有栽种，把它运到山里面的乡村、集市上去卖，用来冒充武夷茶。更有安溪所出产的茶，特别不好。假如品尝它的味道不是很浓重的，都是以假乱真的。至于莲子心、白毫这些洲茶，有的用木兰花熏成来欺骗敲诈别人，那跟岩茶的味道就相差的很远了。

张大复《梅花笔谈》：《茶经》中说："岭南茶出产于福州、建州。"如今武夷所出产的茶，味道很好，这是因为这些山峰很挺拔。就像陆羽所说的"上好的茶生长在烂石中"。

《草堂杂录》记载：武夷山有三种茶，味苦酸甜，别有一番风味，喝了之后味道果然是多次变化，相传能够解酒还能消除腹胀。但是采制的很少，出售的也很少。

《随见录》记载：武夷茶，在山上生长的是岩茶，水边生长的是洲茶。岩茶比较好，而洲茶比它差。岩茶，北山上生长的要好一点，而南山上生长的要差一点。南北两座山，又根据所出产的茶叶的名字来命名。其中最好的茶，被叫作工夫茶。比功夫茶还好的，还有小种，则用树的名字来命名。每一棵树不过盛产几两，不能够多得。洲茶的品种，有莲子心、白毫、紫毫、龙须、凤尾、花香、兰香、清香、奥香、选芽、漳芽等。

《广舆记》中说："泰宁茶出自邵武府。""福宁州大姥山出产茶叶，称为绿雪芽。"

《湖广通志》中说：武昌的茶叶，通山的比较好，崇阳蒲圻出产的稍差一点。

《广舆记》中说：崇阳县龙泉山，方圆二百里地。山中有洞，好事的人拿着火把进去，走进去几十步远，里面平坦的就像室内一样，可以容纳上千人，石渠流出的泉水很清澈，乡里的人都把它叫作鲁溪。岩上出产的茶叶，很是甘甜味美。

《天下名胜志》记载：湖广江夏县的洪山，以前叫东山，《茶谱》中说："鄂州东山生产的茶叶，黑色，形状就像韭菜一样，吃了之后可以治疗头痛。"

《武昌郡志》记载：茗山距蒲圻县北十五里远的地方，出产茶叶。另外大冶县内也有茗山。

《荆州土地记》中说：武陵七个县都出产茶叶，质量都好。

《岳阳风土记》中说：湖周围的山从前都出产茶叶，叫作喝湖茶。李肇所说的"岳州湖之含膏"就是这个。唐朝的人非常重视，多次把它记录到了书上。现在的人不太种植，只有白鹤僧园里面还有上千棵。这里的土地跟北苑的很接近，所出产的茶叶每年也不超过一二十斤，当地的人把它称为白鹤茶，味道特别甘香，不是别的地方的茶叶可以相比的。茶园土地的颜色也很相似，只是当地的人不怎么种植而已。

《通志》记载："长沙茶陵州，因为地处茶山阴面，所以得名。从前炎帝被埋葬在茶山之野。茶山就是云阳山，因为山谷间多出产茶叶所以得名。""长沙府出产的茶叶，名叫安化茶。辰州茶出自溆浦。郴州也出产茶叶。"

《类林新咏》中说：长沙的石楠叶，摘取它的芽做成茶，名叫栾茶，可以治疗头风。湖南人在四月四日的时候摘取杨桐草，捣出它的汁和米拌在一起蒸熟，就像是蒸烂了的米糕，喝这种茶，就可以治愈头风。

《古今合璧事类备要》载："谭郡里面有渠江，渠江出产茶叶，而且毒蛇猛兽很多，乡下人每年采摘的不过十五六斤，它的颜色就像铁一样，但是味道芳香异常，烹煮之后没有梗。""湘潭的茶叶，味道有点像普洱茶，当地的人把它称为芙蓉茶。"

《茶事拾遗》载：谭州有铁色茶，夷陵有压砖茶。

《通志》载：靖州出产茶油，蕲水有茶山，生产茶叶。

《河南通志》载：罗山茶，产于河南汝宁府信阳州。

《桐柏山志》载：瀑布山，还叫紫凝山，出产大叶茶。

《山东通志》记载：兖州府费县蒙山顶上，有花像茶叶一样，当地的人摘取并制造，味道清香跟其他的茶叶不同，这是贡茶中的异品。

《舆志》记载：蒙山又叫东山，上面的白云岩出产茶叶，也称为蒙顶。（王草堂说：只是石头上的苔藓而已，并不是茶叶。）

《广东通志》记载："广州韶州南雄、肇庆各府以及罗定州，都出产茶叶。西樵山距郡城西面一百二十里的地方，有七十二座山峰，唐朝末年的诗人曹松，将顾渚茶树移植到了这里，这里的人从此就以种植茶叶为生。""韶州府曲江县曹溪茶，每年可以采摘三四次，它的味道特别清香甘甜。""潮州的大埔县、肇庆的恩平县，都有茶山。德庆州有茶山，钦州灵山县同样有茶山。"

吴陈琰在《旷园杂志》中说：端州白云山上的云很独特，茶叶原来就种植在峭壁上，每年不过得到一担多一点，可以值上百金。

王草堂在《杂录》中说：粤东珠江的南面产茶，又叫河南茶。潮阳有凤山茶，乐昌有毛茶，长乐有石茗茶，琼州有灵茶、乌药茶等。

《岭南杂记》中说："广南出产苦橙茶，俗称为苦丁，并不是茶叶。这种叶子很大就像手掌一样，放一片在壶里面，味道特别苦涩，放少点反而有甜味，含着能治疗咽喉病痛，效果就和山豆根一样。""化州有琉璃茶，出自琉璃庵。数量不多，香气跟峒芥很类似。和尚拿它来招待客人，茶叶还不足一两。""罗浮有一种茶，生长在山顶的石头上，剥开之后就像是蒙山的石茶，香味比广芥的好，数量很少。"

《南越志》载：龙川县出产皋卢，味道非常苦涩，南海称为过卢。

《陕西通志》载：汉中府兴安州等地方出产茶叶，如金州、石泉、汉阴、平利、西乡等县都有茶园，别的地方没有。

《四川通志》载："四川生产茶叶的州县有二十九处，成都府的资阳、安县、灌县、石泉、崇庆等；重庆府的南川、黔江、丰都、武隆、彭水等；夔州府的建始、开县等，还有保宁府、遵义府、嘉定州、泸州、雅州、乌蒙等地方。""东川茶有叫神泉、兽目的，邛州茶叫火井。"

《华阳国志》载：涪陵没有蚕桑，只有出产茶叶、丹漆、蜜蜡。

《华夷花木考》载：蒙顶茶吸收阳光多，所以很香。唐朝的李德裕到蜀地之后得到了蒙饼，把它放在汤瓶上面，移开的时候都化了，以此来检验蒙顶的真假。另外还有五花茶，茶叶分为五瓣。

毛文锡在《茶谱》中说：蜀州的晋原、洞口、横原、珠江、青城，有横芽、雀舌、鸟觜、麦颗，这些都是采摘的嫩芽制造的，以它们的形状命名。还有片甲、蝉翼的差别。所谓片甲，是早春发芽，叶子拥抱在一起像片甲一样。所谓蝉翼，是指它的叶子嫩薄得就像蝉翼一样，都是散茶当中最好的。

《东斋记事》中说：蜀地雅州蒙顶出产的茶叶最好。它发芽得很晚，每年春夏交替开始出现，常常有云雾笼罩在树上，就像有神灵保护一样。

《群芳谱》：峡州的茶有小江园、碧涧寮、明月房、茱萸寮等。

陆平泉在《茶寮记事》中说：蜀雅州蒙顶山上出产的火前茶最好，是在禁火以前采摘的。禁水后被称为火后茶，有露芽、谷芽的叫法。

《述异记》中说：巴东有真正的香茶，花的颜色白得就像蔷薇一样，煎服之后能够让人减少睡眠，增强记忆力。

《广舆记》中说：峨眉山的茶叶，开始的时候味道是苦涩的而后来却有点甜。还有泸州的茶叶可以治疗风疾。还有一种乌茶是出产于天全六番讨使司所管辖的境内。

王新城在《陇蜀余闻》中说：蒙山在名山县西面十五里的地方，有五座山峰，最高的叫作上清峰。山顶一块大石有几间屋子大，有七棵茶树生长在石头下，没有缝隙，据说是甘露大师亲手栽种的。每当茶叶长了出来，智炬寺的和尚立即就报告官府去查看，记下它叶子的多少，采摘制造之后所得不过几钱罢了。明朝时期进贡给京师的也只有一钱多一点。围绕环石还有几十棵，被称为陪茶，供藩府诸司的官员所用。它的旁边有山泉，一直用石头压着，味道特别的精妙，比惠泉还好。

《云南记》中说：名山县出产茶叶，有一座蒙山，连绵几十里路，在西南方向。按照《拾遗志》《尚书》中所记载的"蔡蒙旅平"，指的就是蒙山，在雅州。只要是蜀地的茶叶都产自这里。

《云南通志》记载："茶山在元江府城西北的普洱境内。太华山在云南府的西面，所出产的茶叶颜色就像松萝一样，名叫太华茶。""普洱茶出自于元江府普洱山，性质温和味道清香。儿茶出自永昌府，都制作成团状。另外感通茶是大理府点苍山感通寺出产的。"

《续博物志》记载：威远州就是唐代南诏银生府的所在地，那里各山都出产茶叶，收获和采摘没有固定的时间，可以配上椒、姜烹煮饮用。

《广舆记》中说："云南广西府出产茶叶。另外湾甸州出产茶叶，它的境内孟通山所出产的茶，类似阳羡茶，在谷雨前采摘的最香。""曲靖府出产的茶叶，茶子丛生，单叶，子可用来榨油。"

许鹤沙在《滇行纪程》中说：云南中阳山所出产的茶叶，跟松萝很相像。

《天中记》中说：容州黄家洞出产竹茶，它的叶子就像嫩竹一样，当地的人采摘回来当茶喝，味道很好。（广西容县，就是唐代的容州）。

《贵州通志》记载：贵阳府出产茶叶，产自龙里东苗坡和阳宝山，因为当地人制作的方法不得当，所以味道不是很好。最近有采摘茶芽制造的，稍好一些。咸宁府的茶叶产自平远，长在岩石之间，如果制作的方法恰当的话，味道也很好。

《地图综要》记载：贵州新添军民卫出产茶叶，平越军民卫也出产茶叶。

《研北杂志》记载：交趾出产茶叶，如绿苔一样，味道辛烈，名叫登茶。北方人重译，把茶叫作钗。

九茶之略

茶事著述名目

※ 原文

《茶经》三卷，唐太子文学陆羽撰。

《茶记》三卷，前人，见《国史·经籍志》。

《顾渚山记》二卷，前人。

《煎茶水记》一卷，江州刺史张又新撰。

《采茶录》三卷，温庭筠撰。

《补茶事》，太原温从云、武威段碢之。

《茶诀》三卷，释皎然撰。

《茶述》，裴汶。

《茶谱》一卷，伪蜀毛文锡。

《大观茶论》二十篇，宋徽宗撰。

《建安茶录》三卷，丁谓撰。

《试茶录》二卷，蔡襄撰。

《进茶录》一卷，前人。

《品茶要录》一卷，建安黄儒撰。

《建安茶记》一卷，吕惠卿撰。

《北苑拾遗》一卷，刘异撰。

《北苑煎茶法》，前人。

《东溪试茶录》，宋子安集，一作朱子安。

《补茶经》一卷，周绛撰。又一卷，前人。

《北苑总录》十二卷，曾伉录。

《茶山节对》一卷，摄衢州长史蔡宗颜撰。

《茶谱遗事》一卷，前人。

《宣和北苑贡茶录》，建阳熊蕃撰。

《宋朝茶法》，沈括。

《茶论》，前人。

《北苑别录》一卷，赵汝砺撰。

《北苑别录》，无名氏。

《造茶杂录》，张文规。

《茶杂文》一卷，集古今诗及茶者。

《壑源茶录》一卷，章炳文。

《北苑别录》，熊克。

《龙焙美成茶录》，范逵。

《茶法易览》十卷，沈立。

《建茶论》，罗大经。

《煮茶泉品》，叶清臣。

《十友谱·茶谱》，佚名。

《品茶》一篇，陆鲁山。

《续茶谱》《茹芝》，桑庄。

《茶录》，张源。

《煎茶七类》，徐渭。

《茶寮记》，陆树声。

《茶谱》，顾元庆。

《茶具图》一卷，前人。

《茗笈》，屠本畯。

《茶录》，冯时可。

《芥山茶记》，熊明遇。

《茶疏》，许次纾。

《八笺·茶谱》，高濂。

《煮泉小品》，田艺蘅。

《茶笺》，屠隆。

《岕茶笺》，冯可宾。

《峒山茶系》，周高起伯高。

《水品》，徐献忠。

《竹嬾茶衡》，李日华。

《茶解》，罗廪。

《松寮茗政》，卜万祺。

《茶谱》，钱友兰翁。

《茶集》一卷，胡文焕。

《茶记》，吕仲吉。

《茶笺》，闻龙。

《岕茶别论》，周庆叔。

《茶董》，夏茂卿。

《茶说》，邢士襄。

《茶史》，赵长白。

《茶说》，吴从先。

《武夷茶说》，袁仲儒。

《茶谱》，朱硕儒。［见《黄舆坚集》］

《岕茶汇钞》，冒襄。

《茶考》，徐𤊹。

《群芳谱·茶谱》，王象晋。

《广群芳谱·茶谱》，佩文斋。

※ 译文

（略）

诗文名目

※ 原文

杜毓《荈赋》

顾况《茶赋》

吴淑《茶赋》

李文简《茗赋》

梅尧臣《南有嘉茗赋》

黄庭坚《煎茶赋》

程宣子《茶铭》

曹晖《茶铭》

苏廙《仙芽传》

汤悦《森伯传》

苏轼《叶嘉传》

支廷训《汤蕴之传》

徐岩泉《六安州茶居士传》

吕温《三月三日茶宴序》

熊禾《北苑茶焙记》

赵孟《武夷山茶场记》

暗都剌《喊山台记》

文德翼《庐山免给茶引记》

茅一相《茶谱序》

清虚子《茶论》

何恭《茶议》

汪可立《茶经后序》

吴旦《茶经跋》

童承叙《论茶经书》

赵观《煮泉小品序》

※ 译文

（略）

诗文摘句

※ 原文

《合璧事类·龙溪除起宗制》有云：必能为我讲摘山之制，得充厩之良。

胡文恭《行孙咨制》有云：领算商车，典领茗轴。

唐武元衡有《谢赐新火及新茶表》。刘禹锡、柳宗元有《代武中丞谢赐新茶表》。

韩翃《为田神玉谢赐茶表》，有"味足蠲邪，助其正直；香堪愈疾，沃以勤劳。
吴主礼贤，方闻置茗；晋臣爱客，才有分茶"之句。

《宋史》：李稷重秋叶、黄花之禁。

宋《通商茶法诏》，乃欧阳修笔。《代福建提举茶事谢上表》，乃洪迈笔。

谢宗《谢茶启》：比丹丘之仙芽，胜乌程之御荈。不止味同露液，白况霜华。岂可为酪苍头，便应代酒从事。

《茶榜》：雀舌初调，玉碗分时茶思健；龙团捶碎，金渠碾处睡魔降。

刘言史《与孟郊洛北野泉上煎茶》，有诗。

僧皎然《寻陆羽不遇》，有诗。

白居易有《睡后茶兴忆杨同州》诗。

皇甫冉有《送陆羽采茶》诗。

刘禹锡《石园兰若试茶歌》有云：欲知花乳清冷味，须是眠云跂石人。

郑谷《峡中尝茶》诗：入座半瓯轻泛绿，开缄数片浅含黄。

杜牧《茶山》诗：山实东南秀，茶称瑞草魁。

施肩吾诗：茶为涤烦子，酒为忘忧君。

秦韬玉有《采茶歌》。

颜真卿有《月夜啜茶联句》诗。

司空图诗：碾尽明昌几角茶。

李群玉诗：客有衡山隐，遗余石廪茶。

李郢《酬友人春暮寄枳花茶》诗。

蔡襄有《北苑茶垄采茶、造茶、试茶诗》五首。

《朱熹集》：香茶供养黄檗长老悟公塔，有诗。

文公《茶场》诗：携籝北岭西，采叶供茗饮。一啜夜窗寒，跏趺谢衾枕。

苏轼有《和钱安道寄惠建茶》诗。

《坡仙食饮录》：有《问大冶长老乞桃花茶栽》诗。

《韩驹集·谢人送凤团茶》诗：白发前朝旧史官，风炉煮茗暮江寒；苍龙不复从天下，拭泪看君小凤团。

苏辙有《咏茶花诗》二首，有云：细嚼花须味亦长，新芽一粟叶间藏。

孔平仲《梦锡惠墨答以蜀茶》，有诗。

岳珂《茶花盛放满山》诗，有"洁躬淡薄隐君子，苦口森严大丈夫"之句。

《赵抃集·次谢许少卿寄卧龙山茶》诗，有"越芽远寄入都时，酬唱争夸互见诗"之句。

文彦博诗：旧谱最称蒙顶味，露芽云液胜醍醐。

张文规诗："明月峡中茶始生。"明月峡与顾渚联属，茶生其间者，尤为绝品。

孙觌有《饮修仁茶》诗。

韦处厚《茶岭》诗：顾渚吴霜绝，蒙山蜀信稀。千丛因此始，含露紫茸肥。

《周必大集·胡邦衡生日以诗送北苑八铃日注二瓶》：贺客称觞满冠霞，悬知酒渴正思茶。尚书八饼分闽焙，主簿双瓶拣越芽。又有《次韵王少府送焦坑茶》诗。

陆放翁诗："寒泉自换菖蒲水，活火闲煎橄榄茶。"又《村舍杂书》：东山石上茶，鹰爪初脱。雪落红丝磑，香动银毫瓯。爽如闻至言，余味终日留。不知叶家白，亦复有此否。

刘诜诗：鹦鹉茶香堪供客，茶蘼酒熟足娱亲。

王禹偁《茶园》诗：茂育知天意，甄收荷主恩。沃心同直谏，苦口类嘉言。

《梅尧臣集·朱著作寄凤茶》诗："团为苍玉璧，隐起双飞凤。独应近日颁，岂得常寮共。"又《李求仲寄建溪洪井茶七品》云："忽有西山使，始遗七品茶。末品无水晕，六品无沉楂。五品散云脚，四品浮粟花。三品若琼乳，二品罕所加。绝品不可议，甘香焉等差。"又《答宣城梅主簿遗鸦山茶》诗云："昔观唐人诗，茶咏鸦山嘉。鸦衔茶子生，遂同山名鸦。"又有《七宝茶》诗云："七物甘香杂蕊茶，浮花泛绿乱于霞。啜之始觉君恩重，休作寻常一等夸。"又《吴正仲饷新茶》，《沙门颖公遗碧霄峰茗》，俱有吟咏。

戴复古《谢史石窗送酒并茶诗》曰：遗来二物应时须，客子行厨用有余。午困政需茶料理，春愁全仗酒消除。

费氏《宫词》：近被宫中知了事，每来随驾使煎茶。

杨廷秀有《谢木舍人送讲筵茶》诗。

叶适有《寄谢王文叔送真日铸茶》诗云：谁知真苦涩，黯淡发奇光。

杜本《武夷茶》诗云：春从天上来，嘘咈通寰海。纳纳此中藏，万斛珠蓓蕾。

刘秉忠《尝云芝茶》诗云：铁色皱皮带老霜，含英咀美人诗肠。

高启有《月团茶歌》，又有《茶轩》诗。

杨慎有《和章水部沙坪茶歌》，沙坪茶出玉垒关外，实唐山。

董其昌《赠煎茶僧》诗：怪石与枯槎，相将度岁华。凤团虽贮好，只吃赵州茶。

娄坚有《花朝醉后为女郎题品泉图》诗。

程嘉燧有《虎丘僧房夏夜试茶歌》。

《南宋杂事诗》云：六一泉烹双井茶。

朱隗《虎丘竹枝词》：官封茶地雨前开，皂隶衙官搅似雷。近日正堂偏体贴，监茶不遣掾曹来。

绵津山人《漫堂咏物》有《大食索耳茶杯诗》云：粤香泛永夜，诗思来悠然。〔武夷有粤香茶。〕

薛熙《依归集》有《朱新庵今茶谱序》。

※ 译文

（略）

十

茶

之

图

历代图画名目

※ 原文

唐张萱有《烹茶仕女图》，见《宣和画谱》。

唐周昉寓意丹青，驰誉当代，宣和御府所藏有《烹茶图》一。

五代陆滉《烹茶图》一，宋中兴馆阁储藏。

宋周文矩有《火龙烹茶图》四，《煎茶图》一。

宋李龙眠有《虎阜采茶图》，见题跋。

宋刘松年绢画《卢仝煮茶图》一卷，有元人跋十余家。范司理龙石藏。

王齐翰有《陆羽煎茶图》，见王世懋《澹园画品》。

董逌《陆羽点茶图》，有跋。

元钱舜举画《陶学士雪夜煮茶图》，在焦山道士郭第处，见詹景凤《东冈玄览》。

史石窗名文卿，有《煮茶图》，袁桷作《煮茶图诗序》。

冯璧有《东坡海南烹茶图并诗》。

严氏《书画记》有杜柽居《茶经图》。

汪珂玉《珊瑚网》载《卢仝烹茶图》。

明文徵明有《烹茶图》。

沈石田有《醉茗图》，题云："酒边风月与谁同，阳羡春雷醉耳聋。七碗便堪酬酪酊，任渠高枕梦周公。"

沈石田有《为吴匏庵写虎丘对茶坐雨图》。

《渊鉴斋书·画谱》，陆包山治有《烹茶图》。

（补）元赵松雪有《宫女啜茗图》，见《渔洋诗话·刘孔和诗》。

※ 译文

（略）

唐·周昉《调琴啜茗图》

宋·刘松年《撵茶图》

茶具十二图

※ 原文

韦鸿胪

赞曰：祝融司夏，万物焦烁，火炎昆冈，玉石俱焚，尔无与焉。乃若不使山谷之英堕于涂炭，子与有力矣。上卿之号，颇著微称。

韦鸿胪

※ 译文

韦鸿胪（即"竹茶笼"）

赞语：火神统治夏天，烈日曝晒山冈，玉石俱焚，怎么能够没有你呢？假如不想让山谷之英毁于涂炭，全靠你的作用了。上卿的称号，很适合你。

※ 原文

木待制

上应列宿，万民以济，禀性刚直，摧折强梗，使随方逐圆之徒，不能保其身，善则善矣。然非佐以法曹，资之枢密，亦莫能成厥功。

木待制

※ 译文

木待制（即"木椎"）

与天上的星宿相对应，救助天下的黎民百姓，禀性刚直，摧折强硬不能使其折断，使随波逐流之徒不能保全其身，好是好。如果没有法曹辅助的话，也不能发挥这样大的作用。

金法曹

柔亦不茹，刚亦不吐，圆机运用，一皆不法，使强梗者不得殊轨乱撤，岂不韪与！

金法曹

金法曹（即"金属茶碾"）

柔性的不会淌出来，强硬的也能够装得下，随机运用起来，都很合适，使那些强硬的东西不能够扰乱秩序，从而不会违背意愿。

石转运

抱坚质，怀直心，啖嚅英华，周行不息。斡摘山之利，操漕权之重。循环自常，不舍正而适他，虽没齿无怨言。

石转运

石转运（即"石磨"）

质地坚硬，里面空心，吸取精华，来回运转不停。磨的是采自山上的有用的东西，做的是官府重视的事情。来回不停地转动，不会丢弃本职而干别的，虽然没有牙齿但也没有怨言。

茶经

240

※ 原文

胡员外

周旋中规而不逾其间，动静有常而性苦其卓，郁结之患悉能破之。虽中无所有，而外能研究，其精微不足以望圆机之士。

胡员外

※ 译文

胡员外（即"葫芦水勺"）

外圆内直不会超越它的中线，经常使用它，使它为没有卓越的功能而烦恼，沉积太多容易把它弄破。虽然里面没有什么其他的东西，但是外面却值得研究，它的精细微妙比不过圆滑机灵之士。

※ 原文

罗枢密

机事不密则害成。今高者抑之，下者扬之，使精粗不至于混淆，人其难诸。奈何矜细行而事喧哗，惜之。

罗枢密

※ 译文

罗枢密（即"茶罗"）

不致密的话那就容易导致失败。好的自然会留在上面，差的就掉落到下面，这样就能使好的与差的不至于被混淆，人力很难做到这些事情。行事谨慎却大声喧哗，可惜啊。

※ 原文

宗从事

孔门高弟，当洒扫应对事之末者，亦所不弃。又况能萃其既散，拾其已遗，运寸毫而使边尘不飞，功亦善哉。

宗从事

※ 译文

宗从事（即"棕茶帚"）

孔子的得意学生，应当对清扫这些最细微的事也不会忽视。更何况能够把已经分散的东西收集到一起，把已经丢失的东西重新收拾起来，运用一寸长的毛发就能使旁边的尘土不至于随意飞舞，它的功劳也很大啊。

※ 原文

漆雕秘阁

危而不持，颠而不扶，则吾斯之未能信。以其弭执热之患，无坳堂之覆，故宜辅以宝文而亲近君子。

漆雕秘阁

※ 译文

漆雕秘阁（即"漆雕茶盏托"）

虽然高危但是并不害怕，虽然颠簸但并不需要人去扶持，我们未必会信。用它可以避免拿起来时的烫热，避免在屋子里面摔碎杯子，所以适宜于辅助茶碗。因此特别地讨君子喜欢。

※ **原文**

陶宝文

出河滨而无苦窳，经纬之象，刚柔之理，炳其豳中。虚己待物，不饰外貌，休高秘阁，宜无愧焉。

陶宝文

※ **译文**

陶宝文（即"陶制茶碗"）

出自河边却没有腐烂变苦，泾渭分明，纹理刚柔相济，里面很光亮。中间的可以装东西，就算不装饰外表，把它放在高阁之上，也不觉得有什么不合适的。

※ **原文**

汤提点

养浩然之气，发沸腾之声，以执中之能，辅成汤之德，斟酌宾主间，功迈仲叔圉。然未免外烁之忧，复有内热之患，奈何？

汤提点

※ **译文**

汤提点（即"水瓶"）

蓄养向上的水汽，能发出沸腾的声音，凭借执中的能力，造就辅助加工成茶水的功德，在宾主间斟酌，功劳超过仲叔圉。然而不免有外面烁热的顾虑，里面过于滚热的忧虑，那有什么办法呢？

※ 原文

竺副帅

首阳饿夫，毅谏于兵沸之时，方今鼎扬汤能探其沸者几希。于之清节，独以身试，非临难不顾者，畴见尔。

竺副帅

※ 译文

竺副帅（即"竹制茶筅"）

伯夷、叔牙毅然在叛军进犯的时候提出意见，才知道能探试鼎中开水沸腾时的很少。你的高风亮节，就在于以身试法，可想而知，不是临危不顾的是不会这样做的。

※ 原文

司职方

互乡童子，圣人犹与其进。况端方质素，经纬有理，终身涅而不缁者，此孔子所以与洁也。

司职方

※ 译文

司职方（即"茶巾"）

互乡的童子，圣人都向他学习。更何况这样端庄素丽、泾渭分明、全身被黑色所染却不变黑的东西，这就是孔子与高洁者在一起的原因。

竹炉并分封茶具六事

原文

苦节君

铭曰：肖形天地，匪冶匪陶。心存活火，声带湘涛。一滴甘露，涤我诗肠。清风两腋，洞然八荒。

译文

苦节君

有记载说：以天地为形，非铁非陶。心存活火，声带湘涛。一滴甘甜的茶水，能够洗涤我的诗肠。清爽的风从两腋吹过，就进入得意忘形的境界。

苦节君行省

原文

苦节君行省

茶具六事分封，悉贮于此，侍从苦节君，于泉石山斋亭馆间执事者，故以行省名之。陆鸿渐所谓都篮者，此其是与。

译文

苦节君行省（即"装茶具的篮子"）

茶具有六种用品，都被存放在它的里面，因为侍从苦节君在泉石山斋亭馆里行事，所以叫行省这个名字。陆鸿渐所说的都篮，指的就是这个。

苦节君

※ **原文**

建城

茶宜密裹，故以箬笼盛之，今称建城。按《茶录》云："建安民间以茶为尚。"故据地以城封之。

建城

※ **译文**

建城

茶叶要密封才能保存好，所以用竹笼装起来，现在被称为建城。按照《茶录》所说："建安时期民间以喝茶为时尚。"所以用建城这个名字叫它。

※ **原文**

云屯

泉汲于云根，取其洁也。今名云屯，盖云即泉也，贮得其所，虽与列职诸君同事，而独屯于斯，岂不清高绝俗而自贵哉。

云屯

※ **译文**

云屯

泉水源于云彩深处，取洁净的水。现在叫它云屯，云就是泉水，泉水储在这样的地方才是最好的贮藏地，虽然和其他东西并列职务，而只把泉水储存在这里面，岂不是超凡脱俗很值得自贵吗？

※ **原文**

乌府

炭之为物，貌玄性刚，遇火则威灵气焰，赫然可畏，苦节君得此甚利于用也。况其别号乌银，故特表章其所藏之具曰乌府，不亦宜哉。

※ **译文**

乌府

炭这种东西，外貌很黑但性格刚烈，遇到明火就会燃烧冒出火焰，看起来很可怕的样子，苦节君得到这些东西能够很好地加以利用。况且它的别号为乌银，所以特意将储存它的器具称之为乌府，这也是非常合适的。

乌府

※ **原文**

水曹

茶之真味，蕴诸旗枪之中，必浇之以水而后发也。凡器物用事之余，未免残沥微垢，皆赖水沃盥，因名其器曰水曹。

水曹

※ **译文**

水曹

茶叶真正的味道，蕴藏在旗枪里面，必须经过水的浸泡才能散发出来。所有的器物用过之后，难免残留有细小的污垢，都要依赖水来清洗，所以这种清洗的器具称为水曹。

器局

※ 原文
器局

一应茶具，收贮于器局。供役苦节君者，故立名管之。

※ 译文
器局

所有的茶具，都储藏在器局里面，供苦节君使用，所以称它为管之。

品司

※ 原文
品司

茶欲啜时，入以笋、榄、瓜、仁、芹、蒿之属，则清而且佳，因命湘君，设司检束。

※ 译文
品司

在饮茶的时候，加入笋、榄、瓜、仁、芹、蒿这些东西，那么味道就会显得清香，因此命名为湘君，设品司来盛装。

玉川先生

※ 原文
玉川先生

毓秀蒙顶，蜚英玉川，搜搅胸中，书传五千。儒素家风，清淡滋味，君子之交，其淡如水。

※ 译文
玉川先生

葱茏秀毓的蒙顶的上面，河流里面蕴藏着美丽的景色，搜搅在胸中，诗书有五千。门风儒雅，滋味清淡，君子之交，其淡如水。